28天

案例通关

建设工程造价案例分析

土木建筑工程、安装工程

嗨学网考试命题研究委员会 编

全国一级造价工程师职业资格考试配套辅导用书

哈尔滨出版社

HARBIN PUBLISHING HOUSE

图书在版编目（CIP）数据

28天案例通关：建设工程造价案例分析. 土木建筑工程、安装工程 / 嗨学网考试命题研究委员会编. 哈尔滨：哈尔滨出版社，2024. 11. ——（全国一级造价工程师职业资格考试配套辅导用书）. -- ISBN 978-7-5484-8187-4

Ⅰ. TU723.3

中国国家版本馆CIP数据核字第20241JS988号

书　　名：	28天案例通关：建设工程造价案例分析. 土木建筑工程、安装工程
	28TIAN ANLI TONGGUAN: JIANSHEGONGCHENG ZAOJIA ANLI FENXI. TUMU JIANZHU GONGCHENG、 ANZHUANG GONGCHENG

作　　者：嗨学网考试命题研究委员会　编
责任编辑：滕　达
装帧设计：杨　洁

出版发行：哈尔滨出版社（Harbin Publishing House）
社　　址：哈尔滨市香坊区泰山路82-9号　　邮编：150090
经　　销：全国新华书店
印　　刷：天津市永盈印刷有限公司
网　　址：www.hrbcbs.com
E-mail：hrbcbs@yeah.net

编辑版权热线：（0451）87900271　　87900272
销售热线：（0451）87900202　　87900203

开　　本：889mm×1194mm　1/16　　印张：18　字数：393千字
版　　次：2024年11月第1版
印　　次：2024年11月第1次印刷
书　　号：ISBN 978-7-5484-8187-4
定　　价：98.00元

凡购本社图书发现印装错误，请与本社印制部联系调换。**服务热线：**（0451）87900279

前 言

　　造价工程师职业资格证书是每位工程造价人员的职业准入资格凭证。我国实行造价工程师职业资格制度后，要求各大、中型工程项目的商务负责人必须具备注册造价工程师职业资格。注册造价工程师考试中的案例分析科目是整个考试中最具有挑战性的一部分内容，它不仅考验考生对造价理论知识的掌握程度，还要求考生能够将这些理论知识应用到解决实际问题中，因此学习难度大。嗨学网考试命题研究委员会编写了《28天案例通关：建设工程造价案例分析.土木建筑工程、安装工程》。本书在深入分析真题实战的前提下，将案例高频考点和相关真题划分为28个模块，编写思路"由浅入深、点题结合"，确保知识点与题目高度结合，降低学习难度，提高学习效率。

　　本书设计新颖，分级导学，具体特点如下：

知识框架

　　每天需掌握考点的星级指数，难点及突破方法重点展示，明确学习方向。结合考点讲解视频，可视化教学方式，提高学习效率。

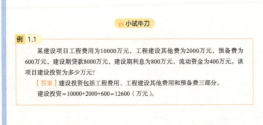

小试牛刀

　　案例分析科目要即学即练，才能达到灵活运用考点的效果。本书考点之后紧跟小试牛刀，巩固所学知识，做到活学活用，让知识融入考题。

重点提示

由于案例分析题目中所涉及的知识点比较分散，学习时无从下手，重点提示不仅可以补充知识，还可以帮助考生查缺补漏。

第25天
工程计量与计价（2023真题）

 土木建筑工程专业

第25天

2023年真题

背景：

某城市双向5.60km长距离穿越黄河地下隧道工程采用15.20m直径盾构机掘进。其中以地下连续墙为主体结构的工作井施工图和相关参数如图25.1和图25.2所示。

工程造价咨询公司编制的该地下连续墙工程施工图招标控制价相关分部分项工程项目清单编码及综合单价见表25.1。

真题详解

真题剖析

真题是检验学习效果的重要手段，然而真题的综合性强，信息错综复杂。真题剖析中，将本题用到的信息进行归类总结，数据一目了然，同时拆解真题为小点，使考生更易学习。真题旁还配备了视频解析，助考生多方位掌握真题的解题思路。

目 录

第1天
建设项目投资估算

考点讲解

考点1　建设项目总投资的组成

星级指数	★★
考情分析	2018年、2016年、2013年
荆棘谜团	理解并熟记建设项目总投资的费用构成是学习的难点。
独门心法	口诀："总固流、固建利、建工其预、工购建安、预基价"。

在编制投资估算的这个时间节点往后看，一般会经历三个时间段：建设前期、建设期、运营期。投资估算各个阶段时间关系如图1.1所示。

图1.1　投资估算各个阶段时间关系示意图

建设前期，是指一项建设工程从构思、规划到正式启动施工前的一系列筹备工作阶段。这一阶段是整个建设周期中的关键环节，对后续工程的顺利实施、成本控制、工期安排乃至最终项目成功与否具有重要影响。

建设期，是指从建设工程正式开工至工程竣工验收合格并交付使用的这一时间段。

运营期，是指从项目建成投产至停产报废所经历的时间。运营期一般又可分为两个阶段：第一阶段为投产期（一般不会全部达到设计产能），第二阶段为达产期。

计算期，一般指从建设期初到运营期末的全部时间，包括建设期和运营期。建设项目总投资的组成，见表1.1。

表1.1　建设项目总投资的组成

				设备及工器具购置费
建设项目总投资	固定资产投资（工程造价）	建设投资	工程费用	建筑安装工程费
			工程建设其他费用	建设单位管理费
				用地与工程准备费
				市政公用配套设施费
				技术服务费
				建设期计列的生产经营费
				工程保险费
				税费
			预备费	基本预备费
				价差预备费
		建设期利息		
	流动资产投资（流动资金）			

第 1 天

（1）计算"价差预备费"时需考虑建设前期年限；计算"建设期利息"时需考虑建设期年限。

（2）"投产期"指项目投入生产，但生产能力尚未完全达到设计能力满负荷时的阶段；"达产期"指生产运营达到设计预期水平阶段（案例科目中通常指达到100%的设计生产能力）。

（3）建设项目总投资≠建设投资；建设项目总投资=固定资产投资+流动资产投资=建设投资+建设期利息+流动资金。

（4）固定资产投资包含了建设期利息，因此在计算折旧时，无须在固定资产投资的基础上加上建设期利息，2022年考试中对此进行了考查。

🔥 小试牛刀

例 1.1

某建设项目工程费用为10000万元，工程建设其他费为2000万元，预备费为600万元，建设期贷款8000万元，建设期利息为800万元，流动资金为400万元。该项目建设投资为多少万元？

【答案】建设投资包括工程费用、工程建设其他费用和预备费三部分。

建设投资=10000+2000+600=12600（万元）。

例 1.2

某建设项目建设投资为12000万元，工程建设其他费为2000万元，预备费为500万元，建设期利息为900万元，流动资金为300万元。该项目的固定资产投资额为多少万元？

【答案】固定资产投资额=建设投资+建设期利息：12000+900=12900（万元）。

考点讲解

考点2 生产能力指数法

星级指数	★★
考情分析	无
荆棘谜团	理解记忆生产能力指数法计算公式是学习难点。
独门心法	公式是由拟建项目和已建项目的生产能力和投资额成比例，即：$\frac{Q_1}{Q_2}=\frac{C_1}{C_2}$ 而来，再同时考虑不同时期生产能力及定额、费用变更等进行修正便得到该公式。

1.原理：根据已经建成的类似项目的生产能力和投资额，粗略估算同类但生产能力不同的拟建项目的静态投资。

2.计算公式：

$$C_2 = C_1 \left(\frac{Q_2}{Q_1} \right)^x \times f$$

式中：C_1——已建类似项目的静态投资额；

C_2——拟建项目的静态投资额；

Q_1——已建类似项目的生产能力；

Q_2——拟建项目的生产能力；

x——生产能力指数；

f——不同时期、不同地点的定额、单价费用变更等的综合调整系数。

💡 提示

若已建类似项目和拟建项目规模的比值在0.5～2时，x的取值近似为1，若已建类似项目和拟建项目规模的比值为2～50，且拟建项目生产规模的扩大仅靠扩大设备规模来达到时，则x的取值为0.6～0.7；若是通过增加相同规格设备的数量达到时，则x的取值为0.8～0.9。

🔥 小试牛刀

例 1.3

某公司拟建一年产15万吨产品的工业项目。已知三年前已建成投产的年产12万吨产品的类似项目投资额为500万元。从三年前到现在，年平均造价指数递增3%。用生产能力指数法列式计算拟建项目的静态投资额。

【答案】拟建项目的静态投资额：$C_2 = C_1 \times \left(\frac{Q_2}{Q_1} \right)^x \times f = 500 \times \left(\frac{15}{12} \right)^1 \times (1+3\%)^3 = 682.95$（万元）。

例 1.4

某地2017年拟建一座年产20万吨的化工厂。该地区2015年建成的年产15万吨相同产品的类似项目实际建设投资为6000万元。2015年和2017年该地区的工程造价指数（定基指数）分别为1.12和1.15，生产能力指数为0.7。用生产能力指数法列式计算拟建项目的静态投资额。

【答案】该项目的静态投资额 $= 6000 \times \left(\frac{20}{15} \right)^{0.7} \times \left(\frac{1.15}{1.12} \right) = 7535.09$（万元）。

考点 3 系数估算法

星级指数	★★
考情分析	无
荆棘谜团	公式略显烦琐，正确地选取计算基数是学习难点。
独门心法	设备系数法和主体专业系数法公式结构基本一致，都是以相关投资为基数，通过添加不同系数和比例进行调整，最后加上其他费用得到静态投资，结合本考点下的小例题可轻松掌握。

1.原理：系数估算法是一种常用的工程造价估算方法，尤其是在项目建议书阶段或初步设计阶段，当设计深度不足、详细数据不充分时，可通过利用已知相似项目的经验数据，以一种或几种主要工程费用为基数，乘与之相关的各种系数来估算项目总投资。这种方法简化了计算过程，便于快速得到项目投资的粗略估计。

2.计算公式：

①设备系数法，计算公式如下：

$$C = E(1 + f_1 P_1 + f_2 P_2 + f_3 P_3 + \cdots) + I$$

式中：　C ——拟建项目的静态投资；

　　　　E ——拟建项目根据当时当地价格计算的设备购置费；

　　　　P_1，P_2，P_3，…——已建类似项目中建筑安装工程费和其他工程费与设备购置费的百分比；

　　　　f_1，f_2，f_3，…——不同建设时间、地点而产生的定额价格费用标准等差异的调整系数；

　　　　I ——拟建项目的其他费用。

②主体专业系数法，计算公式如下：

$$C = E(1 + f_1' P_1' + f_2' P_2' + f_3' P_3' + \cdots) + I$$

式中：　C ——拟建项目的静态投资；

　　　　E ——与生产能力直接相关的工艺设备投资；

　　　　P_1'，P_2'，P_3'，…——已建类似项目中各专业费用与工艺设备投资的比例。

　　　　f_1'，f_2'，f_3'，…——不同建设时间、地点而产生的定额价格费用标准等差异的调整系数；

　　　　I ——拟建项目的其他费用。

💡 提示

　　设备系数法和主体专业系数法，只是计算的基数有差别，前者以设备购置费为基数，后者以主体专业为基数。

🔥 小试牛刀

例 1.5

　　某生产建设项目，根据当地现行价格计算的设备购置费为5000万元。已建的类似项目的建筑工程费、安装工程费占设备购置费的比例分别为40%、25%，由于时间和地点的差异，这两项费用的调整系数分别为1.15、1.1。本项目的工程建设其他费用估算为1500万元，基本预备费估算为800万元。计算拟建项目的静态投资。

　　【答案】（1）工程费：5000×（1+40%×1.15+25%×1.1）=8675（万元）。
　　　　　　（2）拟建项目的静态投资：8675+1500+800=10975（万元）。

考点4 预备费

考点讲解

星级指数	★★
考情分析	2014年
荆棘谜团	价差预备费的计算基数是学习的易错点，计算公式也是较难的记忆点。
独门心法	价差预备费的计算基数：静态投资额（工程费用+工程建设其他费用+基本预备费）；价差预备费公式可记住简化公式，如"二、价差预备费"中的简化公式。

　　1.基本预备费

　　基本预备费，是指用于项目建设期间不可预知的工程变更及洽商、一般自然灾害的处理、地下障碍物处理、超规超限设备运输等可能增加的费用，也叫工程建设不可预见费。

　　基本预备费用于不可预见的工程费用支出，不涉及价格波动，因此是静态投资的组成内容之一。计算公式如下：

　　　　基本预备费=（工程费用+工程建设其他费用）×基本预备费费率

　　2.价差预备费

　　价差预备费，是指建设期内因利率、汇率或价格等因素的变化而预留的可能增加的费用，也称为价格变动不可预见费用。价差预备费以建设期内每年的静态投资额（工程费用+工程建设其他费用+基本预备费）为计算基数，年涨价率按国家规定的投资综合价格指数计算。计算公式：

$$PF = \sum_{t=1}^{n} I_t \left[(1+f)^m (1+f)^{0.5} (1+f)^{t-1} - 1 \right]$$

　　或简化为：

$$PF = \sum_{t=1}^{n} I_t \left[(1+f)^{m+t-0.5} - 1 \right]$$

式中： PF ——价差预备费；

I_t ——建设期中第 t 年的静态投资额；

m ——建设前期年限；

n ——建设期年份数；

t ——建设期第 t 年；

f ——年涨价率。

价差预备费的计算如图1.2所示。

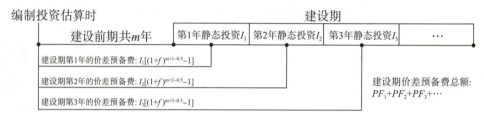

图1.2　价差预备费计算示意图

💡 提示

　　为建设期准备的，用于建设期内各种不可预见的变化而预留的可能增加的费用，称为预备费，包括基本预备费和价差预备费两类。

　　不可预见的变化包含两类：一类是建设期间，难于预见的工程内容的变化；另一类是建设期间的利率、汇率或价格的变化。必须预先准备一笔费用，用于这两类不可预见的变化导致的建设投资的变化。预备费是计算建设投资的基础之一。

　　计算价差预备费时，是站在投资估算角度，相关费用是在0时点估算的，价差预备费需分年计算。

🔥 小试牛刀

例 1.6

　　某拟建项目的设备购置费为3000万元，建筑安装工程费2000万元，工程建设其他费用1000万元。项目建设前期年限为1年，项目建设期第1年完成建设投资的40%，第2年完成建设投资的60%。基本预备费率为10%，年均投资价格上涨为6%。计算项目的基本预备费、价差预备费。

【答案】

（1）计算基本预备费：

（3000+2000+1000）×10%=600（万元）。

（2）计算价差预备费

价差预备费的计算基数（静态投资）：3000+2000+1000+600=6600（万元）。

建设期第1年的价差预备费：$6600 \times 40\% \times [(1+6\%)^{1+1-0.5}-1]=241.13$（万元）。

建设期第2年的价差预备费：$6600 \times 60\% \times [(1+6\%)^{1+2-0.5}-1]=621.00$（万元）。

建设期的价差预备费：241.13+621.00=862.13（万元）。

例 1.7

某拟建项目，建筑安装工程费为11.2亿元，设备及工器具购置费为33.6亿元，工程建设其他费为8.4亿元，建设单位管理费为3亿元，基本预备费费率为5%，则拟建项目基本预备费为多少亿元？

【答案】基本预备费=（11.2+33.6+8.4）×5%=53.2×5%=2.66（亿元）。

例 1.8

某建设工程的静态投资为8000万元，其中基本预备费费率为5%，工程的建设前期的年限为0.5年，建设期2年，计划每年完成投资的50%。若平均投资价格上涨率为5%。该项目的建设期价差预备费为多少万元？

第一年价差预备费：

$8000 \times 50\% \times [(1+5\%)^{0.5} \times (1+5\%)^{0.5}-1]=200$（万元）。

第二年价差预备费：

$8000 \times 50\% \times [(1+5\%)^{0.5} \times (1+5\%)^{0.5} \times (1+5\%)^{2-1}-1]=410$（万元）。

建设期价差预备费=200+410=610（万元）。

考点5 建设期贷款利息

考点讲解

星级指数	★★★
考情分析	2023年、2022年、2021年、2020年
荆棘谜团	当年贷款按年中支付考虑是学习的易错点，计算公式也是较难的记忆点。
独门心法	考虑贷款在当年的年中支付，本年贷款按半年计算利息，上年贷款及其产生的利息按全年计息，按年度依次计算，再求利息总和。

当贷款按年度均衡发放时，当年贷款按年中支付考虑，即当年只按半年计利息，上年贷款产生的利息按全年计息，计算公式为：

$$q_j = \left(P_{j-1} + \frac{1}{2}A_j\right) \times i$$

式中：q_j ——建设期第 j 年应计算的利息；

P_{j-1} ——建设期第（$j-1$）年末，累计的贷款本金与利息之和；

A_j ——建设期第 j 年贷款金额；

i ——年利率。

💡 **提示**

（1）建设期内借款只计息不付息。

（2）建设期贷款由于在建设期内无法偿还，需要到运营期来还本息，还款过程需要一段时间，此时使用贷款的过程中再生成的利息称为长期借款利息，计入运营期当年的总成本费。

逐年计算模板：

建设期第1年贷款利息 $q_1 = 1/2 \times A_1 \times i$；

建设期第2年贷款利息 $q_2 = (A_1 + q_1) \times i + 1/2 \times A_2 \times i$；

建设期第3年贷款利息 $q_3 = (A_1 + A_2 + q_1 + q_2) \times i + 1/2 \times A_3 \times i$。

🔥 **小试牛刀**

例 1.9

某拟建项目的建设投资为2000万元，其中有1000万元为银行贷款，建设期为2年，建设期第1年投入贷款400万元，第2年投入贷款600万元，贷款年利率6%。计算建设期贷款利息。

【答案】建设期第1年贷款利息：$1/2 \times 400 \times 6\% = 12$（万元）。

建设期第2年贷款利息：$(400 + 12 + 1/2 \times 600) \times 6\% = 42.72$（万元）。

建设期贷款利息合计：$12 + 42.72 = 54.72$（万元）。

例 1.10

某新建项目，建设期为2年，从银行均衡贷款900万元，其中第1年300万元、第2年600万元。若年利率为6%，按年计息。列式计算该项目建设期利息。

【答案】第1年贷款利息 $= (0 + 300/2) \times 6\% = 9$（万元）。

第2年贷款利息 $= [(300 + 9) + 600/2] \times 6\% = 36.54$（万元）。

建设期贷款利息 $= 9 + 36.54 = 45.54$（万元）。

第2天
建设项目财务分析

考点讲解

考点1 固定资产折旧

星级指数	★ ★ ★
考情分析	2023年、2022年、2021年、2020年
荆棘谜团	折旧的计算方法要求务必掌握并熟练运用。
独门心法	固定资产折旧计算中，特别牢记固定资产原值的内容，其是能否准确计算折旧的基础，务必掌握。

1.固定资产折旧

折旧的对象是企业的固定资产，通常包括房屋、建筑物、机器设备、运输工具、办公设备等长期使用的、能够为企业带来经济利益的非流动资产。这些资产具有较长的使用寿命，且其价值通过持续使用或耗用而逐渐降低。

2.固定资产折旧的计算

在考题中，常用直线法折旧，也叫使用年限法折旧，按照固定资产的预计使用年限平均分摊固定资产折旧额的方法，这种方法计算的折旧额在各个使用年份都是相等的，折旧的累计额所绘出的图线是直线。计算公式为：

$$年折旧额 = \frac{固定资产原值 \times (1-残值率)}{折旧年限}$$

对于生产经营性项目，如果建设投资中含有可抵扣的进项税时，计算固定资产原值时应扣除；如果建设投资中有部分投资形成了无形资产，计算固定资产原值时也应扣除。

即：固定资产原值=固定资产投资-无形资产-其他资产-可抵扣固定资产进项税

=建设投资额+建设期利息-无形资产-其他资产-可抵扣固定资产进项税

固定资产折旧是计算总成本的基础之一。

3.回收固定资产余值的两种计算方法

（1）固定资产余值=未使用年限×年折旧费+残值

=（使用年限-运营期）×年折旧费+残值

=（使用年限-运营期）×年折旧费+固定资产原值×残值率

（2）固定资产余值=固定资产原值-运营期×年折旧费

💡 提示

1.运营期等于固定资产使用年限，则固定资产余值=固定资产残值。

2.运营期小于使用年限，则固定资产余值=（使用年限–运营期）×年折旧费+残值，或=固定资产原值–运营期×年折旧费。

3.两种方法都对，但教材和近年考试标准答案都是以第一种方法计算，由于四舍五入两种方法存在误差，大家平时练习和考试要用第一种方法。

🔥 小试牛刀

例 2.1

某建设项目的建设投资为2000万元（含可抵扣的进项税135万元），其中有1000万元的建设投资为银行贷款，已经计算得到建设期贷款利息合计54.72万元。建设投资不含可抵扣的进项税全部形成固定资产，固定资产的使用年限为8年，残值率为5%，采用直线法折旧。

（1）计算项目生产运营期内的固定资产年折旧额；

（2）计算运营期第6年末的固定资产余值。

【答案】（1）固定资产原值：2000–135+54.72=1919.72（万元）。

固定资产年折旧额：1919.72×（1–5%）/8=227.97（万元）。

（2）运营期第6年末的固定资产余值：

227.97×（8–6）+1919.72×5%=551.93（万元）。

例 2.2

某项目建设期1年，运营期6年。项目建设投资估算1000万元，预计全部形成固定资产（包含可抵扣固定资产进项税额80万元），固定资产使用年限10年，按直线法折旧，期末净残值率4%，固定资产余值在项目运营期末收回。求固定资产年折旧和余值。

【答案】（1）计算固定资产折旧费

固定资产原值=形成固定资产的建设投资+建设期利息–固定资产可抵扣进项税额。

固定资产年折旧费=（1000–80）×（1–4%）/10=88.32（万元）。

（2）计算固定资产余值

运营期末固定资产余值为：

固定资产余值=残值+年固定资产折旧费×（固定资产使用年限–运营期）

=（1000–80）×4%+88.32×（10–6）=390.08（万元）。

考点2 运营期偿还贷款本息

考点讲解

星级指数	★★★★★
考情分析	2019年、2016年、2013年
荆棘谜团	区分等额还本，利息照付和等额本息还款两种还款方式。
独门心法	此知识点需要注意以下几点：一是运营期期初欠款总额为多少，二是还款方式是什么，三是每年需要还款的本金是多少，四是当年的可以用于还本的金额有多少，而用于还本的金额实则是净利润、折旧、摊销之和，即将此问题转化为净利润、折旧、摊销的计算。

1.运营期贷款本息的产生

在项目的建设期内可能会产生贷款，用作建设投资，有贷款就会产生相应的利息。由于建设期通常没有产品生产和销售，无法获得收益，所以该部分贷款的本金和利息只好累积到运营期进行偿还。当然，运营期还可能有流动资金贷款利息和短期贷款利息。

建设期末的贷款本金及其利息之和，就构成了在运营期期初贷款的本金。毫无疑问，在贷款本金存在年份内，每年都要产生利息。一般情况下，运营期每年年末都会优先偿还本年度的利息（避免再次产生利息），再偿还本年度应还的本金，在资金充足的情况下，一般在年末同时偿还本年度应还的利息和本金。

一般情况下，需要分别计算每年应还的贷款利息和本金，这是为后续的总成本计算、贷款本息偿还的计算做准备。

2.运营期贷款的偿还方式

（1）等额还本，利息照付

在规定的还款期内，每年偿还的本金是一样的，每年还应偿还当年剩余本金产生的利息，因为贷款的本金在逐年减少，每年偿还的利息也在减少，每年偿还的贷款本息之和也随之减少。

💡 提示

> 等额还本，利息照付计算步骤：
> ①运营期期初的贷款本金为建设期期末的贷款本息之和；
> ②每年应还的贷款本金，为运营期期初的贷款本金除以还款年数；
> ③每年应还利息，为当年年初的剩余本金之和乘贷款年利率。

（2）等额本息还款

每年偿还的贷款本金与利息之和是一个定值，但每年本金与利息的数额在发生变化，即还款前期，利息还得多，本金还得少；还款后期，利息还得少，本金还得多。因为本金总额在逐年减少，所以每年产生的利息也会减少。每年应偿还的贷款本息之和的计算公式为：

$$A = P \frac{i(1+i)^n}{(1+i)^n - 1}$$

式中： A ——每年还款的本金与利息之和；

P ——计算期初贷款的本金；

i ——贷款的年利率；

n ——还款的年份数。

> 💡 提示
>
> 等额本息还款计算步骤：
>
> ①计算运营期期初的贷款本金（即建设期期末的贷款本息之和）。
>
> ②利用公式 $A = P \frac{i(1+i)^n}{(1+i)^n - 1}$，计算每年应还的贷款本息之和。
>
> ③计算运营期第1年应偿还的利息：根据运营期期初的贷款本金，计算贷款利息。
>
> ④计算运营期第1年应偿还的本金：每年应还的贷款本息之和，减去贷款利息，即得应偿还的贷款本金。
>
> ⑤如还需要计算运营期其他年份应还贷款的本金和利息，按照计算运营期第1年贷款本息的方法计算即可。

3.可用于还贷的资金计算

在案例考核中，经常需要评估可用于偿还贷款的资金量或最大偿还能力。当可用资金全部用于偿还贷款时，便涉及最大偿还能力的计算。

对于投资者来说，总成本中的折旧、摊销和利息支出可以包含在产品售价中，并通过销售产品来回收这部分费用。这些费用构成了投资者可支配的资金，并可以用来偿还贷款。然而，总成本中的运营成本在产品销售后需要重新投入下一轮生产中，因此不可用于偿还贷款。此外，投资者在缴纳所得税后的剩余净利润也属于其可支配资金，同样适用于偿还贷款。

在建设期结束时，建设投资贷款的本金加上利息构成了运营初期的总贷款金额。这笔资金在运营期间会产生利息，并且必须按照与银行的协议在运营期内偿还本金和利息。

如果运营期间存在流动资金贷款，该贷款的本金在运营期间也会产生利息。流动资金贷款在投入的当年按全年计息，而运营期间仅计算每年支付的利息；本金则在运营期结束时一次性还清。

运营期间应偿的贷款本金和利息与可用于偿还贷款资金的关系，详见表2.1。

表2.1　运营期间应偿还的贷款本金和利息与可用于偿还贷款资金的关系

序号	应偿还的贷款本金和利息	偿还关系	可用于偿还贷款资金
1	当年应偿还的 建设投资贷款本金	←	销售产品，回收当年总成本中的折旧
			销售产品，当年回收总成本中的摊销（如有）
			当年的净利润
2	当年应偿还的 建设投资贷款利息	←	销售产品，回收当年总成本中的建设投资贷款 利息支出
3	当年应偿还的 流动资金贷款利息（如有）	←	销售产品，回收当年总成本中的流动资金贷款 利息支出（如有）
4	运营期末应偿还的 流动资金贷款本金偿还（如有）	←	运营期末回收的流动资金（如有）

从表中数据可以看出，通过产品的销售，能够回收包括建设投资贷款利息和流动资金贷款利息在内的总成本。这部分利息支出在产品销售后得以偿还，因而在考虑偿还贷款时，可以不再计入。关注重点应集中在当年的折旧、摊销以及净利润之和是否足以覆盖当年应付的建设投资贷款本金。

具体来说，当年所产生的贷款利息实际上已经包含在产品的当年成本之中。在假设产量与销量一致的情况下，仅需通过销售这些产品来回收成本，就足以偿还相应的贷款利息。这表明，贷款利息能够得到全面的偿还。

而对于建设投资贷款本金的偿还，则依赖于当年的折旧、摊销和净利润情况。在案例考核中，折旧和摊销的计算通常较为直接，往往在题目的前面部分已经被计算并作为已知数据给出。因此，在这种情境下，确定净利润的数额成为解决题目的关键所在。

综上所述，我们可以看到，对于贷款本金的偿还，需要侧重考虑如折旧、摊销和净利润等关键财务指标。而在考试或实际操作中，净利润的确定是解题的核心步骤。

💡 **提示**

折旧并非字面上的"变卖资产还贷"，而是一种会计处理方法，用于系统地分摊固定资产在其预期使用寿命内的成本。这样做的目的是反映资产随时间推移而减少的经济价值，并将其转化为企业运营的成本之一。

在财务会计中，折旧是用来表示固定资产因使用、时间推移或技术进步而产生的价值下降的一种方式。它并不涉及实际的资金流出，而是通过会计分录在企业的利润表中体现为一项费用，从而减少了报告的利润。

这样，即便固定资产的实际市场价值可能已经下降，企业仍能保持一定的现金流用于再投资或日常运营，确保生产的持续性。

固定资产的原值减去其预计的残值（即期末预计可回收的价值）后的金额，再根据预计的使用年限或生产量，采用合适的折旧方法（如直线法、双倍余额递减法、年数总和法等），每年计算并计入费用。

例如，一家企业在运营初期购买了一台价值100万元的机器，预计使用10年后残值为10万元，若采用直线法折旧，则每年的折旧费用为（100−10）/10=9（万元）。这9万元会作为费用体现在每年的利润表中，而机器的账面净值逐年减少，直到达到其预计的残值。

这样的处理既体现了资产的真实经济状态，又保证了企业的持续经营能力，确保企业不必因为购置长期资产而一次性承担巨大的财务压力。

🔥 小试牛刀

例 2.3

某拟建项目，有1000万元的建设投资为银行贷款，贷款年利率为6%，建设期为1年。运营期为8年，在运营期的前3年按照等额还本，利息照付的方式还款。计算运营期第1年、第2年、第3年应偿还的贷款本息额，编制贷款还本付息表。

【答案】建设期末的贷款本息之和为1000+1/2×1000×6%=1030（万元），即为运营期期初贷款本金。

（1）计算运营期第1年

①应偿还的贷款利息：1030×6%=61.80（万元）。

②应偿还的贷款本金：1030/3=343.33（万元）。

应偿还的贷款本息之和：343.33+61.8=405.13（万元）。

（2）计算运营期第2年

①应偿还的贷款利息：（1030−343.33）×6%=41.20（万元）。

②应偿还的贷款本金：1030/3=343.33（万元）。

应偿还的贷款本息之和：343.33+41.20=384.53（万元）。

（3）计算运营期第3年

①应偿还的贷款利息：（1030−343.33×2）×6%=20.60（万元）。

②应偿还的贷款本金：1030−343.33×2=343.34（万元）。

应偿还的贷款本息之和：343.34+20.60=363.94（万元）。

编制贷款还本付息表，见表2.2。

表2.2　借款还本付息表（单位：万元）

项　目	建设期	运营期		
	1	1	2	3
年初借款余额		1030	686.67	343.34
当年借款	1000			
当年计息	30	61.80	41.20	20.60
当年还本		343.33	343.33	343.34
当年还本付息		405.13	384.53	363.94

例 2.4

某拟建项目，有1000万元的建设投资为银行贷款，贷款年利率为6%，建设期为1年。运营期为8年，在运营期的前3年按等额本息还款。计算运营期第1年、第2年、第3年应偿还的贷款本息额，编制贷款还本付息表。

【答案】建设期末的贷款本息之和为1000+1/2×1000×6%＝1030（万元），即为运营期期初贷款本金。

运营期前3年，每年应偿还的贷款本息之和：$1030×6%×（1+6%）^3/[（1+6%）^3-1]=385.33$（万元）。

（1）计算运营期第1年

年初本金：1030万元。

①应偿还的贷款利息：1030×6%＝61.80（万元）。

②应偿还的贷款本金：385.33-61.80＝323.53（万元）。

（2）计算运营期第2年

年初本金：1030-323.53＝706.47（万元）。

①应偿还的贷款利息：706.47×6%＝42.39（万元）。

②应偿还的贷款本金：385.33-42.39＝342.94（万元）。

（3）计算运营期第3年

年初本金：1030-323.53-342.94＝363.53（万元）。

①应偿还的贷款利息：363.53×6%＝21.81（万元）。

②应偿还的贷款本金：363.53万元。

编制贷款还本付息表，见表2.3。

表2.3　借款还本付息表（单位：万元）

项目	建设期	运营期		
	1	1	2	3
年初借款余额		1030	706.47	363.53
当年借款	1000			
当年计息	30	61.80	42.39	21.81
当年还本		323.53	342.94	363.53
当年还本付息		385.33	385.33	385.34

例 2.5

某拟建工业项目的基础数据如下：

（1）固定资产投资估算总额为5263.90万元（其中包括无形资产600万元）。建设期2年，运营期8年。

（2）本项目固定资产投资来源为自有资金和贷款。自有资金在建设期内均衡投入；贷款总额为2000万元，在建设期内每年贷入1000万元。贷款年利率10%（按年计息）。贷款合同规定的还款方式为：运营期的前4年等额还本付息。无形资产在运营期8年中均匀摊入成本。固定资产残值300万元，按直线法折旧，折旧年限12年。

【问题1】计算建设期贷款利息。

【问题2】计算运营期各年还本付息金额。

【答案1】建设期利息：

第1年利息 $=1000/2 \times 10\% = 50$（万元）。

第2年利息 $=[(1000+50)+1000/2] \times 10\% = 155$（万元）。

建设期利息 $=50+155=205$（万元）。

【答案2】运营期各年还本付息金额

建设期借款本息和 $=2000+205=2205$（万元）。

各年还本付息金额 $=2205 \times (A/P, 10\%, 4) = 695.61$（万元）。

运营期第1年：

利息 $=2205 \times 10\% = 220.50$（万元）。

本金 $=695.61-220.5=475.11$（万元）。

运营期第2年：

利息 $=(2205-475.11) \times 10\% = 172.99$（万元）。

本金 $=695.61-172.99=522.62$（万元）。

运营期第3年：

利息 $=(1729.89-522.62) \times 10\% = 120.73$（万元）。

应还本金＝695.61－120.73＝574.88（万元）。

运营期第4年：

利息＝（1207.27－574.88）×10%＝63.24（万元）。

本金＝695.61－63.24＝632.39（万元）。

例 2.6

某企业拟于某城市新建一个工业项目，项目建设期1年，运营期10年，建设投资全部形成固定资产。该项目的建设投资为5500万元，建设投资来源为自有资金和贷款，贷款为3000万元，贷款年利率为7.2%（按月计息），约定的还款方式为运营期前5年等额还本、利息照付的方式。分别列式计算项目运营期第1年、第2年应偿还的贷款本金和利息分别为多少万元。

【答案】建设期贷款利率：$i=(1+7.2\%/12)^{12}-1=7.44\%$

建设期贷款利息：$Q=3000/2\times7.44\%=111.6$（万元）。

每年还款本金＝（3000+111.6）/5＝622.32（万元）。

第1年利息＝（3000+111.6）×7.44%＝231.50（万元）。

第2年利息＝（3000+111.6－622.32）×7.44%＝185.20（万元）。

考点讲解

考点3 总成本

星级指数	★★★★★
考情分析	2023年、2022年、2021年、2020年
荆棘谜团	总成本是重要的知识点，是计算利润总额的基础数据之一，总成本的构成是学习难点。
独门心法	此知识点应当熟记总成本的构成及相应费用的计算，总成本=经营成本+折旧+摊销+利息支出+维持运营投资。可简单记忆为，总成本等于"经、折、摊、息、维"。此外，总成本还可分为固定成本和可变成本，在计算盈亏平衡点时经常用到。

1.经营成本，是指企业从事主要业务活动而发生的成本，是项目运营期的主要现金流出，包括外购原材料、燃料和动力费，工资和福利费，修理费，以及其他费用。

2.折旧，是指固定资产在使用过程中，逐渐损耗而转移到商品费用中去的那部分价值，也是企业在生产经营过程中由于使用固定资产而在其使用年限内分摊的固定资产耗费。

3.摊销，是指对除固定资产之外，其他可以长期使用的无形资产和其他资产，在投资方案投产后的一定期限内，分期摊销的费用。无形资产从开始使用之日起，在有效使用期限内平均摊入成本。无形资产摊销一般采用年限平均法，不计残值，计算公式为：

$$无形资产摊销 = 无形资产 / 摊销年限$$

4.利息支出，是指运营期应偿还的贷款利息，包括在运营期内应偿还的建设投资贷款利息和流动资金贷款利息。

5.维持运营投资，是指某些项目在运营期内，需要投入一定的固定资产投资，才能得以维持正常运营，如设备更新的费用。

各项成本费用关系如表2.4所示。

表2.4　各项成本费用关系表

总成本	经营成本	外购原材料、燃料及动力费	可变成本
		计件工资及福利费	
		非计件工资及福利费	固定成本
		修理费	
		其他费用	
	折旧费		
	摊销费		
	利息支出		

💡 提示

经营成本由两部分构成：固定成本和可变成本。它是总成本的一个组成部分，意味着经营成本内部的固定与可变成本划分，直接映射到总成本中，成为总成本里固定成本和可变成本的细分项目。

🔥 小试牛刀

例 2.7

某拟建项目，建设期1年，运营期10年。建设投资估算2000万元（含可抵扣的进项税70万元），建设投资不含可抵扣的进项税全部形成固定资产。固定资产的使用年限为10年，残值率5%，按直线法折旧。建设投资中，有银行贷款500万元，贷款年利率为6%，运营期前4年按照等额还本，利息照付的方式还款。运营期第1年投入流动资金200万元，资金来源为银行贷款，贷款年利率为5%。运营期第1年达到设计产能的80%，该年的经营成本、可抵扣的进项税均为正常年份的80%，以后各年均达到设计产能。正常年份经营成本为150万元（含可抵扣的进项税10万元）。计算项目运营期第1年不含税的总成本费用。

【答案】（1）运营期第1年不含税的经营成本：（150－10）×80%＝112（万元）。

（2）固定资产年折旧额：[（2000－70）＋1/2×500×6%]×（1－5%）/10＝184.78（万元）。

（3）运营期第1年的建设投资贷款利息支出：（500＋1/2×500×6%）×6%＝30.90（万元）。

（4）运营期第1年的流动资金贷款利息支出：200×5%＝10（万元）。

（5）运营期第1年不含税的总成本费用：112＋184.78＋30.90＋10＝337.68（万元）。

考点讲解

考点 4　增值税

星级指数	★★★★★
考情分析	2023年、2022年、2021年、2020年
荆棘谜团	增值税是常考知识点，增值税计算为负数时，应缴纳增值税额是易错知识点。
独门心法	此知识点应当熟记公式并进行应用，增值税应纳税额＝销项税－进项税；增值税附加＝增值税应纳税额×增值税附加税率。应特别注意，建设投资中可抵扣的进项税，可流转到运营期第1年进行抵扣；增值税附加，以实际缴纳的增值税为基数进行计算。

在生产经营活动中，需要缴纳增值税，如果有利润产生，还要按照规定缴纳企业所得税。前者是根据生产经营活动的"增值额"进行征税，后者是针对经营活动的利润（即"所得"）进行征税。与盈利或亏损无关，增值税必须缴纳；如果出现亏损（没有盈利，即没有"所得"），就不用缴纳所得税。

1.增值税

建筑安装工程费用中的增值税额，按税前造价乘增值税税率确定。当采用一般计税方法时，增值税应纳税额的计算公式为：

增值税应纳税额＝销项税－进项税

其中：当期销项税＝当期销售额×增值税税率；当期进项税为纳税人购进货物或者接受应税劳务支付或负担的增值税额，当期销项税额小于当期进项税额不足抵扣时，其不足部分可以结转到下期继续抵扣。

2.增值税附加

增值税附加＝增值税应纳税额×增值税附加税率。

增值税附加税包括城市维护建设税、教育费附加、地方教育附加。

在考题中，一般会给出增值税附加综合税率。

> 💡 **提示**
>
> 　　增值税是一种价外税。这意味着增值税不包含在商品或服务的销售价格之内，而是作为额外费用由消费者承担，并且在商品或服务流转的每个增值环节中征收。
>
> 　　价外税特性：增值税的征收基于商品或服务在流转过程中新增的价值部分，即每个企业在销售商品或提供服务时，向购买者收取的增值税额是基于不含税的销售价格计算的。因此，购买者支付的总价等于不含税价格加上增值税额。
>
> 　　计算方式：假设一个商品的不含税价格为 P，增值税率为 $V\%$，则消费者支付的含税价格为 $P\times(1+V\%)$。增值税额即为 $P\times V\%$。
>
> 　　发票体现：在开具的增值税专用发票或普通发票上，通常会明确区分不含税金额和增值税额，体现了增值税作为价外税的特性。
>
> 　　税务处理：对于企业而言，增值税实行抵扣机制，即企业购进商品或服务支付的增值税额可以从其销售商品或服务时应缴纳的增值税中扣除，只对本环节增值部分征税。这有助于减轻企业税负，避免重复征税。

🔥 小试牛刀

例 2.8

　　某拟建项目建设投资1500万元（含可抵扣进项税110万元）。运营期第1年的经营成本为400万元（含可抵扣的进项税40万元），运营期第1年不含税的销售收入为800万元；运营期第2年的经营成本为600万元（含可抵扣的进项税60万元），运营期第2年不含税的销售收入为1000万元。该项目产品适用的增值税税率为13%，增值税附加按应纳增值税的12%计取。分别计算项目运营期第1年、第2年的应纳增值税及增值税附加。

【答案】（1）项目运营期第1年

销项税：800×13%=104（万元）。

可抵扣进项税：110+40=150（万元）。

因104−150=−46（万元），应纳增值税为0元，相应地，本年的增值税附加也为0元。

还剩余可抵扣的进项税46万元，可流转到下年继续抵扣。

（2）项目运营期第2年

销项税：1000×13%=130（万元）。

可抵扣进项税：46+60=106（万元）。

应纳增值税：130−106=24（万元）。

增值税附加：24×12%=2.88（万元）。

例 2.9

项目建设投资估算1000万元，预计全部形成固定资产（包含可抵扣固定资产进项税额80万），该项目建设期1年，运营期6年，正常年份年营业收入为678万元（其中销项税额为78万），经营成本为350万元（其中进项税额为25万元）；税金附加按应纳增值税的10%计算。投产第一年仅达到设计生产能力的80%，预计这一年的营业收入及其所含销项税额、经营成本及其所含进项税额均为正常年份的80%，以后各年均达到设计生产能力。试计算运营期第1~6年的应纳增值税。

【**答案**】增值税=当期销项税额−当期进项税额−可抵扣固定资产进项税额

①运营期第1年增值税=$78 \times 0.8 - 25 \times 0.8 - 80 = -37.60$（万元）<0，故第2年（运营期第1年）应纳增值税额为0。

②运营期第2年的增值税=当期销项税额−当期进项税额−上一年未抵扣完的固定资产进项税额

=$78 - 25 - 37.6 = 15.40$（万元），故第3年应纳增值税额仍为15.4万元。

③运营期第3年、第4年、第5年、第6年的应纳增值税=$78 - 25 = 53$（万元）。

考点5 利润总额

考点讲解

星级指数	★★★★★
考情分析	2023年、2022年、2021年、2020年
荆棘谜团	利润总额的计算公式是记忆难点。
独门心法	利润总额是财务分析计算的核心数据。利润总额又是所得税、净利润的计算基础。学习时注意通过利润总额计算所得税和净利润，进而计算资本金净利润率等。

利润是企业经营效果的综合反映，也是经营活动最终成果的具体体现。

如果营业收入中含销项税，总成本中含可抵扣的进项税，利润总额的计算公式为：

利润总额（税前利润）=［营业收入（含销项税）+补贴收入］−总成本（含可抵扣的进项税）−增值税−增值税附加

销项税−进项税=增值税，也就是说，上式营业收入中所含的销项税，与总成本中所含的可抵扣的进项税之差，就是当期应缴纳的增值税，刚好抵消。由于增值税是价外税，为简化计算，统一计算口径，可采用不含税的营业收入和不含税的总成本，计算公式为：

利润总额（税前利润）=［营业收入（不含销项税）+补贴收入］−总成本（不含可抵扣的进项税）−增值税附加

> **💡 提示**
>
> 利润总额（税前利润）＝（不含税的营业收入＋补贴收入）－不含税的总成本－增值税附加。其中：
>
> （1）不含税的营业收入，一般是题目中的已知条件。
>
> （2）增值税附加＝（销项税－进项税）×增值税附加税率，应分别计算销项税和可抵扣的进项税。
>
> （3）不含税的总成本＝不含税的经营成本＋折旧＋摊销（如有）＋利息支出＋维持运营投资（如有）。

🔥 小试牛刀

例 2.10

某拟建项目，建设投资3000万元（含可抵扣的进项税210万元），建设期为1年，运营期为8年，贷款年利率为6%。建设投资不含可抵扣的进项税全部形成固定资产，固定资产的使用年限为8年，残值率为5%，采用直线法折旧。建设投资中有银行贷款1000万元，还款方式为运营期前4年等额本息还款。运营期第1年经营成本为300万元（含可抵扣的进项税30万元），运营期第1年不含税的营业收入为800万元。该项目产品适用的增值税税率为13%，增值税附加综合税率为12%。计算运营期第1年的利润总额。

【答案】运营期第1年基础数据计算如下：

（1）不含税的经营成本：$300-30=270$（万元）。

固定资产年折旧额：$(3000-210+1/2\times1000\times6\%)\times(1-5\%)/8=334.88$（万元）。

利息支出：$(1000+1/2\times1000\times6\%)\times6\%=61.80$（万元）。

不含税的总成本：$270+334.88+61.80=666.68$（万元）。

（2）不含税的营业收入：800万元（已知数据）。

（3）因$800\times13\%-210-30=-136$（万元），应纳增值税为0元，增值税附加为0元。

利润总额：$800-666.68-0=133.32$（万元）。

考点6 所得税及调整所得税

考点讲解

星级指数	★★★★★
考情分析	2023年、2021年、2019年
荆棘谜团	所得税是除增值税以外的另一个高频考查税种，注意掌握所得税与调整所得税的计算公式。
独门心法	学习该知识点时需着重记忆计算公式，应用时区分是否为融资前，考虑是否有利息。调整所得税的计算基数是息税前利润。

1.所得税

利润总额并不会完全归企业所拥有和支配，其中的一部分必须缴纳所得税，剩余部分（即净利润）才属于企业所拥有和支配的资金。

企业所得税是对我国内资企业和经营单位的生产经营所得和其他所得征收的一种税。企业所得税的征税对象是纳税人取得的所得，包括销售货物所得、提供劳务所得、转让财产所得、股息红利所得、利息所得、租金所得、特许权使用费所得、接受捐赠所得和其他所得。计算公式为：

$$所得税=应纳税所得额×所得税税率$$

其中：应纳税所得额=利润总额−弥补以前年度亏损；利润总额=（不含税的营业收入+补贴收入）−（不含税的经营成本+折旧+摊销+利息支出+维持运营投资）−增值税附加。

如果某年出现了亏损，则该年度不需要缴纳所得税，即所得税为0元。

2.调整所得税

在编制项目的投资估算时，同一个建设项目不同的融资方案会有不同的利息支出，因此会有不同的折旧、总成本费用、利润总额、所得税、净利润。

在项目融资前分析，与融资条件无关，即不考虑贷款发生的时间、数额、利率、偿还方式等。调整所得税，是在"无贷款本金及利息"的前提之下，计算所得税的专用名词，当不考虑弥补以前年度的亏损时，计算公式为：

$$调整所得税=息税前利润×所得税税率$$

> 💡 提示
>
> 所得税=（利润总额−弥补以前年度亏损）×所得税税率。应注意以下问题：
>
> （1）当计算出的利润为负数时，表示该年度是亏损的，企业就没有"所得"（没有利润），不需缴纳所得税，即所得税为0元。
>
> （2）假设计算的是调整所得税，需注意是在融资前的"无息"状态下计算的，要剔除总成本中的利息支出，剔除折旧中的建设期利息。

🔥 小试牛刀

例 2.11

某拟建项目运营期第1年有50万元的亏损，运营期第2年的利润总额为742.4万元，所得税税率为25%。计算本项目运营期第1年、第2年的所得税。

【答案】（1）运营期第1年的所得税：0元。

（2）运营期第2年的所得税：（742.4−50）×25%=173.10（万元）。

例 2.12

某拟建项目，建设投资为3000万元（不考虑可抵扣的进项税），运营期为8年，采用直线法折旧，残值率为5%。运营期第1年投入资本金300万元作为流动资金。运营期第1年的营业收入、经营成本、可抵扣的进项税均为正常年份的85%；项目运营1年后为正常年份，正常年份不含税的营业收入为1300万元，正常年份的经营成本为550万元（含可抵扣的进项税50万元）。该项目产品适用的增值税税率为13%，增值税附加综合税率为12%，所得税税率为25%。计算运营期第1年的调整所得税。

【答案】（1）基础数据计算

折旧：3000×（1−5%）/8=356.25（万元）。

（2）运营期第1年调整所得税计算

①运营成本数据

不含税的经营成本：（550−50）×85%=425（万元）。

折旧：356.25万元（已算基础数据）。

不含税的总成本：425+356.25=781.25（万元）。

②营收数据

不含税的营业收入：1300×85%=1105（万元）。

③利润与税金数据

增值税附加：（1105×13%−50×85%）×12%=12.14（万元）。

息税前利润：1105−781.25−12.14=311.61（万元）。

调整所得税：311.61×25%=77.90（万元）。

例 2.13

已知B项目建设投资2800万元（含可抵扣进项税150万元），建设期1年，运营期10年，贷款总额1600万元，年利率为5%（按年计息），运营期前五年等额还本付息。建设投资预计全部形成固定资产，固定资产使用年限10年，残值率为5%。

运营期相关数据如下：运营期第一年资本金投入流动资金300万元，正常年份的不含税的销售收入是900万元，经营成本是370万元，经营成本可抵扣进项税是25万元。运营期第一年为投产年，销售收入、经营成本和进项税为正常年份的80%。项目适用的增值税率为13%，增值税附加税率为12%，企业所得税率为25%。列式计算B项目运营期第1、2年的税前利润。

【答案】建设期利息：$1600/2 \times 5\% = 40.00$（万元）。

折旧 $= （2800+40-150）\times （1-5\%）/10 = 255.55$（万元）。

每年本息和 $= 1640 \times 5\% \times （1+5\%）^5 / [（1+5\%）^5 - 1] = 378.8$（万元）。

第一年利息 $= （1600+40）\times 5\% = 82$（万元）。

第一年还本 $= 378.8 - 82 = 296.8$（万元）。

第二年利息 $= （1640 - 296.8）\times 5\% = 67.16$（万元）。

第一年不含税总成本费用 $= 80\% \times 370 + 255.55 + 82 = 633.55$（万元）。

第二年不含税总成本费用 $= 370 + 255.55 + 67.16 = 692.71$（万元）。

第一年增值税 $= 900 \times 80\% \times 13\% - 25 \times 80\% - 150 = -76.40$（万元）$< 0$，故应纳增值税为0，增值税附加也为0。

第二年增值税 $= 900 \times 13\% - 25 - 76.40 = 15.60$（万元）。

第一年税前利润 $= 900 \times 80\% - 633.55 = 86.45$（万元）。

第二年税前利润 $= 900 - 692.71 - 15.60 \times 12\% = 205.42$（万元）。

考点7 净利润

考点讲解

星级指数	★★★★★
考情分析	2023年、2021年、2019年
荆棘谜团	计算税后利润的难点主要是其基础数据的准确计算，如利润总额（营业收入、总成本费用、增值税附加等）、所得税等各项数据的准确性和完整性。
独门心法	在利润总额与所得税的基础数据准确计算的前提下，直接相减即为净利润（税后利润），即净利润（税后利润）=利润总额-所得税。

利润总额是针对经营活动的总收益来说的，总收益的一部分缴纳所得税后，剩余部分就是净利润，净利润属于企业可以拥有和支配的净收益。计算公式为：

净利润（税后利润）=利润总额−所得税

> **💡 提示**
>
> 在不用弥补以前年度亏损的情况下，净利润=利润总额×（1−所得税税率）。

🔥 小试牛刀

例 2.14

某拟建项目运营期某年的利润总额742.4万元，适用的所得税税率为25%。

（1）如果上年度无亏损，计算该年度的净利润。

（2）如果上年度亏损50万元，计算该年度的净利润。

【答案】（1）如果上年度无亏损，该年度的净利润：742.4×（1−25%）=556.80（万元）。

（2）如果上年度亏损50万元，该年度的净利润：742.4−（742.4−50）×25%=569.30（万元）。

第3天
建设项目指标及盈亏平衡分析

考点讲解

考点1 **投资收益率**

星级指数	★★
考情分析	2022年、2019年、2018年、2017年
荆棘谜团	总投资收益率和资本金净利润率参考值的标准不同，是考试的易错点。
独门心法	投资收益率，根据分析的目的不同，可以分为总投资收益率和资本金净利润率。学习该知识点注意区分参考值的选取，总投资收益率高于同行业的收益率参考值，表明项目的盈利能力满足要求。资本金净利润率表示项目资本金的盈利水平。 收益指的是已实现收入和相应费用之间的差额，也可理解为物质财富的绝对增加；单位资金所能产生的收益，称为收益率。

1.总投资收益率

总投资收益率，表示项目总投资的盈利水平。若总投资收益率高于同行业的收益率参考值，表明项目的盈利能力满足要求。计算公式为：

总投资收益率=正常年份（或运营期内年平均）息税前利润/项目总投资×100%

（1）项目总投资=固定资产投资+流动资产投资。固定资产投资=建设投资+建设期利息，一般在建设期内投入；流动资产投资，一般在运营期期初投入。

（2）总投资的收益（息税前利润）："息"指的是运营期当年应偿还的利息，"税"指的是企业所得税。可以这样理解：利息，是银行贷款所取得的收益，用于建设投资的贷款也是总投资的一部分；所得税，是以税收形式上交的一部分收益。计算公式为：

息税前利润=（不含税的营业收入+补贴收入）−（不含税的经营成本+折旧+摊销+维持运营投资）−增值税附加，或息税前利润=利息支出+利润总额，或息税前利润=利息支出+所得税+净利润。

2.资本金净利润率

资本金净利润率表示项目资本金的盈利水平。计算公式为：

资本金净利润率=正常年份（或运营期内年平均）的净利润/项目资本金×100%

（1）资本金：指在投资项目总投资中，由投资人认缴的出资额，包括建设投资中的资本金和流动资产投资中的资本金，题目中会明确指出资本金的相应数额。

（2）投资人的收益（净利润）：站在投资人的角度，考虑投入的资本金能产生多少收益，这种收益就是净利润，计算公式为：

$$净利润=利润总额-所得税$$

💡 **提示**

　　总投资收益率反映了项目运营期内息税前利润与总投资额的比例。这里的总投资额包括了固定资产投资、流动资金投资以及可能的贷款本金。当计算总投资收益率，并且已知成本数据中未包含贷款的利息支出时，我们直接使用息税前利润（即收入减去营业成本和营业费用，但不扣除利息和所得税）除以总投资额来计算。这种处理方式自动排除了贷款利息的影响，因为息税前利润是在没有扣除利息支出前的利润，而总投资额则包含了实际借入的本金部分，这样就避免了对贷款利息的重复计算。反之，如果在成本计算中已经包含了贷款利息支出，那么在计算息税前利润时，理论上应该将这部分利息支出加回到净利润之前（尽管这在实际操作中并不常见，因为通常利息支出会被单独列示且不计入经营成本），确保息税前利润的计算是基于所有经营性成本而非融资成本。若同时在成本中减去了利息又在计算时将其加回，理论上两者会相互抵销，不影响最终的总投资收益率计算结果。

　　总结来说，无论成本中是否直接包含了利息支出，正确的做法都是确保息税前利润的计算逻辑一致，即反映的是企业经营成果而不直接涉及融资成本，从而保证总投资收益率指标的有效性和准确性。

🔥 **小试牛刀**

例 3.1

　　某拟建项目，建设投资额为2000万元（不考虑可抵扣的进项税），其中：资本金1500万元，银行贷款500万元，贷款年利率6%（按年计息），建设期为1年。运营期前4年按照等额还本，利息照付的方式还贷。运营期为8年，采用直线法折旧，残值率为5%。运营期第1年投入300万元资本金作为流动资金。项目运营1年后为正常年份，正常年份的不含税的营业收入为850万元，正常年份的经营成本为340万元（含可抵扣的进项税40万元）。该项目产品适用的增值税税率为13%，增值税附加综合税率为12%，所得税税率为25%。计算正常年份的总投资收益率。

　　【答案】（1）建设投资数据

　　①固定资产总投资：$2000+1/2 \times 500 \times 6\%=2015$（万元）。

　　②流动资产投资：300万元。

　　建设项目总投资：$2015+300=2315$（万元）。

　　（2）运营成本数据

　　①正常年份不含税的经营成本：$340-40=300$（万元）。

②固定资产年折旧额：2015×（1－5%）/8＝239.28（万元）。

正常年份不含利息支出的成本之和：300+239.28＝539.28（万元）。

（3）营收数据

正常年份的不含税的营业收入：850万元。

（4）利润与税金数据

①正常年份的增值税附加：（850×13%－40）×12%＝8.46（万元）。

②正常年份的息税前利润：850－539.28－8.46＝302.26（万元）。

因此，正常年份的总投资收益率：302.26/2315＝13.06%。

例 3.2

某拟建工业项目，建设投资额为2000万元（不考虑可抵扣的进项税），全部由资本金投入。运营期为8年，残值率为5%，采用直线法折旧。在运营期第1年投入300万元贷款作为流动资金，贷款年利率为5%，流动资金贷款利息在每年年末偿还，本金在运营期末偿还。项目运营1年后为正常年份，正常年份的不含税的营业收入为850万元，正常年份的经营成本为340万元（含可抵扣的进项税40万元）。该项目产品适用的增值税税率为13%，增值税附加综合税率为12%，所得税税率为25%。计算正常年份的资本金净利润率。

【答案】（1）投资数据

资本金：2000万元。

（2）成本数据

①正常年份不含税的经营成本：340－40＝300（万元）。

②固定资产年折旧额：2000×（1－5%）/8＝237.50（万元）。

③正常年份的流动资金贷款利息支出：300×5%＝15（万元）。

正常年份的总成本：300+237.50+15＝552.50（万元）。

（3）收入数据

正常年份的不含税的营业收入：850万元。

（4）利税数据

①正常年份的增值税附加：（850×13%－40）×12%＝8.46（万元）。

②正常年份的利润总额：850－552.50－8.46＝289.04（万元）。

③正常年份的净利润：289.04×（1－25%）＝216.78（万元）。

因此，正常年份的资本金净利润率：216.78/2000＝10.84%。

考点2 投资回收期

考点讲解

星级指数	★★
考情分析	无
荆棘谜团	投资回收期的计算是难点。
独门心法	学习该知识点注意区分静态与动态投资回收期。投资回收期在一定程度上显示了资本的周转速度。回收期越短，资本周转速度越快，风险越小，盈利越多。投资回收期，指的是方案实施后，回收初始投资，获取收益能力的重要指标。从现金流量图上看，就是累计净现金流量为0的点。

投资回收期分为静态投资回收期和动态投资回收期。

1.静态投资回收期

静态投资回收期，是指在不考虑资金时间价值的条件下，以项目的净收益回收其全部投资所需要的时间。投资回收期宜从项目建设开始年算起，若从项目投产的年份算起，应予以特别注明。静态投资回收期可根据现金流量表计算，分为以下两种情况：

（1）项目建成后，各年的净收益均相同。计算公式为：

静态投资回收期=项目总投资/每年净收益

（2）项目建成后，各年的净收益不相同，则静态投资回收期可根据累计净现金流量求得，也就是在现金流量表中累计净现金流量由负值转向正值之间的年份。计算公式为：

静态投资回收期=（累计净现金流量出现正值的年份数-1）+（上一年累计净现金流量的绝对值/出现正值年份的净现金流量）

2.动态投资回收期

动态投资回收期，是将投资方案各年的净现金流量按照基准收益率折成现值后，再来推算投资回收期，考虑了资金的时间价值。这是它与静态投资回收期的根本区别。

动态投资回收期就是投资方案累计现值等于零的时间。在实际应用中，一般根据项目净现金流量表进行计算。计算公式为：

动态投资回收期=（累计净现金流量现值出现正值的年份数-1）+（上一年累计净现金流量现值的绝对值/出现正值年份的净现金流量的现值）

💡 提示

（1）应注意区分计算的是静态投资回收期还是动态投资回收期，动态投资回收期还需要将各年的净现金流量用基准收益率折算成现值。

（2）投资回收期一般结合现金流量表进行计算，观察现金流量表中累计所得税后净现金流量出现正值的年份，绘出计算简图，利用相似三角形原理绘图求解是一种直观的方法。在这个图形中，横轴代表时间，纵轴代表累计净现金流量，从原点出发的曲线与横轴的交点即为静态回收期。利用比例关系，如果动态回收期需要考虑折现，则可以通过相似图形的性质，找到折现后的累计净现值首次达到零点的时间点，从而确定动态投资回收期。

🔥 小试牛刀

例 3.3

某业主拟投资一工业项目，建设期为1年，运营期为6年。造价工程师已经计算出各年累计所得税后净现金流量，见表3.1。计算该项目的静态投资回收期。

表3.1　现金流量表（单位：万元）

序号	项目名称	计算期（年）						
		1	2	3	4	5	6	7
...	...	...	...	...	...	...	...	...
3	净现金流量	−700.00	143.50	470.50	470.50	470.50	470.50	648.50
4	累计所得税后净现金流量	−700.00	−556.50	−86.00	384.50	855.00	1325.50	1974.00

【答案】静态投资回收期：（4−1）+|−86| / 470.50＝3.18（年）。

【解析】从上表可以看出，静态投资回收期（累计所得税后净现金流量为0的点）应在计算期第3年和计算期第4年之间，作出计算简图，如图3.1所示。

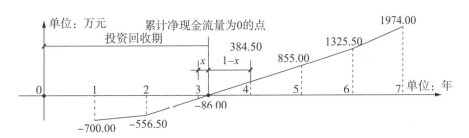

图3.1　静态投资回收期计算示意图

利用相似三角形进行计算，设累计净现金流量为0的点到3的距离为x年，到4的距离为$1−x$年，列方程：$x/86＝（1−x）/384.50$，解得$x=0.18$年。所以，静态投资回收期为：$3+0.18＝3.18$（年）。

考点3　盈亏平衡分析

考点讲解

星级指数	★★★★
考情分析	2020年、2014年
荆棘谜团	盈亏平衡计算时会运用到经营成本，通常在这里计算时要有意识地运用固定成本和可变成本来计算，是学员理解的难点。
独门心法	解题时，可以设盈亏平衡时的产量为x，售价为y，分别列出运营成本数据、营业收入数据、利润与税金数据，再利用利润总额为0元，列一元一次方程，即可求解。

盈亏平衡时，利润总额为0，既不盈利，也不亏损；因利润总额为0元，所得税、净利润均为0元。由于增值税是价外税，由最终消费者负担，增值税对企业的影响表现为增值税会影响以增值税为计算基础的附加税费，盈亏平衡计算时应考虑增值税附加税的影响。因此，盈亏平衡问题的实质是计算利润总额为0元时的产量或销售单价。

盈亏平衡的计算包括两类：产量盈亏平衡和单价盈亏平衡。

令：

利润总额=营业收入（不含销项税）－总成本费用（不含进项税）－增值税附加+补贴收入=0

建立一元一次方程，求解出项目的盈亏平衡产量或盈亏平衡单价。

💡 提示

1.总成本费用又可划分为可变成本和固定成本，如下图所示：

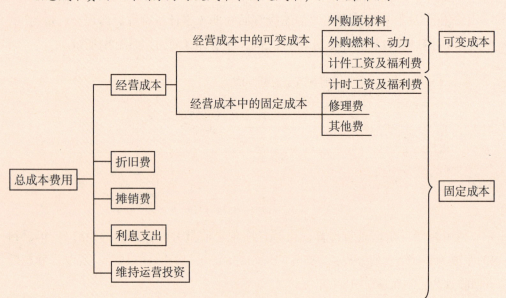

2.增值税附加=应纳增值税×增值税附加税率

=（销项税－进项税－可抵扣固定资产进项税）×增值税附加税率

在盈亏平衡点，利润总额为0元。因此，可将"盈亏平衡计算"转化为"利润总额计算"。利润总额=不含税的营业收入－不含税的总成本－增值税附加。

🔥 小试牛刀

例 3.4

　　某新建工业项目，正常年份的设计生产能力为10000件/年。固定成本为500万元/年，不含税的可变成本为300元/件。产品不含税的销售价为1200元/件，可抵扣的进项税为50元/件。该项目产品适用的增值税税率为13%，增值税附加综合税率为12%。计算项目的产量盈亏平衡点和单价盈亏平衡点。

【答案】（1）产量盈亏平衡点计算

①运营成本数据

固定成本：5000000元。

不含税的可变成本：$300x$元（设盈亏平衡时的产量为x件）。

不含税的总成本：（5000000+$300x$）元。

②营业收入数据

不含税的营业收入：$1200x$元。

③利润与税金数据

增值税附加：（$1200x \times 13\% - 50x$）× 12%（元）。

利润总额：$1200x$ −（5000000+$300x$）−（$1200x \times 13\% - 50x$）× 12%=0（元）。

解得：x=5635件。

（2）单价盈亏平衡点计算

①运营成本数据

固定成本：5000000元。

不含税的可变成本：300 × 10000=3000000（元）。

不含税的总成本：5000000+3000000=8000000（元）。

②营业收入数据

不含税的营业收入：$10000y$元（设盈亏平衡时的售价为y元/件）。

③利润与税金数据

增值税附加：（$10000y \times 13\% - 50 \times 10000$）× 12%（元）。

利润总额：$10000y$ − 8000000 −（$10000y \times 13\% - 50 \times 10000$）× 12%=0（元）。

解得：y=806.58元/件（不含税）。

例 3.5

某新建项目正常年份的设计生产能力为100万件某产品，年固定成本为580万元（不含可抵扣进项税），单位产品不含税销售价预计为56元，单位产品不含税可变成本估算额为40元。企业适用的增值税税率为13%，增值税附加税税率为12%，单位产品平均可抵扣进项税预计5元。对项目进行盈亏平衡分析，计算项目的产量盈亏平衡点。

【答案】利润总额＝营业收入＋补贴收入－总成本费－增值税附加＝0

设：产量盈亏平衡点为X万件（产量＝X）

①营业收入＝$56 \cdot X$

②总成本＝$580 + 40 \cdot X$（固定＋可变）

③销项税额＝$56 \cdot X \cdot 13\%$

④进项税额＝$X \cdot 5$

⑤增值税附加＝$(56 \cdot X \cdot 13\% - 5 \cdot X) \cdot 12\%$

列方程：

$56 \cdot X - (580 + 40 \cdot X) - (56 \cdot X \cdot 13\% - 5 \cdot X) \cdot 12\% = 0$

解得：$X = 36.88$（万件）

第4天
方案评分及价值工程

考点讲解

考点1 方案评分方法

星级指数	★★★
考情分析	2021年、2015年、2013年
荆棘谜团	注意区分0~1、0~4评分法，0~1评分法需要修正得分，学习时容易遗忘该点，导致失分。
独门心法	0~1评分方法的优点是计算过程简单方便，缺点是功能之间的差距较小，不能拉开档次。 0~4评分方法的优点是拉开了评分的档次，更接近功能重要性的真实情况，缺点是评分与计算过程较为复杂，本考点中要熟练运用0~1评分法，牢记0~1评分法需修正得分。

1.0~1评分法

例如：为了确定评价对象（如零部件等）的功能在整体功能中所占的比率，即该功能在整体功能中的权重，请5~15名对产品熟悉的人员，对项目的不同组成功能进行评价。在该项目的多个不同的功能中，按照功能的重要程度逐一对比打分，相对不重要的打0分，相对重要的打1分。因只有"0"和"1"两个数，所以被称为"0~1评分法"。

分析的对象（零部件）自己与自己相比不得分，用"×"表示，也就是自己不和自己比较。

在数学上，0除以任何一个不为0的实数，其结果均为0。如果某项功能得分之和为0，将会导致该项的重要性系数为0（或权重为0），该项评分就失去了意义，因此需要将各功能得分之和加1分进行修正。

用各功能的修正得分分别除以各功能修正得分之和，即为功能重要性系数（权重）。

这种评分方法的优点是计算过程简单方便，缺点是功能之间的差距较小，不能拉开档次。

💡 提示

（1）将各功能项目按重要程度，从左到右进行排列，或将重要程度转化为不等式，例如$F_1 > F_2 > F_3 > F_4 > F_5$。

（2）两个功能相比，在">"左边的得分为1，在">"右边的得分为0；功能自己与自己相比不得分，用"×"表示。

（3）为了避免重要性最低的项目得分为0，应进行修正，即对所有功能项目得分之和都加1分。

（4）某项功能重要性系数（权重）=该项功能修正得分/各功能修正得分总和。

（5）检查：关于带"×"连线对称的两格数据之和为"1"；功能得分为0、1、2、3、…的连续整数，修正后的功能得分为1、2、3、…的连续整数；功能重要性系数（权重）之和为1。

2. 0~4评分法

为了确定评价对象（如零部件等）的功能在整体功能中所占的比重，即该功能在整体功能中的权重，如采用0~1评分法，两个功能的重要程度差别仅为1分，不能拉开档次。

为了弥补这一不足，将得分档次扩大为4级，将可能产生0、1、2、3、4五个得分，因此这种评分方法被称为"0~4评分法"。根据两个评价对象的比较，档次划分如下：

（1）F_1比F_2重要得多：F_1得4分，F_2得0分，常用关键词为"重要得多""很重要"；

（2）F_1比F_2重要：F_1得3分，F_2得1分，常用关键词为"重要""较重要"；

（3）F_1与F_2相比，同等重要：F_1得2分，F_2得2分，常用关键词为"同等重要""同样重要"；

（4）F_1远不如F_2重要：F_1得0分，F_2得4分，常用关键词为"远不如"。

用各功能的得分，分别除以各功能得分之和，即为功能重要性系数（权重）。

这种评分方法的优点是拉开了评分的档次，更接近功能重要性的真实情况，缺点是评分与计算过程较为复杂。

3. 加权评分法

0~1评分法和0~4评分法，一般是对评价对象（方案）自身不同子功能项目的重要性评分，计算的是子功能的权重。

当已经知道某评价对象的子功能的权重，以及各子功能的得分时，还需要利用"加权评分法"计算该评价对象的整体得分。

如果采用同样的评分规则（如10分制），对某评价对象的不同子分项进行评分，由于这些子分项的重要性（权重）是不一样的，不能简单地将各子功能的得分直接相加，而应该考虑各子功能的权重，这就是加权评分。这样计算的得分，更具有实际意义。

也就是说，0~1评分法和0~4评分法常是加权评分法的一个重要的计算步骤，如果0~1评分法（或0~4评分法）与加权评分法出现在同一题目中，应注意理解它们的评分对象是不同的。

💡 提示

功能权重可用0~1评分法或0~4评分法求出。F_1、F_2、F_3、F_4、F_5这五项功能均采用的是10分制评分，由于五项功能的重要性不一样，不能直接将这五项得分相加，再取平均值，还应考虑相应的权重采用加权得分法后，可以更准确地比较不同方案的整体性能，因为这种方法考虑了各功能对总体评价的相对贡献度。

🔥 小试牛刀

例　4.1

$F_1 \sim F_5$ 的重要性排列如下：$F_4 > F_1 > F_2 > F_3 > F_5$，用 0～1 评分法计算各功能权重。

【答案】0～1 评分法计算各功能权重如表 4.1 所示。

表4.1　0～1 评分法计算各功能权重

功能	F_1	F_2	F_3	F_4	F_5	功能总分	修正得分	功能权重
F_1	×	1	1	0	1	3	4	0.267
F_2	0	×	1	0	1	2	3	0.200
F_3	0	0	×	0	1	1	2	0.133
F_4	1	1	1	×	1	4	5	0.333
F_5	0	0	0	0	×	0	1	0.067
合计						10	15	1

例　4.2

某业主邀请多名专家对某设计方案进行评价，经专家讨论确定的主要评价指标为功能实用性（F_1）、经济合理性（F_2）、结构可靠性（F_3）、外观美观性（F_4）、环境协调性（F_5）五项评价指标。各功能之间的重要关系为：F_3 比 F_4 重要得多，F_3 比 F_1 重要，F_1 和 F_2 同等重要，F_4 和 F_5 同等重要。用 0～4 评分法计算各功能重要性系数（权重）。

【答案】各评价指标的功能重要性系数（权重）见表 4.2。

表4.2　各评价指标的功能重要性系数（权重）表

	F_1	F_2	F_3	F_4	F_5	得分	权重
F_1	×	2	1	3	3	9	0.225
F_2	2	×	1	3	3	9	0.225
F_3	3	3	×	4	4	14	0.350
F_4	1	1	0	×	2	4	0.100
F_5	1	1	0	2	×	4	0.100
合计						40	1.000

例 4.3

某业主邀请多名专家对某工程的设计方案进行评价，经专家讨论确定的主要评价指标为：功能实用性F_1、经济合理性F_2、结构可靠性F_3、外观美观性F_4、环境协调性F_5五项评价指标。通过0~4评分法已经计算得到功能评价指标的权重分别为F_1（0.225）、F_2（0.225）、F_3（0.350）、F_4（0.100）、F_5（0.100）。筛选后，最终对A、B、C三个设计方案进行评价，三个设计方案评价指标的评价得分如表4.3所示。计算各方案各功能的加权得分。

表4.3　各方案评价指标的评价结果表

功能	方案A	方案B	方案C
功能实用性（F_1）	9	8	10
经济合理性（F_2）	8	10	8
结构可靠性（F_3）	10	9	8
外观美观性（F_4）	7	8	9
环境协调性（F_5）	8	9	8

【答案】各方案功能得分，见表4.4。

表4.4　各方案功能加权得分计算表

方案功能	功能权重	A	B	C
F_1	0.225	9×0.225=2.025	8×0.225=1.8	10×0.225=2.25
F_2	0.225	8×0.225=1.8	10×0.225=2.25	8×0.225=1.8
F_3	0.350	10×0.35=3.5	9×0.35=3.15	8×0.35=2.8
F_4	0.100	7×0.1=0.7	8×0.1=0.8	9×0.1=0.9
F_5	0.100	8×0.1=0.8	9×0.1=0.9	8×0.1=0.8
合计		8.825	8.900	8.550

考点2　价值工程

考点讲解

星级指数	★★
考情分析	2022年、2021年、2020年、2018年、2017年
荆棘谜团	正确理解本考点中的价值含义，是解题的关键。
独门心法	本考点中的价值工程来源于管理教材的相应知识点，在学习该考点时，可结合管理科目的相关知识进行记忆和理解运用。这里的价值是对象的比较价值，即某种产品所具有的功能与获得该功能的全部费用的比值，不是对象的使用价值，也不是对象的经济价值和交换价值。

1.价值工程的概念

以提高产品（或作业价值）为目的，通过有组织的创造性工作，寻求用最低的寿命周期成本，可靠地实现使用者所需功能的一种管理技术，这就是价值工程，计算公式如下：

$$V = \frac{F}{C}$$

式中： V ——研究对象的价值；

F ——研究对象的功能；

C ——研究对象的成本，即寿命周期成本。

2.价值工程的相关计算

如果某项目有多个备选方案，每个方案可以分别计算出功能得分，并测算出各方案相应的成本，可计算出各方案的功能指数、成本指数、价值指数。

（1）功能指数的计算公式如下：

$$某方案的功能指数 = \frac{该方案的功能得分}{各方案功能得分之和}$$

各方案的功能得分一般需要经过计算得到（如采用加权评分法、算术平均值法），有时题目中也可能将各方案的功能得分以已知条件的形式给出。

（2）成本指数的计算公式如下：

$$某方案的成本指数 = \frac{该方案的成本}{各方案的成本之和}$$

各方案的成本，题目中一般会给出相应的数据，通常以单价或总价的形式给出。

（3）价值指数的计算公式如下：

$$某方案的价值指数 = \frac{该方案的功能指数}{各方案相应的成本指数}$$

💡 提示

价值工程计算中，各项"指数"的含义：

（1）功能指数、成本指数中的"指数"应理解为个体占整体的"比率"，单个指数均小于1，指数之和为1。

（2）价值指数中的"指数"，应理解为单位成本所能实现的功能，也就是成本与功能的匹配程度，此处的"指数"仅仅是一个"数值"，可以大于1、等于1或小于1。

第4天

🔥 小试牛刀

例 4.4

某业主邀请若干专家对某行政楼的A、B、C三个设计方案进行评价，A方案的功能得分之和为8.875分，B方案的功能得分之和为8.750分，C方案的功能得分之和为8.625分。A方案的估算总造价为6500万元，B方案的估算总造价为6600万元，C方案的估算总造价为6650万元。用价值指数法选择最佳设计方案。

【答案】（1）各方案功能指数计算：

A、B、C三个方案功能得分之和：$8.875+8.750+8.625=26.25$。

A方案的功能指数：$8.875/26.25=0.338$。

B方案的功能指数：$8.750/26.25=0.333$。

C方案的功能指数：$8.625/26.25=0.329$。

（2）各方案成本指数计算：

A、B、C三个方案成本之和：$6500+6600+6650=19750$。

A方案的成本指数：$6500/19750=0.329$。

B方案的成本指数：$6600/19750=0.334$。

C方案的成本指数：$6650/19750=0.337$。

（3）各方案价值指数计算：

A方案的价值指数：$0.338/0.329=1.027$。

B方案的价值指数：$0.333/0.334=0.997$。

C方案的价值指数：$0.329/0.337=0.976$。

根据以上计算，A方案的价值指数最大，故选择A方案。

第 5 天
资金等值分析

考点 1 利息与利率

考点讲解

星级指数	★★
考情分析	2016年
荆棘谜团	实际利率与名义利率的换算是易错点，考试时需认真审题。
独门心法	本考点中的资金时间价值的应用在很多章节都会涉及，需要大家重点掌握，在进行利息计算时，注意区分名义利率与有效利率。

1.资金的时间价值

用一笔资金进行投资，可获得收益；同样，将该笔资金存入银行，可获得存款利息。如果向银行借款，也需要向银行支付相应的贷款利息。也就是说，资金的数额会随着时间的变化而变动，这部分变动增加的资金，就是原有资金的时间价值。

由于资金具有时间价值，不同时点上发生的现金流量无法直接比较。只有通过一系列的换算，将不同时间点上发生的资金换算成同一时点上的资金价值，才具有可比性。考虑了资金的时间价值，方案的评价和选择才变得更加现实和可靠。

2.利息与利率

资金时间价值的一种重要表现形式就是利息，甚至可以用利息代表资金的时间价值。利息是衡量资金时间价值的绝对尺度，利率是衡量资金时间价值的相对尺度。

（1）利息

在借贷活动中，债务人支付给债权人的超过原借款本金的部分就是利息，计算公式如下：

$$I = F - P$$

式中： I ——利息；

F ——还本付息总额；

P ——本金。

（2）利率

在单位时间（如日、周、月、季、半年、年等）内所得利息与借款本金之比，就是利率，常用百分数表示，计算公式如下：

$$i = \frac{I_t}{P} \times 100\%$$

式中： i ——利率；

I_t ——单位时间内的利息；

P ——借款本金。

3.单利与复利

（1）单利

在计算每个周期的利息时，只计算最初的本金产生的利息，不计入在先前计息周期中所累积增加利息产生的新利息，即"利不生利"，这就是单利。计算公式如下：

$$I_t = P \times i_d$$

式中： I_t ——第 t 个计息期的利息额；

P ——本金；

i_d ——计息周期单利利率。

（2）复利

将上期利息结转为本金，一并计算本期的利息，即"利生利"，这就是复利。计算公式为：

$$I_t = F_{t-1} \times i$$

式中： I_t ——第 t 年利息；

F_{t-1} ——第（ $t-1$ ）年末复利本利和；

i ——计息周期利率。

4.名义利率与有效利率

（1）名义利率

计息周期利率 i ，乘一个利率周期内的计息周期数 m ，所得的利率，就是名义利率。

名义利率忽略了前面各期利息再生利息的因素，与单利计算相同，名义利率 r 的计算公式如下：

$$r = i \times m$$

式中： r ——名义利率；

i ——计息周期利率；

m ——利率周期内的计息周期数。

（2）有效利率

利率周期有效利率，是资金在利率周期中所发生的实际利率。当名义利率为 r ，计息周期数为 m 时，利率周期的有效利率 i_{eff} 的计算公式如下：

$$i_{eff} = \left(1 + \frac{r}{m}\right)^m - 1$$

式中： i_{eff} —— 利率周期的有效利率

r —— 名义利率；

m —— 利率周期内的计息周期数。

🔥 小试牛刀

例 5.1

某拟建项目的建设投资额为1000万元，其中500万元需从银行贷款，贷款的年利率为7.2%（按月计息）。计算利率周期的有效利率。

【答案】利率周期的有效利率：$(1+7.2\%/12)^{12}-1=7.44\%$。

例 5.2

某企业年初从银行借款600万元，年利率为12%，按月计算并支付利息，则每月末应支付利息多少万元？

【答案】月利率：$i=r/m=12\%/12=1\%$。每月支付利息$I=600\times1\%=6$（万元）。

例 5.3

某公司向银行贷款1000万元，年名义利率为12%，按季度复利计息，1年后贷款本利和为多少万元？

【答案】年名义利率$r=12\%$，计息周期有效利率$i=r/m=12\%\div4=3\%$，一年后的本利和：$1000\times(1+12\%\div4)^4=1125.51$（万元）。

考点讲解

考点 2 资金等值计算

星级指数	★★★★★
考情分析	2022年、2021年、2020年
荆棘谜团	资金等值换算的计算公式是记忆的难点。
独门心法	本考点中资金等值换算公式非常重要，在"等额还本付息""寿命周期最小费用法选择方案""投标方案的选择"中都会用到。这是本章的重点，同时也是难点。理解资金等值换算的逻辑，记忆本书提供的换算公式能够应对相应的数据换算。

由于资金具有时间价值，相同数额的资金发生在不同的时间，具有不同的价值。这些不同时期、不同数额的资金价值等效，就是资金的等效值。

现值（Present Value），即现在的资金价值（或本金），指资金发生在（或折算为）某一特定的时间序列起点时的价值。

终值（Final Value），即未来的资金价值（或本利和），指资金发生在（或折算为）某一特定的时间序列终点时的价值。

年金（Annuity），指发生在（或折算为）某一特定的时间序列各计息期末（不包括0期）的等额资金序列的价值。

现值（P）、终值（F）与年金（A），可以相互进行换算。

1.终值（F）与现值（P）的换算关系

现值（P）与终值（F）的关系如图5.1所示。

图5.1　现值（P）与终值（F）的关系图

已知资金现值（P），年利率为i，按复利计算，则n年末的本利和（F）可按下式计算：

$$F = P \times (1+i)^n$$

同样地，如果已知n年后资金终值（F），年利率为i，按复利计算，资金的现值为：

$$P = \frac{F}{(1+i)^n}$$

2.终值（F）与年金（A）的换算关系

终值（F）与年金（A）的关系如图5.2所示。

图5.2　终值（F）与年金（A）的关系图

已知年金（A），年利率为i，年份数为n，按复利计算，资金的终值（F）可按下式计算：

$$F = A \frac{(1+i)^n - 1}{i}$$

同样地，如果已知资金终值（F），年利率为i，按复利计算，年份数为n，年金（A）按下式计算：

$$A = F \frac{i}{(1+i)^n - 1}$$

3.现值（P）与年金（A）的换算关系

现值（P）与年金（A）的关系如图5.3所示。

已知年金（A），年利率为i，年份数为n，按复利计算，资金的现值（P）按下式计算：

$$P = A\frac{(1+i)^n - 1}{i(1+i)^n}$$

图5.3　现值（P）与年金（A）的关系图

同样地，如果已知资金现值（P），年利率为i，年份数为n，按复利计算，年金（A）按下式计算：

$$A = P\frac{i(1+i)^n}{(1+i)^n - 1}$$

4.资金等值换算系数在解题中的应用

现值（P）、终值（F）与年金（A），可以利用公式相互进行换算。

（1）$F = P$（F/P，i，n），表示已知现值（P）、利率为i，求n年后的终值（F）；（F/P，i，n）是换算系数，等于（$1+i$）^{n}，即复利终值系数。

题目中如果给出的是复利终值系数（F/P，i，n），已知终值（F）求现值（P），要用复利终值系数的倒数，即$P = F\dfrac{1}{(F/P,i,n)}$。

（2）$F = A$（F/A，i，n），表示已知年金（A）、利率为i，求n年后的终值（F）；（F/A，i，n）是换算系数，等于$\dfrac{(1+i)^n - 1}{i}$，即年金终值系数。

题目中如果给出的是年金终值系数（F/A，i，n），已知终值（F）求年金（A），要用年金终值系数的倒数，即$A = F\dfrac{1}{(F/A,i,n)}$。

（3）$P = A$（P/A，i，n），表示已知年金（A）、利率为i、年份数为n，求现值（P）；（P/A，i，n）是换算系数，等于$\dfrac{(1+i)^n - 1}{i(1+i)^n}$，即年金现值系数。

题目中如果给出的是年金现值系数（P/A，i，n），已知现值（P）求年金（A），要用年金现值系数的倒数，即$A = P\dfrac{1}{(P/A,i,n)}$。

5.资金的等值换算

（1）现值法

在考试中，常需要把题目中给定的各项费用换算成现值。现值法的换算关系，包括年值（A）换算成现值（P），以及终值（F）换算成现值（P）。

（2）年值法

除了把题目中给定的各项费用换算成现值外，还可以将这些费用换算成年值，通过比较年值来选择方案。年值法的换算关系，包括现值（P）换算成年值（A），以及终值（F）换算成年值（A）。

从整个工程寿命周期来看，常见的现值（P）主要有建筑安装工程费、设备购置费等；常见的年值（A）主要有年度使用费用、每年产生的收益等费用；常见的终值（F）主要有大修费、残值回收等费用。

以上费用，并不发生在同一个时间点上，且资金具有时间价值，没法直接进行比较。为了使得同一项目的各个不同方案具有可比性，需要把这些不同时间点上发生的费用，换算成同一时间点上的资金价值。

从计算的实质来讲，现值法与年值法都是资金等值计算。因此，在解题的时候，需要把题目中的各项费用换算成现值，或换算成年值，再进行方案选择。

💡 **提示**

1.现值（P）、年金（A）、终值（F）发生的时间：

现值（P）发生在时间的起始点"0"处；年金（A）分别发生的时间是第1年末、第2年末、第3年末、……、第n年末；终值（F）发生在第n年末。

2.在应用现值法和年值法进行计算时，如何界定各数据的正负号？这通常需要结合具体情境来明确。

若从全寿命周期成本的视角评估，以成本花费为核心，那么相关的支出项目应被标识为"正"，而收入相关的项目则标识为"负"。在这种情形下，目标是寻找全寿命周期成本最低的方案，此即为最佳方案。

当从项目收益的视角评估，聚焦于收入的产生，此时收入相关项目应标为"正"，成本支出相关项目则为"负"。在此标准下，收益最大化的方案被视为最优。

虽然正负号的定义是相对且灵活的，但一个核心原则始终不变：从投资者的立场出发，旨在寻找成本最低而收益最高的方案作为最佳选择。

🔥 **小试牛刀**

例 5.4

某企业在5年内，每年的年末都向银行存入100万元，年利率为3%，按复利计算，则第5年年末本利之和为多少万元？

【答案】第5年年末本利之和（F）：$100 \times [(1+3\%)^5 - 1]/3\% = 530.91$（万元）。

例 5.5

某企业在5年内，每年的年末都向银行存入相等的一笔款项，年利率为3%，按复利计算，希望第5年年末本利之和为500万元，则每年末应向银行存入多少万元？

【答案】每年末应向银行存入的资金（A）：$500 \times 3\% / [(1+3\%)^5 - 1] = 94.18$（万元）。

例 5.6

某企业在第1年的年初存入一笔资金，希望在未来5年内的每年年末都可以从银行取回100万元，年利率为3%，按复利计算。则第1年的年初应存入多少万元？

【答案】第1年年初应存入资金（P）：$100 \times [(1+3\%)^5 - 1] / [3\% \times (1+3\%)^5] = 457.97$（万元）。

例 5.7

某企业在第1年的年初存入500万元，年利率为3%，按复利计算，希望在未来5年内每年的年末取回相同的资金。则每年的年末应取回多少万元？

【答案】每年年末应取回资金（A）：$500 \times [3\% \times (1+3\%)^5] / [(1+3\%)^5 - 1] = 109.18$（万元）。

例 5.8

已知年金和现值系数如表5.1所示。

表5.1　年金和现值系数表

n	5	10	15	20	25
（A/P, 6%, n）	0.2374	0.1359	0.1030	0.0872	0.0782
（A/P, 10%, n）	0.1884	0.1627	0.1315	0.1175	0.1102
（P/F, 3%, n）	0.8626	0.7441	0.6419	0.5537	0.4776

请利用表中的系数，求解下列问题：

（1）如果某企业在第1年年初从银行贷款1000万元，贷款的年利率为6%，在未来20年的每年年底按照等额本息还款，则每年年底应还款多少万元？

（2）某企业投资一工业项目，运营期为25年。经过测算，运营期每年年底可获得100万元的收益，基准折现率为10%，则收益的现值为多少万元？

（3）某企业在第1年的年初存入一笔款项，年利率为3%，希望在第10年年底的本息之和达到500万元，则这笔款项是多少万元？

（4）某企业在第1年的年初存入500万元，年利率为3%，则在第10年年底的本息之和是多少万元？

【答案】（1）第1年年初从银行贷款1000万元是现值P，每年年底应还款$A=P$（A/P，6%，20）$=1000 \times 0.0872 = 87.20$（万元）。

（2）每年年底可获得100万元的收益是年金A，由公式$A=P$（A/P，10%，25）可得，收益的现值$P=A/$（A/P，10%，25）$=100/0.1102 = 907.44$（万元）。

（3）第10年年底的本息之和500万元是终值F，第1年的年初存入的这笔款项为现值$P=F$（P/F，3%，10）$=500 \times 0.7441 = 372.05$（万元）。

（4）第1年的年初存入500万元是现值P，由公式$P=F$（P/F，3%，10）可得，第10年年底的本息之和为终值$F=P/$（P/F，3%，10）$=500/0.7441 = 671.95$（万元）。

例 5.9

某业主邀请若干专家对某商务楼的A、B、C三个设计方案进行评价。A方案的估算总造价为6500万元，B方案的估算总造价为6600万元，C方案的估算总造价为6650万元，若A、B、C三个方案的年度使用费分别为340万元、300万元、350万元，设计使用年限均为50年，基准折现率为10%，各方案均不考虑残值。假设总造价发生在期初，年度使用费发生在每年的年末。

请分别用现值法、年费用法选择最佳设计方案。

【答案】（1）用现值法选择最佳设计方案：

每个方案的总造价为现值（P），只需把每个方案的年度使用费（年值A），换算成现值（P），换算公式为$P=A[(1+i)^n-1]/[i(1+i)^n]$。

①A方案现值：$6500+340 \times [(1+10\%)^{50}-1]/[10\% \times (1+10\%)^{50}]=9871.04$（万元）。

②B方案现值：$6600+300 \times [(1+10\%)^{50}-1]/[10\% \times (1+10\%)^{50}]=9574.44$（万元）。

③C方案现值：$6650+350 \times [(1+10\%)^{50}-1]/[10\% \times (1+10\%)^{50}]=10120.19$（万元）。

根据计算，B方案需支出费用的现值最低，选择B方案。

（2）用年费用法选择最佳设计方案：

每个方案的总造价为现值（P），应换算成年值（A），换算公式为 $A = P[i(1+i)^n] / [(1+i)^n - 1]$。

①A方案年费用：$6500 \times [10\% \times (1+10\%)^{50}] / [(1+10\%)^{50} - 1] + 340 = 995.58$（万元）。

②B方案年费用：$6600 \times [10\% \times (1+10\%)^{50}] / [(1+10\%)^{50} - 1] + 300 = 965.67$（万元）。

③C方案年费用：$6650 \times [10\% \times (1+10\%)^{50}] / [(1+10\%)^{50} - 1] + 350 = 1020.71$（万元）。

根据计算，B方案需支出费用的年值最低，选择B方案。

以上例题，前者是将年值换算成现值进行比较，后者是将现值换算成年值进行比较，二者换算的对象不一样，最终选择的方案是一样的。

第 5 天

第6天
决策树与网络图

考 点 讲 解

考点1 决策树

星级指数	★★
考情分析	2019年、2016年
荆棘谜团	决策树的理解较为简单，在应用时独立绘制出决策树是难点。
独门心法	本考点中掌握如何绘制决策树并通过决策树对多方案做出决策。

1.决策树的概念

决策树是以方框"□"和圆圈"○"为节点，并由直线连接而成的一种像树枝形状的结构，其中，方框"□"表示决策点，圆圈"○"表示机会点；从决策点画出每条直线代表一个方案，叫作方案枝，从机会点画出每条直线代表一种自然状态，叫作概率枝。

如果只进行一次决策就可以解决，称为单级决策问题；对于较为复杂的问题，需要多次决策才能解决，称为多级决策问题。

2.决策树的绘制与计算

决策树的绘制是自左向右（决策点和机会点的编号左小右大、上小下大），计算则是自右向左。各机会点的期望值计算结果应标在该机会点上方，最后将淘汰的方案使用两条短线排除。

此处的期望值，是概率论与数理统计中的概念。对于某个事件来说，可能有多个不同的结果，这些结果按一定的概率发生，各个结果的概率之和为1（或100%）；将各个结果所对应的收益值乘相应的概率，再求和，就得到期望值。

从决策点开始，绘出方案枝，再绘出各方案的概率枝，反映了决策问题逐步深入的过程，如果用图形表示，就像一棵被砍伐后水平放置的树，所以这个图形被形象地称为决策树，用来表示某个决策分析的过程。

🔥 小试牛刀

例 6.1

某企业拟开拓国内某大城市工程承包市场。经调查，该市目前有A、B两个BOT项目将要招标，两个项目建成后的运营期均为15年。

投A项目中标概率为0.7，中标后总收益的净现值为13351.73万元，不中标费用损失80万元。

投B项目中标概率为0.65，中标后总收益的净现值为11495.37万元，不中标费用损失100万元。

若投B项目中标并建成经营5年后，可以自行决定是否扩建，如果扩建，扩建后总收益的净现值为14006.71万元。

请将各方案总收益净现值和不中标费用损失作为损益值，绘制投标决策树。

【答案】绘制决策树图如图6.1所示。

因B项目扩建后的收益值为14006.71万元，大于不扩建的收益值11495.37万元，项目应选择扩建，点"①"的期望值为0.7×13351.73+0.3×（-80）=9322.21（万元）；点"②"的期望值为0.65×14006.71+0.35×（-100）=9069.36（万元）。

综合以上计算可知，点"①"收益的期望值最大，选择A方案为最优方案。

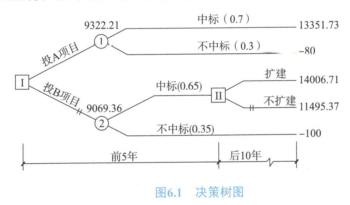

图6.1　决策树图

考点2 网络图

星级指数	★★★★★
考情分析	2021年、2019年、2017年、2015年
荆棘谜团	网络图的参数计算是难点，对于网络图的优化与调整也是难点。
独门心法	本考点主要考查网络进度计划的调整与优化。找到关键线路，熟练地计算工作的六时参数是解题的关键。

考点讲解

1.网络图的基本概念

（1）网络图

网络图是由箭线和节点组成，用来表示工作流程的有向、有序的网状图形。网络图的特点如下：

①一个网络图只表示一项计划任务。

②网络图中的节点都必须有编号，其编号严禁重复，并应使每一条箭线上箭尾节点编号小于箭头节点编号。

③在双代号网络图中，有时存在虚箭线，称为虚工作。虚工作不消耗时间和资源，主要用来表示相邻两项工作的先后逻辑关系。

（2）紧前工作、紧后工作和平行工作

①紧前工作：在网络图中，相对于某工作而言，紧排在该工作之前的工作称为该工作的紧前工作。

②紧后工作：在网络图中，相对于某工作而言，紧排在该工作之后的工作称为该工作的紧后工作。

③平行工作：在网络图中，相对于某工作而言，可以与该工作同时进行的工作即为该工作的平行工作。

（3）先行工作和后续工作

①先行工作：相对于某工作而言，从网络图的第一个节点（起点节点）开始，顺着箭头方向，经过一系列箭线与节点，到达该工作为止的各条通路上的所有工作，都称为该工作的先行工作。

②后续工作：相对于某工作而言，从该工作之后开始，顺箭头方向，经过一系列箭线与节点，到达网络图最后一个节点（终点节点）的各条通路上的所有工作，都称为该工作的后续工作。

（4）线路、关键线路和关键工作

①线路：网络图中从起点节点开始，沿箭头方向顺序，通过一系列箭线与节点，最后到达终点节点的通路称为线路。线路依次用该线路上的节点编号（或工作名称）来表示。

②关键线路和关键工作：

线路上所有工作的持续时间总和称为该线路的总持续时间，总持续时间最长的线路称为关键线路，关键线路的总持续时间就是网络计划的总工期。在网络计划中，关键线路可能不止一条；在网络计划执行过程中，因某些工作作业时间的调整，或增加新工作，关键线路还可能会发生转移。

关键线路上的工作称为关键工作。在网络计划的实施过程中，关键工作的实际进度提前或拖后，均会对总工期产生影响。因此，关键工作的实际进度是工程进度控制的重点。

2.网络图的时间参数

（1）工作持续时间和工期

①工作持续时间：指一项工作从开始到完成的时间。

②工期：泛指完成某一项任务所需要的时间。

计算工期：根据网络时间参数计算得到的工期。

要求工期：任务委托人提出的指令性工期。

计划工期：根据计算工期和要求工期所确定的作为实施目标的工期。

（2）工作的六个时间参数

①最早开始时间和最早完成时间

最早开始时间：指本工作所有紧前工作全部完成后，其可能开始的最早时刻。

最早完成时间：指本工作所有紧前工作全部完成后，其可能完成的最早时刻。

②最迟完成时间和最迟开始时间

最迟完成时间：指在不影响整个任务按期完成的前提下，本工作必须完成的最迟时刻。

最迟开始时间：指在不影响整个任务按期完成的前提下，本工作必须开始的最迟时刻。

③总时差和自由时差

总时差：指在不影响总工期的前提下，本工作可以利用的机动时间。

自由时差：指在不影响本工作的紧后工作的前提下，本工作可利用的自由时间。

3.网络图的识读与应用

（1）网络计划调整

在考试中，除了此处涉及网络图以外，在"工程合同价款管理"与"工程结算与决算"中也会涉及。

本考点下的考题中，主要考查网络进度计划的调整与优化；"工程合同价款管理"中，主要考查关键线路和总工期的判断和计算，由此分析工期索赔和费用索赔的理由及其计算；"工程结算与决算"中，主要结合时标网络图考查绘制前锋线及检查工程的进度偏差。

对于网络图的应用，本考点主要讲解网络进度计划的调整与优化。为便于读者归类学习和总结考点，其他考点中所涉及的网络图应用，分别在相应的考点中讲解。

共用工作班组、共用施工机械，以及新增工作，是网络进度计划的调整与优化的常见考查形式，都需要重新分析和调整工作之间的先后关系。

（2）赶工方案选择

施工过程中，常常需要赶工，也就是要压缩工期，只有压缩关键工作的持续时间，才能压缩总工期。压缩工期必然会产生赶工费用，同时工期缩短又可以得到工期奖励。这时，就需要比较压缩工期所支出的费用与获得的工期奖励，如果获得的工期奖励大于压缩工期产生的赶工费用，则应该采取赶工措施；反之，则不应采取赶工措施。

> **💡 提示**
>
> 赶工方案选择解题方法：
>
> （1）根据网络进度图，找出关键线路和关键工序。
>
> （2）分别找出各关键工作所能压缩的工期，再算出压缩每项关键工作所产生的费用，汇总计算压缩工期产生的赶工费用之和。如果压缩工期的总天数为题目中的固定条件，则选择单位时间赶工成本最低的关键工作的工期进行压缩，然后选择单位时间赶工成本次低的关键工作的工期进行压缩。
>
> （3）计算工期奖励金额。
>
> （4）赶工方案选择：如果获得的工期奖励大于压缩工期产生的赶工费用，则应该采取赶工措施；反之，则不应该采取赶工措施。
>
> （5）总之，站在承包人的角度考虑，支出最小、收益最大的方案都是最优方案。

🔥 小试牛刀

例 6.2

某大型建设项目，施工合同中的部分内容如下：

合同工期160天，承包人编制的初始网络进度计划，如图6.2所示。

由于施工工艺要求，该计划中C、E、I三项工作施工需使用同一台运输机械；B、D、H三项工作施工需使用同一台吊装机械。上述工作由于施工机械的限制，只能按顺序施工，不能同时平行进行。

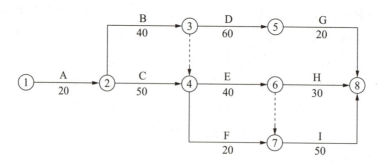

图6.2　初始网络进度计划图（单位：天）

请对承包人的初始网络进度计划进行调整，使得调整后的网络图能满足施工工艺和施工机械对施工作业顺序的要求。调整后的关键工作有哪些？总工期为多少天？

【答案】（1）调整网络图：

C、E、I三项工作施工需使用同一台运输机械，原网络计划图已满足要求，不需调整；B、D、H三项工作施工需使用同一台吊装机械，说明H工作应是D工作的紧后工作，需要用虚箭线相连；同时在E和H之间增加一个虚工作，用虚箭线相连，如图6.3所示。

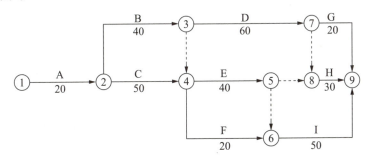

图6.3　调整后的网络进度计划图（单位：天）

（2）确定关键工作并计算总工期：

调整后的网络图关键工作为A、C、E、I，总工期为20+50+40+50＝160（天）。

例 6.3

某建设项目，承包人编制的网络进度计划图（已由发包人批准），如图6.4所示。施工合同规定，工期每提前（或延后）1天，奖励（或罚款）1万元。承包人经过测算，各项工作可压缩的天数及相应增加的费用，见表6.1。如果承包人打算尽可能多地获得工期奖励，请问承包人应该如何压缩相关工作的工期？

表6.1　各工作可压缩的工期及相应增加费用表

工作	可压缩工期（天）	压缩1天增加费用（万元）	工作	可压缩工期（天）	压缩1天增加费用（万元）
A	2	1.2	E	3	0.4
B	3	0.5	F	3	0.4
C	1	0.3	G	1	0.3
D	3	0.4			

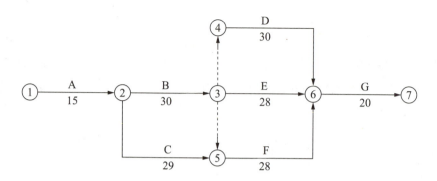

图6.4　网络进度计划图（单位：天）

【答案】

（1）原网络图的关键工作为A、B、D、G，总工期为15+30+30+20=95（天）。

（2）压缩工期分析：

关键工作A压缩1天的费用大于工期奖励，不压缩。其余关键工作压缩费用由低到高分别为G、D、B。

①压缩G工作1天，新增费用0.3万元。

②压缩D工作2天，新增费用0.4×2=0.8（万元）。

③如果再继续压缩D工作1天，必须同时压缩E、F工作1天，将新增费用0.4+0.4+0.4=1.2（万元），大于工期奖励，不考虑此种压缩方式。

④压缩B工作1天，新增费用0.5万元。

⑤同时压缩B、C工作1天，新增费用0.5+0.3=0.8（万元）。

由以上分析可知，一共可压缩工期1+2+1+1=5（天），新增费用0.3+0.8+0.5+0.8=2.4（万元），可获得工期奖励1×5=5（万元）。

第6天

第7天
建设工程招标投标相关规定

考点讲解

考点1 招标

星级指数	★ ★ ★ ★
考情分析	2023年、2020年
荆棘谜团	学习的重点和难点包括必须招标的范围、招标方式、招标中禁止的行为以及招标文件的组成和相关内容。要求通过深入学习和理解，能够准确并完整地用原文表达出问题中的关键点。
独门心法	在深入理解的基础上，结合项目招投标的实际实施过程进行联想，以加强记忆。特别侧重于招标方式、招标文件的组成及其相关内容的学习，确保能够准确掌握和应用这些知识点。

第7天

1.必须招标的范围

（1）在中华人民共和国境内进行下列工程建设项目包括项目的勘察、设计、施工、监理以及与工程建设有关的重要设备、材料等的采购，必须进行招标：

①大型基础设施、公用事业等关系社会公共利益、公众安全的项目；

②全部或者部分使用国有资金投资或者国家融资的项目；

③使用国际组织或者外国政府贷款、援助资金的项目。

（2）勘察、设计、施工、监理以及与工程建设有关的重要设备、材料等的采购达到下列标准之一的，必须招标：

①施工单项合同估算价在400万元人民币以上；

②重要设备、材料等货物的采购，单项合同估算价在200万元人民币以上；

③勘察、设计、监理等服务的采购，单项合同估算价在100万元人民币以上。

同一项目中可以合并进行的勘察、设计、施工、监理以及与工程建设有关的重要设备、材料等的采购，合同估算价合计达到前款规定标准的，必须招标。

2.招标的主体

招标人有权自行选择招标代理机构，委托其办理招标事宜。任何单位和个人不得以任何方式为招标人指定招标代理机构。招标人具有编制招标文件和组织评标能力的，可以自行办理招标事宜。任何单位和个人不得强制其委托招标代理机构办理招标事宜。

《中华人民共和国招标投标法》规定的招标人具有编制招标文件和组织评标能力，是指招标人具有与招标项目规模和复杂程度相适应的技术、经济等方面的专业人员。

依法必须进行招标的项目，招标人自行办理招标事宜的，应当向有关行政监督部门备案。

3.招标的方式（表7.1）

表7.1　招标的方式

公开招标	①发布招标公告【资格后审】
	②发布资格预审公告【资格预审】
邀请招标	
两阶段招标：招标人要求投标人提交投标保证金的，应当在第二阶段提出	

💡 提示

①当未进行资格预审时，招标文件中应包括招标公告。

②当进行资格预审时，招标文件中应包括投标邀请书，该邀请书可代替资格预审通过通知书，以明确投标人已具备了在某具体项目某具体标段的投标资格，其他内容包括招标文件的获取、投标文件的递交等。

（1）公开招标

国有资金占控股或者主导地位的依法必须进行招标的项目，应当公开招标。

招标人采用公开招标方式的，应当发布招标公告。依法必须进行招标的项目的招标公告，应当通过国家指定的报刊、信息网络或者其他媒介发布。招标公告应当载明招标人的名称和地址，招标项目的性质、数量、实施地点和时间，以及获取招标文件的办法等事项。

（2）邀请招标

依法必须进行公开招标的项目，有下列情形之一的，可以邀请招标：

①项目技术复杂或有特殊要求，或者受自然地域环境限制，只有少量潜在投标人可供选择；

②涉及国家安全、国家秘密或者抢险救灾，适宜招标但不宜公开招标；

③采用公开招标方式的费用占项目合同金额的比例过大。

有前款第②项所列情形，由项目审批、核准部门在审批、核准项目时做出认定；其他项目由招标人申请有关行政监督部门做出认定。

招标人采用邀请招标方式的，应当向三个以上具备承担招标项目的能力、资信良好的特定的法人或者其他组织发出投标邀请书。

第7天

（3）资格审查（表7.2）

表7.2　资格审查

资格审查方式	资格审查分为资格预审和资格后审 招标人采用资格预审办法对潜在投标人进行资格审查的，应当发布资格预审公告、编制资格预审文件 招标人采用资格后审办法对投标人进行资格审查的，应当在开标后由评标委员会按照招标文件规定的标准和方法对投标人的资格进行审查
资格审查方法	资格预审应当按照资格预审文件载明的标准和方法进行
资格审查人员	国有资金占控股或者主导地位的依法必须进行招标的项目，招标人应当组建资格审查委员会审查资格预审申请文件。招标人采用资格后审办法对投标人进行资格审查的，应当在开标后由评标委员会按照招标文件规定的标准和方法对投标人的资格进行审查
资格审查内容	①具有独立订立合同的权利 ②具有履行合同的能力，包括专业、技术资格和能力，资金、设备和其他物质设施状况，管理能力，经验、信誉和相应的从业人员 ③没有处于被责令停业，投标资格被取消，财产被接管、冻结破产状态 ④在最近三年内没有骗取中标和严重违约及重大工程质量问题 ⑤国家和本省规定的其他资格条件
资格预审程序	发售资格预审文件→投标人递交资格预审申请文件→预审结束后，招标人应当及时向资格预审申请人发出资格预审结果通知书

4.招标中禁止的行为

（1）招标人不得以不合理的条件限制、排斥潜在投标人或者投标人。不得对潜在投标人或者投标人实行歧视待遇。

（2）招标人有下列行为之一的，属于以不合理条件限制、排斥潜在投标人或者投标人：

①就同一招标项目向潜在投标人或者投标人提供有差别的项目信息；

②设定的资格、技术、商务条件与招标项目的具体特点和实际需要不相适应或者与合同履行无关；

③依法必须进行招标的项目以特定行政区域或者特定行业的业绩、奖项作为加分条件或者中标条件；

④对潜在投标人或者投标人采取不同的资格审查或者评标标准；

⑤限定或者指定特定的专利、商标、品牌、原产地或者供应商；

⑥依法必须进行招标的项目非法限定潜在投标人或者投标人的所有制形式或者组织形式。

5.招标文件的组成及相关内容

（1）施工招标文件的组成内容（表7.3）

表7.3　施工招标文件的组成内容

招标公告	—
投标人须知	包括工程概况，招标范围，资格审查条件，工程资金来源或者落实情况，标段划分，工期要求，质量标准，现场踏勘和答疑安排，投标文件编制、提交、修改、撤回的要求，投标报价要求，投标有效期，开标的时间和地点，评标的方法和标准等
评标办法	评标办法可选择经评审的最低投标价法和综合评估法
合同条款及格式	包括通用合同条款、专用合同条款以及各种合同附件的格式
工程量清单 （最高投标限价）	—
图纸	—
技术标准和要求	不得要求或标明某一特定的专利、商标、名称、设计、原产地或生产供应者，不得含有倾向或者排斥潜在投标人的其他内容。如果必须引用某一生产供应商的技术标准才能准确或清楚地说明拟招标项目的技术标准时，则应当在参照后面加上"或相当于"的字样。
投标文件格式	—
投标人须知前附表规定的其他材料	—

（2）招标工程量清单的编制（表7.4）

表7.4　招标工程量清单的编制

分部分项工程项目清单编制	项目编码→项目名称→项目特征→计量单位→工程量
措施项目清单编制	一些可以精确计算工程量的措施项目可采用与分部分项工程项目清单编制相同的方式，编制"分部分项工程和单价措施项目清单与计价表"，而其他项目，如安全文明施工、冬雨季施工、已完工程设备保护等，应编制"总价措施项目清单与计价表"
其他项目清单的编制	①暂列金额：一般可按分部分项工程项目清单的10%～15%确定 ②暂估价：材料、设备暂估单价/专业工程综合暂估价 ③计日工：按照计日工表中填报的适用项目的单价进行计价支付 ④总承包服务费：基数×总承包服务费费率
规费税金项目清单的编制	计算基础和费率均应按国家或地方相关部门的规定执行

（3）最高投标限价的规定与编制（表7.5）

表7.5　最高投标限价的规定与编制

最高投标限价的计价程序	最高投标限价相关规定		①国有资金投资的工程建设项目应实行工程量清单招标，招标人应编制最高投标限价，投标人的投标报价若超过公布的最高投标限价，则其投标应被否决 ②最高投标限价应由具有编制能力的招标人或受其委托的工程造价咨询人编制。工程造价咨询人不得同时接受招标人和投标人对同一工程的最高投标限价和投标报价的编制 ③最高投标限价应当依据工程量清单、工程计价有关规定和市场价格信息等编制，并不得进行上浮或下调。招标人应当在招标文件中公布最高投标限价的总价，以及各单位工程的分部分项工程费、措施项目费、其他项目费、规费和税金 ④最高投标限价超过批准的概算时，招标人应将其报原概算审批部门审核。同时，招标人应将最高投标限价报工程所在地的工程造价管理机构备查 ⑤最高投标限价异议处理 a.投标人经复核认为招标人公布的最高投标限价未按照《建设工程工程量清单计价规范》规定进行编制的，应在最高投标限价公布后5天内向招标投标监督机构和工程造价管理机构投诉 b.工程造价管理机构受理投诉后，应立即对最高投标限价进行复查，组织投诉人、被投诉人或其委托的最高投标限价编制人等单位人员对投诉问题逐一核对 c.工程造价管理机构应当在受理投诉的10天内完成复查，特殊情况下可适当延长，并做出书面结论通知投诉人、被投诉人及负责该工程招标投标监督的招标投标管理机构 d.当最高投标限价复查结论与原公布的最高投标限价误差大于±3%时，应责成招标人改正 e.当重新公布最高投标限价时，若重新公布之日起至原投标截止期不足15天的应延长投标截止期 ⑥招标人应将最高投标限价及有关资料报送工程所在地或有该工程管辖权的行业管理部门工程造价管理机构备查
	分部分项工程费		综合单价中的风险因素： 应包括招标文件中要求投标人所承担的风险内容及其范围（幅度）产生的风险费用 ①对于技术难度较大和管理复杂的项目，可考虑一定的风险费用，纳入综合单价中 ②对于工程设备、材料价格的市场风险，应依据招标文件的规定，纳入综合单价中 ③税金、规费等法律、法规、规章和政策变化的风险和人工单价等风险费用不应纳入综合单价
	措施项目费		包含单价措施费、总价措施费
	其他项目费	暂列金额	一般为10%~15%
		暂估价	包含材料暂估价、专业工程暂估价
		计日工	计日工中的人材机费用应依据省级、行业建设主管部门或其授权的工程造价管理机构公布的单价计算
		总承包服务费	①总承包商为项目购买的所有材料成本的1%将作为服务费用 ②项目管理和协调活动的费用按项目总成本的1.5%计算 ③提供的其他服务费用可以按照项目总成本的3%~5%来计算
	规费		规费和税金必须按国家或省级、行业建设主管部门的规定计算，其中：
	税金		税金=（人工费+材料费+施工机具使用费+企业管理费+利润+规费）×增值税税率

第7天

（4）注意事项：

①材料价格：

应是工程造价管理机构通过工程造价信息发布的材料价格，工程造价信息未发布材料单价的材料，其材料价格应通过市场调查确定。若未采用工程造价管理机构发布的工程造价信息时，需在招标文件或答疑补充文件中对最高投标限价采用的与造价信息不一致的市场价格予以说明，采用的市场价格则应通过调查、分析确定，有可靠的信息来源。

②施工机械设备的选型直接关系到综合单价水平，应根据工程项目特点和施工条件，本着经济实用、先进高效的原则确定。

③应该正确、全面地使用行业和地方的计价定额与相关文件。

④不可竞争的措施项目和规费、税金等费用的计算均属于强制性的条款，编制最高投标限价时应按国家有关规定计算。

⑤对于竞争性的措施费用的确定，招标人应首先编制常规的施工组织设计或施工方案，然后经专家论证确认后再合理确定措施项目与费用。

（5）资格预审文件与招标文件的澄清与修改（表7.6）

表7.6　资格预审文件与招标文件的澄清与修改规定

不同角度	资格预审文件	招标文件	招标人处理
投标人角度	潜在投标人或者其他利害关系人对资格预审文件有异议的，应当在提交资格预审申请文件截止时间2日前提出	对招标文件有异议的，应当在投标截止时间10日前提出	招标人应当自收到异议之日起3日内做出答复；做出答复前，应当暂停招标投标活动
招标人角度	招标人应当在提交资格预审申请文件截止时间至少3日前以书面形式通知所有招标文件收受人	招标人在提交投标文件截止时间至少15日前，以书面形式通知所有招标文件收受人	以书面形式通知所有获取资格预审文件或者招标文件的潜在投标人；不足3日或者15日的，招标人应当顺延提交资格预审申请文件或者投标文件的截止时间

考点2 投标

考点讲解

星级指数	★★★★
考情分析	2020年、2019年
荆棘谜团	学习的重点和难点包括投标文件的组成及相关内容、联合体投标、投标策略及现场踏勘与投标预备会。要求深入学习和理解，此处考点易出改错题，要求能够准确表达出问题中的关键点。
独门心法	在深入理解的基础上加强记忆。特别侧重于投标保证金、联合体投标相关内容的学习，确保能够准确掌握和应用这些内容。

1.投标文件的组成及相关内容

（1）已标价工程量清单

①复核工程量

a.复核过程中发现工程量即使有误，也不能修改招标工程量清单中的工程量，否则会被否决投标。

b.工程量如果出现遗漏或错误，是否向招标人提出修改意见取决于投标策略。投标人可以向招标人提出，由招标人统一修改并把修改情况通知所有投标人；也可以运用一些报价的技巧提高报价的质量，争取在中标后能获得更大的收益。

②询价

询价主要包括生产要素询价和分包询价的方式。

③综合单价的编制出现招标工程量清单特征描述与设计图纸不符的处理

在招标投标过程中，当出现招标工程量清单特征描述与设计图纸不符时，投标人应以招标工程量清单的项目特征描述为准，确定投标报价的综合单价。

当施工中施工图纸或设计变更与招标工程量清单项目特征描述不一致时，发承包双方应按实际施工的项目特征，依据合同约定重新确定综合单价。

（2）综合单价的编制

①风险承担原则：

a.承包人承担5%以内的材料、工程设备价格风险，10%以内的施工机具使用费风险。

b.承包人不应承担税金、规费、人工费风险。

c.管理费、利润的风险，承包人全部承担。

②计算基础：消耗量指标+生产要素单价

计算时应采用企业定额，在没有企业定额或企业定额缺项时，可参照与本企业实际水平相近的国家、地区、行业定额。

（3）投标人对措施项目中的总价项目投标报价应遵循以下原则：

措施项目的内容应依据招标人提供的措施项目清单和投标人投标时拟定的施工组织设计或施工方案确定。

措施项目费由投标人自主确定，但其中的安全文明施工费，必须按照国家或省级、行业建设主管部门的规定计价，不得作为竞争性费用。招标人不得要求投标人对该项费用进行优惠，投标人也不得将该项费用参与市场竞争。

（4）关于其他项目清单中暂估价的规定

①给定暂估价的材料、工程设备

a.不属于依法必须招标的项目，由承包人按照合同约定采购，经发包人确认后以此为依据取代暂估价，调整合同价款。

b.属于依法必须招标的项目。发包人在招标工程量清单中给定暂估价的材料和工程设备属于依法必须招标的，由发承包双方以招标的方式选择供应商。依法确定中标价格后，以此为依据取代暂估价，调整合同价款。

②给定暂估价的专业工程

a.不属于依法必须招标的项目。发包人在工程量清单中给定暂估价的专业工程不属于依法必须招标的，应按照前述工程变更事件的合同价款调整方法，确定专业工程价款。并以此为依据取代专业工程暂估价，调整合同价款。

b.属于依法必须招标的项目。发包人在招标工程量清单中给定暂估价的专业工程，依法必须招标的，应当由发承包双方依法组织招标选择专业分包人，并接受建设工程招标投标管理机构的监督。

c.依法必须招标的项目组织招标的有关规定

除合同另有约定外，承包人不参加投标的专业工程，应由承包人作为招标人，但拟定的招标文件、评标方法、评标结果应报送发包人批准。与组织招标工作有关的费用应当被认为已经包括在承包人的签约合同价（投标总报价）中。

承包人参加投标的专业工程，应由发包人作为招标人，与组织招标工作有关的费用由发包人承担。同等条件下，应优先选择承包人中标。

③专业工程依法进行招标后，以中标价为依据取代专业工程暂估价，调整合同价款。

（5）投标保证金（表7.7）

表7.7　投标保证金的规定

形式	现金或现金支票、银行出具的银行保函、保兑支票、银行汇票
数额	不得超过项目估算价的2%
期限	投标保证金有效期应当与投标有效期一致
支付要求	以现金或者支票形式提交的投标保证金应当从其基本账户转出
退还的情形	①投标截止日之前撤回投标文件 ②开标后，招标人原因 ③合同签订后5日内向中标人和未中标的投标人退还投标保证金及银行同期存款利息
不予退还的情形	①投标人在规定的投标有效期内撤销或修改其投标文件 ②中标人在收到中标通知书后，无正当理由拒签合同协议书或未按招标文件规定提交履约担保

2.联合体投标

两个以上法人或者其他组织可以组成一个联合体，以一个投标人的身份共同投标，需要遵循以下规定：

（1）招标人应当在资格预审公告、招标公告或者投标邀请书中载明是否接受联合体投标。

招标人接受联合体投标并进行资格预审的，联合体应当在提交资格预审申请文件前组成。资格预审后联合体增减、更换成员的，其投标无效。

（2）联合体各方均应当具备承担招标项目的相应能力，国家有关规定或者招标文件对投标人资格条件有规定的，联合体各方均应当具备规定的相应资格条件。

（3）由同一专业的单位组成的联合体，按照资质等级较低的单位确定资质等级。

（4）联合体各方应当签订共同投标协议，明确约定各方拟承担的工作和责任，并将共同投标协议连同投标文件一并提交招标人。

（5）联合体各方在同一招标项目中以自己名义单独投标或者参加其他联合体投标的，相关投标均无效。

（6）联合体中标的，联合体各方应共同与招标人签订合同，就中标项目向招标人承担连带责任。

（7）招标人不得强制投标人组成联合体共同投标，不得限制投标人之间的竞争。

3.投标策略（表7.8）

表7.8　投标策略

方法	关键词总结
不平衡报价法	条件：默认变化幅度不超过 ±10%
多方案报价法	条件：条款不合理
增加建议法	条件：对设计方案的建议
突然降价法	条件：突然
无利润报价法	条件：只考虑成本

4.现场踏勘与投标预备会

（1）招标人根据招标项目的具体情况，可以组织潜在投标人踏勘项目现场。

（2）潜在投标人依据招标人介绍情况做出的判断和决策，由投标人自行负责。

（3）对于潜在投标人在阅读招标文件和现场踏勘中提出的疑问，招标人可以书面形式或召开投标预备会的方式解答，但须同时将解答以书面方式通知所有购买招标文件的潜在投标人。该解答的内容为招标文件的组成部分。

考点 3　开标、清标、评标

考点讲解

星级指数	★★★★
考情分析	2020年、2019年
荆棘谜团	学习的重点和难点涉及开标、清标、评标的整个流程是否按照规范进行的判断，这一部分容易出现改错及问答题目。因此，要求能够精确地表达问题中的关键点。
独门心法	在确保深入理解的前提下，要特别注重开标和评标环节内容的学习，以应对灵活考题的出现。

1.开标

（1）开标应当在招标文件确定的提交投标文件截止时间的同一时间在有形市场公开进行，并接受相应建设工程招标投标监督管理机构的监督。

（2）开标会议由招标人或其委托的招标代理机构主持，通知所有投标人参加。

（3）设有标底的，公布标底；标底只能作为评标的参考，不得以投标报价是否接近标底作为中标条件，也不得以投标报价超过标底上下浮动范围作为否决投标的条件。

（4）投标人少于3个的，不得开标；招标人应当重新招标。

（5）投标人对开标有异议的，应当在开标现场提出，招标人应当当场答复，并制作记录。

（6）开标时，投标文件出现下列情形之一的，招标人应当拒收：

①逾期送达或者未送达指定地点。

②投标文件未按招标文件要求密封。

2.清标

（1）清标就是指招标人对工程造价咨询企业在开标后且评标前，对投标人的投标报价是否响应招标文件、违反国家有关规定，以及报价的合理性、算术性错误进行审查并给出相应的意见。

（2）清标的主要工作内容：

①对招标文件的实质性响应。

②错漏项分析。

③分部分项工程项目清单，综合单价的合理性分析。

④措施项目清单的完整性和合理性分析以及其中不可竞争费用的正确分析。

⑤其他项目清单完整性和合理性分析。

⑥不平衡报价分析。

⑦暂列金额、暂估价的正确复核。

⑧总价和合价的算术性复核及修正建议。

⑨其他应分析和澄清的问题。

3.评标

评标总体框架，见表7.9。

表7.9 评标总体框架

评标主体	评标委员会
评标依据	①按照招标文件规定的评标标准和方法，客观、公正地对投标文件提出评审意见 ②招标文件没有规定的评标标准和方法不得作为评标的依据
评标阶段	①初步评审 ②详细评审
评标方法	①经评审的最低投标价法 ②综合评估法

续表

评标处理	①澄清与说明 ②重大偏差 ③细微偏差 ④算术修正 ⑤废标情形
评标成果	书面评标报告及中标候选人名单

> 💡 **提示**
>
> 　　考查频率较高的评标方法为经评审的最低投标价法，经评审的最低投标价法是指评标委员会对满足招标文件实质要求的投标文件，根据详细评审标准规定的量化因素及量化标准进行价格折算，按照经评审的投标价由低到高的顺序推荐中标候选人，或根据招标人授权直接确定中标人，但投标报价低于其成本的除外。经评审的投标价相等时，投标报价低的优先；投标报价也相等的，由招标人自行确定。

（1）评标主体

①由招标人依法组建的评标委员会负责。评标委员会成员的名单在中标结果确定前应当保密。

②依法必须进行招标的项目，其评标委员会由招标人的代表和有关技术、经济等方面的专家组成，成员人数为五人以上单数，其中技术、经济等方面的专家不得少于成员总数的三分之二。

③一般招标项目可以采取随机抽取方式，特殊招标项目可以由招标人直接确定。

④与投标人有利害关系的人不得进入相关项目的评标委员会；已经进入的应当更换。行政监督部门的工作人员不得担任本部门负责监督项目的评标委员会成员。

> 💡 **提示**
>
> 　　评标过程中，评标委员会成员有回避事由、擅离职守或者因健康等原因不能继续评标的，应当及时更换。被更换的评标委员会成员做出的评审结论无效，由更换后的评标委员会成员重新进行评审。

（2）评标处理情形

①澄清与说明

a.投标文件中有含义不明确的内容、明显文字或者计算错误，评标中委员会认为需要投标人做出必要澄清、说明的，应当书面通知该投标人。投标人的澄清、说明应当采用书面形式，并不得超出投标文件的范围或者改变投标文件的实质性内容。

b.评标委员会不得暗示或者诱导投标人做出澄清、说明，不得接受投标人主动提出的澄清、说明。

c.澄清、说明和补正不得改变投标文件的实质性内容（算术性错误修正的除外）。投标人的书面澄清、说明和补正属于投标文件的组成部分。

d.评标委员会对投标人提交的澄清、说明或补正有疑问的，可以要求投标人进一步澄清、说明或补正，直至满足评标委员会的要求。

e.投标人不合格，或者拒不按照要求对投标文件进行澄清、说明或者补正的，评标委员会可以否决其投标。

②重大偏差

下列情况属于重大偏差：

a.没有按照招标文件要求提供投标担保或者所提供的投标担保有瑕疵。

b.没有按照招标文件要求由投标人授权代表签字并加盖公章。

c.投标文件记载的招标项目完成期限超过招标文件规定的完成期限。

d.明显不符合技术规格、技术标准的要求。

e.投标文件记载的货物包装方式、检验标准和方法等不符合招标文件的要求。

f.投标附有招标人不能接受的条件。

g.不符合招标文件中规定的其他实质性要求。

投标文件有上述情形之一的，视为非实质性响应标，并按作废标处理。招标文件对重大偏差另有规定的，从其规定。

③细微偏差

a.细微偏差是指投标文件基本上符合招标文件要求，但在个别地方存在漏项或者提供了不完整的技术信息和数据等情况，并且补正这些遗漏或者不完整不会对其他投标人造成不公平的结果的偏差。细微偏差不影响投标文件的有效性。

b.评标委员会应当要求存在细微偏差的投标人在评标结束前予以补正。拒不补正的，在详细评审时可以对细微偏差做不利于该投标人的量化，量化标准应当在招标文件中规定。

④算术修正

投标报价有算术错误的，评标委员会按以下原则对投标报价进行修正，修正的价格经投标人书面确认后具有约束力。投标人不接受修正价格的，其投标做废标处理。

a.投标文件中的大写金额与小写金额不一致的，以大写金额为准；

b.总价金额与依据单价计算出的结果不一致的，以单价金额为准修正总价，但单价金额小数点有明显错误的除外。

⑤废标情形

a.有下列情形之一的，评标委员会应当否决其投标：

（a）投标文件未经投标单位盖章和单位负责人签字。

（b）投标联合体没有提交共同投标协议。

（c）投标人不符合国家或者招标文件规定的资格条件。

（d）同一投标人提交两个以上不同的投标文件或者投标报价，但招标文件要求提交备选投标的除外。

（e）投标报价低于成本或者高于招标文件设定的最高投标限价。

（f）投标文件没有对招标文件的实质性要求和条件做出响应。

（g）投标人有串通投标、弄虚作假、行贿等违法行为。

b.串通投标之属于投标人之间

有下列情形之一的，属于投标人相互串通投标：

（a）投标人之间协商投标报价等投标文件的实质性内容。

（b）投标人之间约定中标人。

（c）投标人之间约定部分投标人放弃投标或者中标。

（d）属于同一集团、协会、商会等组织成员的投标人按照该组织要求协同投标。

（e）投标人之间为谋取中标或者排斥特定投标人而采取的其他联合行动。

c.串通投标之视为投标人串标

有下列情形之一的，视为投标人相互串通投标：

（a）不同投标人的投标文件由同一单位或者个人编制。

（b）不同投标人委托同一单位或者个人办理投标事宜。

（c）不同投标人的投标文件载明的项目管理成员为同一人。

（d）不同投标人的投标文件异常一致或者投标报价呈规律性差异。

（e）不同投标人的投标文件相互混装。

（f）不同投标人的投标保证金从同一单位或者个人的账户转出。

d.其他情形

（a）投标人发生合并、分立、破产等重大变化的，应当及时书面告知招标人。投标人不再具备资格预审文件、招标文件规定的资格条件或者其投标影响招标公正性的，其投标无效。

（b）在评标过程中，评标委员会发现投标人的报价明显低于其他投标报价或者在设有标底时明显低于标底，使得其投标报价可能低于其个别成本的，应当要求该投标人做出书面说明并提供相关证明材料。投标人不能合理说明或者不能提供相关证明材料的，由评标委员会认定该投标人以低于成本报价竞标，其投标应做废标处理。

第7天

考点 4　定标及签订合同

考点讲解

星级指数	★★★★
考情分析	2019年
荆棘谜团	学习的重点涉及确定中标人及签订合同的实质性内容，此部分容易出改错题的考题，要求能够准确地阐述问题中的关键点。
独门心法	在对核心概念有深刻理解的基础上，特别保证对定标与签订合同内容的学习，以便有效应对考试中可能出现的改错题型。

1.定标（表7.10）

表7.10　定标程序及规定

公示中标候选人	依法必须进行招标的项目，招标人应当自收到评标报告之日起3日内公示中标候选人，公示期不得少于3日。如投标人或者其他利害关系人对依法必须进行招标的项目的评标结果有异议，应当在中标候选人公示期间提出。招标人应当自收到异议之日起3日内做出答复；做出答复前，应当暂停招标投标活动
确定中标人	评标委员会出了评标报告后，招标人一般应在收到评标报告15日内确定中标人，但最迟应在投标有效期结束日30个工作日前完成
提交报告	依法必须进行招标的项目，招标人应当自确定中标人之日起15日内，向有关行政监督部门提交招标投标情况的书面报告
发中标通知书	招标人应当向中标人发出中标通知书，并同时将中标结果通知所有未中标的投标人。中标通知书对招标人和中标人具有法律效力

2.签订合同（表7.11）

表7.11　签订合同的相关规定

相关规定	（1）自中标通知书发出之日起30日内完成 （2）合同的标的、价款、质量、履行期限等主要条款应当与招标文件和中标人的投标文件的内容一致，招标人和中标人不得再行订立背离合同实质性内容的其他协议 （3）中标人按照合同约定或者经招标人同意，可以将中标项目的部分非主体、非关键性工作分包给他人完成。接受分包的人应当具备相应的资格条件，并不得再次分包。中标人应当就分包项目向招标人负责，接受分包的人就分包项目承担连带责任
履约保证金	履约保证金不得超过中标合同金额的10%
投标保证金	招标人最迟应当在书面合同签订后5日内向中标人和未中标的投标人退还投标保证金及银行同期存款利息。招标文件要求中标人提交履约保证金的，中标人应当按照招标文件的要求提交

考点5 重新招标情形

星级指数	★★★★
考情分析	2021年
荆棘谜团	学习的<u>重点</u>是掌握可能导致重新招标的各种情形，特别是把握住在哪些具体条件下会触发重新招标的过程。这要求对重新招标的规则和流程有清晰的理解，以便在解题中轻松解答。
独门心法	在确保对重新招标的各种情形有深刻理解的基础上，加强对这些情况的记忆，这有助于在改错题及问答题中准确识别并有效作答。

1.通过资格预审的申请人少于三个的，应当重新招标。

2.招标人应当按照招标文件规定的时间、地点开标。投标人少于三个的，不得开标；招标人应当重新招标。

3.经评标委员会评审，合格的投标人少于三个时，招标人应当重新组织招标，同时通知已提交投标文件的投标人，并退回投标文件和投标保证金。

4.经资格审查，所有投标人均为不合格投标人。

5.招标人编制的资格预审文件、招标文件的内容违反法律、行政法规的强制性规定，违反公开、公平、公正和诚实信用原则，影响资格预审结果或者潜在投标人投标的，依法必须进行招标的项目的招标人应当在修改资格预审文件或者招标文件后重新招标。

6.评标过程不合法或存在不符合招标目的的内容。

🔥 小试牛刀

例 7.1

某建设工程项目采用单价施工合同。工程招标文件参考资料中提供的用沙地点距工地4km。开工后，检查该沙质量不合要求，承包商只得从另一个距工地20km的供沙地点采购。承包人是否可以向发包人索赔，并说明理由。

【答案】不可以提出索赔。

理由：

1.承包商应对自己就招标文件的解释负责。

2.承包商应对自己的报价正确性与完整性负责。

3.一个有经验的承包商可以通过现场踏勘确认招标文件参考资料中提供的用沙质量是否合格，若承包商没有通过现场踏勘发现用沙质量问题，其相关风险应由承包商承担。

例 7.2

某政府投资的公用项目，项目总投资5000万元，其中只有暂估价80万元的设备由招标人采购。80万元的设备采购是否可以不招标？说明理由。

【答案】该设备采购不需要招标。

理由：因为该项目虽然是政府投资项目，但单项采购金额不属于必须招标的范围。

例 7.3

某省属高校投资建设一幢建筑面积为30000m²的教学楼，拟采用工程量清单以公开招标方式进行施工招标。业主委托某造价咨询企业编制招标文件和最高投标限价（该项目的最高投标限价为9500万元）。咨询企业编制招标文件和最高投标限价过程中，发生如下事件：为了响应业主对潜在投标人择优选择的高要求，咨询企业的项目经理在招标文件中设置了以下几项内容：

（1）投标人资格条件之一为：投标人近5年必须承担过高校教学楼工程。

（2）投标人近5年获得过鲁班奖、本省省级质量奖等奖项作为加分条件。

（3）项目的投标保证金为70万元，且投标保证金必须从投标企业的基本账户转出。

（4）中标人的履约保证金为最高投标限价的10%。针对上述事件，逐一指出咨询企业项目经理为响应业主要求提出的（1）~（4）项内容是否妥当，并说明理由。

【答案】（1）不妥当。

理由：普通教学楼工程不属于技术复杂、有特殊要求的工程，要求特定行业的业绩（要求有高校教学楼工程业绩）作为资格条件属于以不合理条件限制、排斥潜在投标人。

（2）对获得过鲁班奖的企业加分妥当。

理由：鲁班奖属于全国性奖项，获得该奖可反映企业的实力。

（2）对获得过本省省级质量奖项的企业加分不妥当。

理由：以特定区域的奖项作为加分条件属于以不合理条件限制、排斥潜在投标人或投标人。

（3）妥当。

理由：项目保证金70万元未超过招标项目估算价（最高投标限价）的2%，"投标保证金必须从投标企业的基本账户转出"有利于防止投标人以他人名义投标。

（4）不妥当。

理由：履约保证金不得超过中标合同金额的10%。

第7天

例 **7.4**

　　某有经验的投标人通过资格预审后，对招标文件进行了仔细分析，发现招标人所提出的工期要求过于苛刻，且合同条款中规定每拖延一天逾期违约金为合同价的1‰，若要保证实现该工期要求，必须采取特殊措施，从而大大增加成本；还发现原设计结构方案采用框架剪力墙体系过于保守。因招标文件允许投标人提出其他建议，该投标人在投标文件中说明招标人的工期要求难以实现，从而按自己认为的合理工期（比招标人要求的工期增加6个月）编制施工进度计划并据此报价；还建议将框架剪力墙体系改为框架体系，并对这两种结构体系进行了技术经济分析（含报价）和比较，证明框架体系不仅能保证工程结构的可靠性和安全性、增加使用面积、提高空间利用的灵活性，而且可降低造价约3%，并按照框架剪力墙体系和框架体系分别报价。该投标人将技术标和商务标分别封装，在封口处加盖本单位和项目经理签字后，在投标截止日期前一天上午将投标文件报送给招标人。

　　次日（即投标截止日当天）下午，在规定的开标时间前1小时，该投标人又递交了一份补充材料，其中声明将原报价降低4%。但是，负责招标的有关工作人员认为，根据国际上"一标一投"的惯例，一个投标人不得递交两份投标文件，因而拒收该投标人的补充材料。

　　该投标人运用了哪几种报价技巧？其运用是否得当？请逐一加以说明。

　　【答案】该投标人运用了多方案报价法、增加建议方案法和突然降价法。

　　其中，多方案报价法运用不得当，因为运用该报价技巧时，必须对原方案报价，而该投标人在投标时仅说明了该工期要求难以实现，却并未报出相应的投标价。

　　增加建议法运用得当，通过对框架剪力墙体系和框架体系方案的技术经济分析和比较，论证了建议方案（框架体系）的技术可行性和经济合理性，对招标人有很强的说服力，并对两个结构体系分别报价。

　　突然降价法也运用得当，原投标文件的递交时间比规定的投标截止时间仅提前1天多，这既是符合常理的，又为竞争对手调整最终报价留有一定的时间，起到了迷惑竞争对手的作用。若提前时间太多，会引起竞争对手的怀疑。而在开标前1小时突然递交一份补充文件，这时竞争对手已不可能再调整报价了。

例 7.5

某工业厂房项目的招标人经过多方了解，邀请了中建一局、中建三局、中建八局三家技术实力和资信俱佳的投标人参加该项目的投标。

招标文件中规定：评标时采用经评审的最低投标价法进行评标，工期不得长于18个月，若投标人自报工期少于18个月，在评标时将考虑其给招标人带来的收益，折算成综合报价后进行评标。评标时考虑工期提前给招标人带来的收益为每月40万元，见表7.12。

表7.12　招标人的招标内容

投标人	基础工程		上部结构工程		安装工程		安装工程与上部结构工程搭接时间（月）
	报价（万元）	工期（月）	报价（万元）	工期（月）	报价（万元）	工期（月）	
中建一局	400	4	1000	10	1020	6	2
中建三局	420	3	1080	9	960	6	2
中建八局	420	3	1100	10	1000	5	3

若不考虑资金的时间价值，应选择哪家投标人作为中标人？

【答案】计算各投标人的综合报价（即经评审的投标价）。

①中建一局的投标报价为：400+1000+1020=2420（万元）。

总工期为：4+10+6−2=18（月）。

相应的评审价=2420（万元）。

②中建三局的投标报价为：420+1080+960=2460（万元）。

总工期为：3+9+6−2=16（月）。

相应的评审价=2460−40×（18−16）=2380（万元）。

③中建八局的投标报价为：420+1100+1000=2520（万元）。

总工期为：3+10+5−3=15（月）。

相应的评审价=2520−40×（18−15）=2400（万元）。

因此，若不考虑资金的时间价值，中建三局的综合报价最低，中标。

例 7.6

由于某分项工程使用了一种新型材料，定额及造价信息均无该材料消耗量和价格的信息。在编制最高投标限价时，编制人员按照理论计算法计算了材料净用量，并以此净用量乘向材料生产厂家询价确认的材料出厂价格，得到该分项工程综合单价中新型材料的材料费。编制最高投标限价时，编制人员确定综合单价中新型材料费的方法是否正确？说明理由。

【答案】（1）"编制人员按照理论计算法计算了材料净用量"正确。

理由：可以根据施工图和建筑构造的要求，用理论计算的方法确定材料的净用量。

（2）"并以此用量乘向材料生产厂家询价确认的材料出厂价格，得到该分项工程综合单价中新型材料的材料费"不正确。

理由：材料费=材料消耗量×材料单价

其中，材料消耗量=材料净用量+材料损耗量

材料单价=材料原价（出厂价格）+材料运杂费+运输损耗费+采购及保管费

第7天

第8天
索赔事件判定

考点讲解

考点 索赔合理性判定

星级指数	★ ★ ★
考情分析	2023年、2021年、2020年、2019年
荆棘谜团	索赔的计算基于索赔的合理判定，掌握索赔责任划分的原则是学习的重点。
独门心法	学习本考点首先需判定发生的事件的责任主体是谁，是否可以索赔。

1.承包人可以向发包人索赔的事件

这类事件具有共同的特点，即不是由承包人自己的原因造成的损失，承包人不应承担相应的责任，可以向发包人提出索赔。承包人可以向发包人索赔的常见事件如下：

（1）延迟提供图纸

图纸由发包人提供，延迟提供图纸是发包人的责任，可以提出索赔。

（2）施工中发现文物、古迹

承包人无法预测场地中是否有文物、古迹，如果在施工过程中发现有文物、古迹而导致工程停工或采取了其他保护措施，可以提出索赔。

（3）延迟提供施工场地

施工场地由发包人提供，延迟提供施工场地是发包人的责任，可以提出索赔。

（4）施工中遇到不利的物质条件

施工中是否会遇到不利的物质条件，是承包人无法预测的，不是承包人应承担的责任，可以提出索赔。

（5）发包人提供的材料、工程设备不合格或延迟提供

发包人提供的材料、工程设备不合格或延迟提供，是发包人的责任，可以索赔。

（6）异常恶劣的气候条件

异常恶劣的气候条件是指在施工过程中遇到的，有经验的承包人在签订合同时不可预见的，对合同履行造成实质性影响的，但尚未构成不可抗力事件的恶劣气候条件。

承包人应采取克服异常恶劣的气候条件的合理措施继续施工，并及时通知发包人和监理人。

监理人经发包人同意后应当及时发出指示，指示构成变更的，按变更约定办理。承包人因采取合理措施而增加的费用和（或）延误的工期由发包人承担。

也就是说，异常恶劣的天气，是不可预见的，但可采取措施克服，因此新增的费用应

由发包人承担。

（7）监理人对已经覆盖的隐蔽工程要求重新检查且检查结果合格

监理人对已经覆盖的隐蔽工程要求重新检查，如果检查结果合格，说明承包人没有质量问题，承包人不应承担相应的责任，可以向发包人索赔与此相关的损失（工期延误、人员窝工和机械闲置、重新恢复工程的费用）。

如果是承包人私自覆盖的隐蔽工程，监理人要求检查，不管检查结果是否合格，都不能索赔。

（8）基准日后法律的变化

招标工程以投标截止日前28天、非招标工程以合同签订前28天为基准日，其后因国家的法律法规、规章和政策发生变化引起工程造价增减变化的，发承包双方应按照省级或建设行业主管部门或其授权的工程造价管理机构据此发布的规定，调整合同价款。

（9）变更新增工作

变更新增工作是发包人的行为或指令，不是承包人的责任，承包人可以索赔因新增工作造成的损失（如人员窝工、机械闲置），以及新增工作的相应费用。

（10）工程量增加

某项工作的实际工程量的增加，不是承包人的责任。某项工程量增加，可能导致工期延长，后续相关工作会受到影响（如引起共用施工机械闲置等），都可以向发包人索赔，应特别注意题目中对工作量增加调价的相关要求。

（11）因发包人原因造成分包人的损失

因发包人原因造成分包人的损失的，分包人向承包人索赔，承包人再向发包人索赔。

（12）因其他承包人原因造成承包人损失

当一个建设项目有多个承包人时，如果由于甲承包人原因造成乙承包人损失的，乙承包人应向发包人索赔，再由发包人向甲承包人索赔。

2.承包人不能向发包人索赔的事件

凡是由于承包人自己的原因造成的损失，只能由承包人自己承担责任，不能向发包人索赔。承包人不能向发包人索赔的常见事件如下：

（1）施工机械、施工设备，出现故障或进场延迟

施工机械问题是承包人应承担的责任。

（2）合同规定应由承包人提供的材料或工程设备出现问题

材料或设备由承包人采购，属于承包人应承担的责任。

（3）承包人为了保证工程质量而增加的措施费用

保证工程质量是承包人应承担的责任。

（4）因承包人原因造成的工程质量缺陷

这是承包人应承担的责任，不能索赔。

（5）监理人要求重新检查，检查的结果不合格

承包人应保证工程质量合格，若检查不合格，属于承包人自己的责任。

（6）承包人自己决定赶工

承包人自己决定赶工产生的费用，不能索赔，但可以获得工期提前的奖励。

（7）逾期（超过28天）索赔

承包人应在知道或者应当知道索赔事件发生后28天内，向发包人提交索赔意向通知书，说明发生索赔事件的事由。承包人在规定的期限内未发出索赔意向通知书，丧失索赔的权利。

承包人不能索赔的事件具有共性：施工机械、施工材料（承包人采购）、施工质量、自行赶工。

3.不可抗力事件中，发承包双方各自应承担的风险

（1）不可抗力事件的定义：合同双方在合同履行中出现的不能预见、不能避免、不能克服的自然灾害和社会性突发事件。

（2）不可抗力事件的实例：山体滑坡和泥石流（2017年），特大暴雨（2015年），台风侵袭（2012年），强台风、特大暴雨（2010年）、飓风（2008年）、特大暴雨（2007年）。这是以前考题中出现的不可抗力事件，主要以自然灾害为主。

社会性突发事件包括战争、暴乱、非合同双方引起的罢工等。

可以预见的事件，如季节性大雨不属于不可抗力事件（如：2017年"遇到了持续10天的季节性大雨"，2009年"石材厂所在地连续遭遇季节性大雨"）。注意关键词"季节性"，说明每年都会发生，这是有经验的承包商可以预测到的。

（3）不可抗力事件中发承包双方各自应承担的损失。

不可抗力因素引起的损失，属于客观原因，谁也不能怪谁，只能各自承担自己的损失，即"自扫门前雪"。所以，找出"门前雪"的归属，此类问题迎刃而解。

①发包人应承担的常见损失：

a.合同工程本身的损害（这是发包人的工程）。

b.运至施工场地用于施工的材料和待安装的设备（用于工程的实体材料和设备，已运到施工现场，属于发包人的待安装的设备指构成永久工程的机电设备等，是工程本身不可缺少的组成部分）。

c.工程所需要的清理和修复费用（工程是发包人的，清理和修复工程是为发包人工作）。

d.停工期间，应发包人要求留在施工现场的必要的管理人员及保卫人员的费用（这些人员为工程服务，工程是发包人的，应由发包人承担费用）。

e.发包人及监理人的办公室损坏（这是提供给发包人和监理人使用的，发包人应承担这部分费用）。

第 8 天

②承包人应承担的常见损失：

a.承包人的施工设备损坏、施工机械闲置（承包人自己的设备和机械，自行负责）。

b.周转材料的损失（如脚手架、模板等不构成工程实体，还可以用于其他工程，属于承包人的财产，自行负责）。

c.施工办公设施的损坏（承包人自己使用的办公室，自行负责）。

d.人员窝工（承包人的工人，自行负责）。

也就是说，发包人的财产包括工程本身（及清理和修复）、用于工程实体的材料（必须是运到了工地现场）、发包人及监理人的办公用房等。承包人的财产包括施工机械设备、周转材料、承包人的办公用房等。

🔥 小试牛刀

例 8.1

某工程项目，在施工之前承包人提交了施工网络进度图，如图8.1所示，并得到发包人的批准。

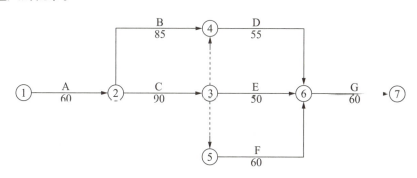

图8.1　施工网络进度图（单位：天）

在施工期间发生了如下事件：

事件1：因勘察报告不详，基坑开挖后出现了障碍物，清理该障碍物导致A工作持续时间增加2天，增加人材机费1.5万元。

事件2：因不可抗力因素，B工作停工6天，承包人的施工机械损失1万元，修复发包人、承包人、监理人的办公室各2万元，已运到施工现场拟用于本工程的灯具（承包人购买）损失1万元。

事件3：发包人要求对F工作修改设计，导致该工作延长3天，人员窝工机械闲置共计1.5万元。

事件4：承包人为了保证在工程按合同规定的时间之前完成，决定增加G工作的作业人数，将G工作的持续时间压缩为52天，由此增加人工费1.2万元。

以上事件发生后，承包人及时向发包人提出了索赔。请问以上事件中承包人可以提出哪些索赔，并说明理由。

【答案】本工程的关键工作为A、C、F、G，总工期60+90+60+60＝270（天）。

（1）事件1：可以索赔2天工期，可以索赔清除障碍物增加的费用。理由：施工中遇到不利的物质条件（障碍物）是发包人应承担的风险，且A工作为关键工作。

（2）事件2：不可以索赔工期，理由：工作的总时差为（90+60）－（85+55）＝10（天），大于工期延误时间6天。

可以索赔修复发包人和监理人办公室的费用、待安装灯具损失的费用，不可索赔机械损失的费用和修复承包人办公室的费用。理由：因不可抗力因素造成的损失，发承包双方各自承担相应的损失。

（3）事件3：可索赔3天的工期，可索赔人员窝工机械闲置的费用。理由：发包人要求修改设计，是发包人应承担的责任，且F工作是关键工作。

（4）事件4：不可以索赔工期和费用。理由：承包人自行决定赶工，自己承担相应费用，但可以获得相应的工期提前奖励。

例 8.2

不可抗力事件导致承包单位停工损失5万元，施工单位的设备损失6万元，已运至现场的材料损失4万元，第三者财产损失3万元，施工单位停工期间应监理要求照管现场清理和复原工作费用8万元，应由发包人承担的费用是多少万元？

【答案】3+4+8＝15（万元）。

例 8.3

不可抗力事件导致承包单位停工损失5万元，施工单位的设备损失6万元，已运至现场的材料损失4万元，第三者财产损失3万元，施工单位停工期间应监理要求照管现场清理和复原工作费用8万元，应由承包人承担的费用是多少万元？

【答案】5+6＝11（万元）。

第9天
工程索赔计算

考点 1 时标网络图及前锋线的绘制

星级指数	★ ★ ★
考情分析	2020年、2014年
荆棘谜团	识读时标网络图相对简单，偏差分析是易错知识点。
独门心法	学习本知识点需要能够识读时标网络图，通过分析网络图计算并判定进度偏差。

考点讲解

1.时标网络图

（1）时标网络图的识读：以实箭线表示工作，实箭线的水平投影长度表示该工作的持续时间；以虚箭线表示虚工作，由于虚工作的持续时间为零，所以箭线只能垂直画；以波形线表示该工作与其紧后工作的时间间隔。

（2）关键线路：从终节点开始，逆着箭线的方向，不出现波形线的线路为关键线路。

（3）计算工期：终节点所对应的时标值与起节点所对应的时标值之差。

（4）时标网络图的绘制：宜按各项工作的最早开始时间绘制，每一个节点和每一个工作（包括虚工作）尽量向左靠。

2.实际进度前锋线的绘制

从时标网络图上方时间坐标的检查日期开始绘制，依次连接相邻工作的实际位置进展点，最后与时标网络计划图下方坐标的检查日期连接。

3.实际进度与计划进度的比较的判定

实际进度与计划进度的比较常常结合时标网络计划图进行考查。实际进展位置点落在检查日期的左侧，表明该工作实际进度拖后，拖后的时间为二者之差；实际进展位置点与检查日期重合，表明该工作实际进度与计划进度一致；实际进展位置点落在检查日期的右侧，表明该工作实际进度超前，超前的时间为二者之差。

🔥 小试牛刀

例 9.1

某承包商承建一基础设施项目，施工网络进度计划如图9.1所示。工程实施到第5个月末检查时，A_2工作刚好完成，B_1工作已进行了1个月。请标出第5个月末的实际进度前锋线，如果后续工作按原进度计划执行，工期将是多少个月？

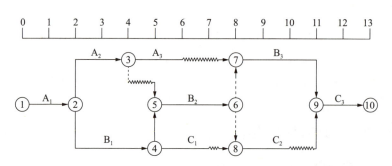

图9.1　施工网络进度计划（单位：月）

【答案】（1）绘制实际进度前锋线图如图9.2所示：

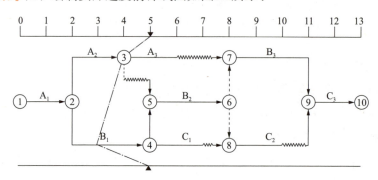

图9.2　第5个月末进度前锋线图（单位：月）

（2）A_2刚好全部完成，由于A_2有一个月的总时差，不会影响总工期；B_1拖后2个月，由于B_1是关键工作，将会影响总工期2个月。如果后续工作按原进度计划执行，工期将是13+2=15（个月）。

例 9.2

某工程双代号时标网络计划如图9.3所示，求工作B的总时差。

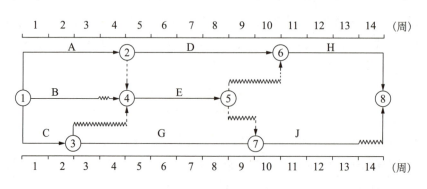

图9.3　双代号时标网络计划图

【答案】总时差以B工作为起点工作，寻找通过该工作的所有线路，然后计算各条线路的波形线的长度和，波形线长度和的最小值就是该工作的总时差，即3周。

例 9.3

某工程双代号时标网络计划如图9.4所示，求工作B的自由时差。

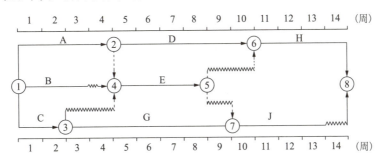

图9.4　双代号时标网络计划图

【答案】工作B的自由时差为波形线水平投影长度1周。

考点2　网络图中关键线路的确定

星级指数	★★★
考情分析	2022年、2021年、2020年、2019年
荆棘谜团	精确计算双代号网络图中的6个时间参数是解决索赔问题的关键，必须精通这些时间参数的计算方法。这些参数是理解和分析项目进度及索赔情况的基础，因此熟练掌握它们的计算对于有效解题至关重要。
独门心法	重点掌握标号法并能熟练运用，这将有助于更快速、更简洁地计算出6个时间参数并准确确定关键线路，以提高解题效率和准确性。

1.六时参数法（表9.1）

表9.1　六时参数法

项目	内容
四个时间	最早开始时间ES 最早完成时间EF 最迟完成时间LF 最迟开始时间LS
总时差TF	是指在不影响总工期的前提下，本工作可以利用的机动时间 总时差=最迟完成时间－最早完成时间 =最迟开始时间－最早开始时间
自由时差FF	是指在不影响其紧后工作最早开始时间的前提下，本工作可利用的机动时间 自由时差=紧后工作最早开始时间的最小值－该工作的最早完成时间

2.标号法

标号法是一种快速寻求网络计划计算工期和关键线路的方法。它利用按节点计算法的基本原理，对网络计划中的每一个节点进行标号，然后利用标号值确定网络计划的计算工期和关键线路。

标号法的计算过程如下：

（1）网络计划起点节点的标号值为零。

（2）其他节点的标号值应根据公式按节点编号从小到大的顺序逐个进行计算：

$$b_j = \max (b_i + D_{i-j})$$

式中：b_j——工作i–j的完成节点j的标号值；

b_i——工作i–j的开始节点i的标号值；

D_{i-j}——工作i–j的持续时间。

计算出节点的标号值后，应该用其标号值及其源节点对该节点进行双标号。所谓源节点，就是用来确定本节点标号值的节点。如果源节点有多个，应将所有源节点标出。

（3）网络计划的计算工期就是网络计划终点节点的标号值。

（4）关键线路应从网络计划的终点节点开始，逆着箭线方向按源节点确定。

🔥 小试牛刀

例 9.4

某项目有6项工作，逻辑关系和持续时间如表9.2所示，求该项目有几条关键线路，工期为多少。

表9.2　逻辑关系和持续时间

工作名称	K	L	M	P	Q	R
紧前工作	–	–	–	K	P	K，L，M
持续时间	6	6	5	4	3	8

【答案】根据已知条件画出双代号网络计划图（如图9.5所示），关键线路有KR和LR两条，工期为14天。

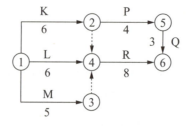

图9.5　双代号网络计划图

例 9.5

某工程施工进度双代号网络计划如图9.6所示，该工程网络计划中的关键线路有几条？

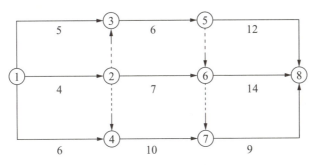

图9.6　双代号网络计划图

【答案】关键线路为：①-③-⑤-⑥-⑧；①-②-⑥-⑧；①-④-⑦-⑧。可以运用标号法快速找出关键线路和计算工期。

考点3　工期索赔

考点讲解

星级指数	★★★★
考情分析	2023年、2014年
荆棘谜团	工期索赔考查形式多样，较为灵活是学习难点。
独门心法	学习本知识点要灵活运用网络计划图的调整与优化，理解共同延误的本质： （1）找出各事件发生的起止时间，作出各事件持续时间的网络图。 （2）找出共同延误事件的"初始延误者"，分析各事件的索赔天数。网络图调整前后，共用机械在场的最短时间之差，就是可以索赔的共用机械闲置时间；或后一个工作最早开始时间之差，也是可以索赔的共用机械闲置时间。

工期索赔的成立需符合三项基本原则，它们需同时具备：

非承包方责任或非预期风险所致的延误：这意味着导致项目延期的因素超出了承包商的控制范围，包括但不限于场地提供滞后、地质勘察发现异常、地下文物的意外发现、设计图纸供应延迟、设计变更引起的工作量增加、由发包人提供的材料或设备出现问题，以及遭遇不可抗力事件等。

实际影响到总工期：延误必须直接导致整个项目完成时间的延长，这通常涉及关键线路上的作业延误，或是延误时间超过了该活动的总时差，进而改变了项目的关键线路。

遵循正当索赔流程：承包商必须遵循合同中明确规定的索赔时限和程序，及时提交索赔意向通知书、详细的索赔报告以及所有相关的证据材料，以正式提出索赔请求。简而言之，工期索赔有效需证明延误不由自己造成，确实耽误了整体工程进度，并且已依约走完必要的索赔流程。

1.共同延误

在实际施工过程中，工期延误很少是只由一方造成的，往往是多个事件先后发生（或相互作用）而形成的，称为"共同延误"。

（1）首先判断造成延误的哪个事件是最先发生的，即确定"初始延误者"，它应对工程延误负责，在初始延误发生作用期间，其他并发的延误者不承担工期延误的责任；初始延误事件结束，其他延误事件才开始对工期延误负责。

（2）如果初始延误是发包人原因，则在发包人原因造成的延误期内，承包人既可得到工期延长，又可得到经济补偿。

如果初始延误是客观原因，则在客观因素发生影响的延误期内，承包人可以得到工期延长，但很难得到费用补偿。

如果初始延误是承包人原因，则在承包人原因造成的延误期内，承包人既不能得到工期补偿，也不能得到费用补偿。

2.共用机械

在网络图中，如果出现A、B两个工作先后共用一台施工机械，这一般是隐含条件。如果在B工作之前新增一个工作，或其他原因导致A工作延误，都可能导致这两个工作共同使用的施工机械在施工现场的时间延长，施工机械比原网络计划图多余的在场时间，可以索赔机械闲置费用。

3.工期索赔

（1）原合同总工期（或称为计划工期）：指的是合同中计划开工日期和计划竣工日期计算出的工期总日历天数。

题目中一般会给出（或根据网络图算出）合同工期，应注意工期的单位，常见的单位有月、周、天，如有工期奖罚计算，应统一工期计算的单位。

题目中常有"经批准（或经审批或经确认）的网络进度计划图"等表述，既然是已经被"批准"了的网络进度计划图，表明发承包双方均认可按照网络图计算的工期，网络图中关键线路的总工期就成了合同总工期。

（2）索赔工期：通过各索赔事件对工期的索赔，经发包人确认可以给承包人延长的工期。

（3）新合同总工期（或修正后的合同工期）=原合同工期+索赔工期。

（4）实际总工期：根据实际开工日期和实际竣工日期，计算得到的总工期的日历天数。实际总工期可由题目中给定的条件（包括承包人自己延误的工期）计算得到。

实际总工期=原合同工期+关键线路上延误的工期（索赔工期是关键线路上不能索赔的延误工期）。

（5）工期奖罚：新合同工期（或修正后的合同工期）－实际工期，取绝对值。

（6）工期奖励：工期奖罚×单位时间工期的奖罚数额，工期奖励是否含规费和税金，应根据题目中的要求作答。

> **提示**
>
> （1）确定关键线路并计算总工期：首先要识别网络图中的关键线路，这条线路上所有工作的持续时间决定了整个项目的最短完成时间。计算从项目启动到完成的总预计时间，即为项目的总工期。
>
> （2）记录实际进展与潜在索赔周期：在项目执行过程中，每项任务完成后，需记录实际所耗时间（实际工期），并对照原计划，识别因外部因素或不可预见情况导致的延误，区分出可以依据合同向对方提出延长工期要求的时间段（可索赔工期）。
>
> （3）综合分析网络图以细化工期指标：①原始合同约定的总工期。根据合同条款最初约定的项目完成时间。②索赔调整后的工期。将所有经确认可索赔的延误时间累加到原始合同工期之上得到的新工期。③修订后合同工期。经过双方协商，正式调整并书面确认的新项目完成期限。④实际执行的工期。项目最终从开始到结束的实际总用时，考虑到所有延误和赶工措施。⑤奖励与惩罚机制下的工期调整。根据合同中的奖惩条款，若项目提前或延误交付，可能会有额外的奖励或罚款，从而影响最终的工期评价。

🔥 小试牛刀

例 9.6

某工程在施工过程中发生了以下事件：

（1）事件1：8月1日清晨到8月2日傍晚，均为特大暴雨。

（2）事件2：8月2日清晨承包人的施工机械出现故障，直到8月6日傍晚才修好。

（3）事件3：按合同约定，业主应于8月5日清晨提供的施工材料，直到8月11日清晨才提供。

上述事件发生后，从8月1日到8月10日，工程均处于停工状态。承包人总计可以获得多少天的工期补偿？

【答案】为使解题过程更直观，各事件的发生时间，可以用横道图表示，如图9.7所示。

时间 事件	8月1日	8月2日	8月3日	8月4日	8月5日	8月6日	8月7日	8月8日	8月9日	8月10日
事件1 （特大暴雨）	───	───								
事件2 （机械故障）		───	───	───	───	───				
事件3 （甲供材料延迟）					───	───	───	───	───	───
工期索赔	√	√					√	√	√	√

图9.7　共同延误分析示意图

（1）事件1和事件2相比，事件1是"初始延误者"，事件1是不可抗力事件，可以索赔工期2天。

（2）事件2和事件3相比，事件2是"初始延误者"，事件2应由承包人负责，不能索赔工期；事件3是业主应承担的责任，可以索赔4天的工期。

承包人总计可以索赔：2+4=6（天）。

例 9.7

某工程开工前，承包商提交了施工网络进度计划图，如图9.8所示。根据施工安排，E工作和H工作必须使用同一台大型施工机械（该机械不能移动，一直到H工作完成后才离场），施工机械每天工作1个台班。在施工过程中，根据发包人要求，需新增工作J（持续时间为4天，不使用该机械），J是E的紧后工作，是H的紧前工作。承包人可向业主索赔多少个台班的大型机械闲置费？

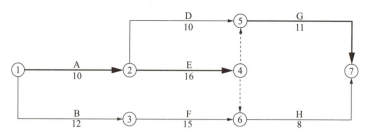

图9.8　施工网络进度计划图（单位：天）

【答案】绘出新增工作J后的网络进度计划图，如图9.9所示。

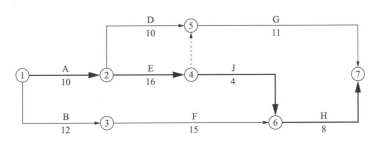

图9.9　施工网络进度计划图（单位：天）

（1）按原网络进度计划，因E工作是关键工序，施工机械最迟必须在第11天清晨进场，连续工作16天完成E工作，闲置1天（待F工作完成），才能开始H工作。共用施工机械在场的最短时间为16+1+8=25（天）。

（2）因新增J工作，A、E、J、H工作全部变成了关键工作，共用机械在场的最短时间为16+4+8=28（天）。

（3）机械闲置28−25=3（天），因此承包人可索赔3个台班的大型机械闲置费。

例 9.8

某工程开工前，承包商提交了施工网络进度计划图，如图9.10所示，并得到了监理工程师的批准。

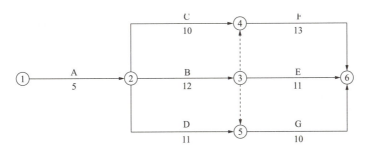

图9.10　经批准的网络进度计划图（单位：天）

施工合同规定，工期每提前（或延后）1天，奖励（或罚款）5000元（含规费和税金）。在施工过程中发生了如下事件：

事件1：因业主提供的材料未及时到场，A工作延误3天。

事件2：因施工机械故障，B工作延误2天。

事件3：因工程设计变更，E工作的工程量增加，导致E工作的作业时间增加4天。

请回答以下问题：

（1）本工程的合同工期是多少天？

（2）各事件发生后，承包人总计可向业主索赔多少天的工期？并说明理由。

（3）本工程的实际工期是多少天？

（4）承包人的工期奖励（或罚款）为多少元？

【答案】标出原网络计划图的关键线路，如图9.11所示；标出各事件对工期的影响，如图9.12所示。

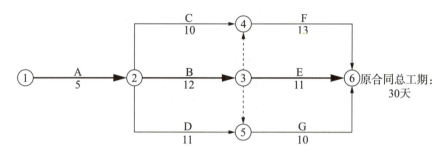

图9.11　原网络计划的关键线路图（单位：天）

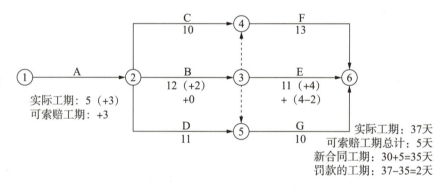

图9.12　各事件对工期的影响示意图（单位：天）

（1）计算原合同总工期：

该网络图共有5条线路：线路A→C→F，工期5+10+13＝28天；线路A→B→E，工期5+12+11＝28（天）；线路A→D→G，工期5+11+10＝26天；线路A→B→F，工期5+12+13＝30（天）；线路A→B→G，工期5+12+10＝27（天）。

关键线路为A→B→F，该线路上的工期为30天，因此合同工期为30天。

（2）计算工期索赔：

事件1：可索赔3天。理由：业主提供的材料未及时到场，是业主应承担的责任，且A工作为关键工作。

事件2：可索赔0天。理由：施工机械故障是承包人应承担的责任，不能索赔。

事件3：可索赔2天。理由：设计变更导致E工作的工程量增加是业主应承担的责任；E工作有2天的总时差，只能索赔4-2=2（天）。

工期索赔：3+2=5（天）。

（3）计算实际总工期：

事件1导致关键工作A延误2天，事件2导致关键工作延误2天，事件3导致E工作变成关键工作。因此关键线路变为A→B→E。

实际总工期为（5+3）+（12+2）+（11+4）=37（天）。

（4）计算工期奖罚：

新合同总工期（或修正后的合同工期）为30+5=35（天），实际工期为37天。承包人的工期罚款为5000×（37−35）=10000（元）。

考点4 费用索赔

考点讲解

星级指数	★★★★
考情分析	2023年、2022年、2021年、2020年、2019年
荆棘谜团	费用索赔的难点在于费用计取的层次较多，是否计取管理费和利润需要根据题目条件进行分析，容易漏项是易错知识点。
独门心法	（1）在题目中，逐一找出每个可索赔费用的事项。分别计算每个可索赔费用的事项。 （2）注意费用计取的层次，如果给出的是新增人材机费用，均应计算管理费和利润；如果给出了计日工单价（已是综合单价），不需再计取管理费和利润；所有费用都要计取规费和税金。

对于非承包人的原因（或非承包人应承担的风险），导致承包人增加了施工费用，都可以索赔。

1.新增分项工程

因设计变更等原因新增分项工程，当规费以人材机费、管理费与利润之和为基数时，计算方法如下：

索赔费用=工程量×综合单价×（1+规费费率）×（1+税率）。

2.新增人材机费用

如某分项工程，新增人工费、材料费和机械费。当管理费以人材机费为基数，利润以人材机费与管理费之和为基数，规费以人材机费与管理费和利润之和为基数时，计算方法如下：

索赔费用=新增人材机费用×（1+管理费费率）×（1+利润费率）×（1+规费费率）×（1+增值税税率）。

3.重新购买（运到工地的）材料或设备

如果是运到工地（尚未用于工程）的材料或设备受到损害，承包人需要重新购买这些

第9天

材料或设备，索赔费用不计算管理费和利润，但要计算相应的规费和税金。可以这样理解，损失的是材料或设备的本身，并没有进行两次施工或安装。当规费以人材机费与管理费和利润之和为基数时，计算方法如下：

索赔费用=重新购买材料（或设备）费用×（1+规费费率）×（1+增值税税率）

4.人员窝工和机械闲置的计算

人员窝工和机械闲置，不计算管理费和利润，但要计算相应的规费和税金。可以这样理解，窝工的人员和闲置的机械并没有为工程工作，一般不需再计算与此相关的管理费和利润，这是一种补偿行为。

当规费以人材机费与管理费和利润之和为基数时，计算方法如下：

索赔费用=（人员窝工费+机械闲置费）×（1+规费费率）×（1+增值税税率）。

人员窝工一般会单独给出补偿标准（按正常工日单价进行折减）；机械闲置，如果给出的是台班折旧费（自有机械）或台班租赁费（租赁机械），机械闲置则按台班折旧费或台班租赁费进行计算。

🔥 小试牛刀

例 9.9

某工程项目，合同约定，管理费按人材机费用之和的10%计取，利润按人材机费用和管理费之和的6%计取，规费和税金为人材机费用、管理费和利润之和的13%计取。

在施工过程中发生了如下事件：

事件1：新增A分项工程，工程量为400m²，综合单价为200元/m²。

事件2：由于设计变更，B分项工程增加了工程量，增加100个工日（人工单价150元/工日），增加材料费2.5万元，增加机械台班10个（台班单价为1000元/台班）。请计算事件1和事件2发生后，承包人可索赔的费用为多少万元？

【答案】（1）事件1可索赔的费用：400×200×（1+13%）=9.04（万元）。

（2）事件2可索赔的费用：（100×150+25000+10×1000）×（1+10%）×（1+6%）×（1+13%）=6.59（万元）。

承包人可索赔的费用合计：9.04+6.59=15.63（万元）。

例 9.10

某工程项目，合同约定，管理费按人材机费用之和的10%计取，利润按人材机费用和管理费之和的6%计取，规费和税金为人材机费用、管理费和利润之和的13%。

在施工过程中发生了如下事件：

事件1：已经隐蔽的A分项工程，应监理工程师的要求再次检查，检查结果为合格，承包人对此进行恢复，新增人工5个工日（日工资单价为150元/工日），新增材料费1200元。

事件2：由于不可抗力因素，造成承包人已经运到施工现场待安装的工程设备损坏，重新购买该设备费用5000元。

请计算事件1和事件2发生后，承包人可索赔的费用为多少元？

【答案】（1）事件1可索赔的费用：（5×150+1200）×（1+10%）×（1+6%）×（1+13%）=2569（元）。

（2）事件2可索赔的费用：5000×（1+13%）=5650（元）。

承包人可索赔的费用合计：2569+5650=8219（元）。

例 9.11

某工程项目，合同约定，管理费按人材机费用之和的10%计取，利润按人材机费用和管理费之和的6%计取，规费和税金为人材机费用、管理费和利润之和的13%。人工工资单价为150元/工日，机械台班单价为1200元/台班，人员窝工和机械闲置分别按人工工资单价和机械台班单价的60%补偿。

在施工过程中因由业主负责采购的某项材料延误5天，造成承包人员窝工30工日，某施工机械闲置5个台班。请计算承包人可索赔的费用为多少元？

【答案】承包人可索赔的费用：（30×150×60%+5×1200×60%）×（1+13%）=7119（元）。

第10天
工程合同价款

第10天

考点1 合同价格

考点讲解

星级指数	★★★★
考情分析	2023年、2022年、2021年、2020年、2019年
荆棘谜团	在工程的不同阶段，根据实际发生的事件调整合同价格是解题的关键，分析不同的事件所造成的合同价款的变化是学习难点。
独门心法	考试时一般会给出分项工程费、措施项目费、其他项目费、规费和税金的相关数据，计算合同价。只需按照题目中给定的相关数据，分别计算出各组成部分的费用，分别相加就可以得到合同价。

1.签约合同价

签约合同价，是指发包人和承包人在合同协议书中确定的总金额，包括安全文明施工费、暂估价及暂列金额等。

简单地说，签约合同价，就是发承包双方在"签订工程合同时"的价格，一般为中标人的中标价，该价格反映的是招标投标阶段，经双方确认同意的价格，以合同协议书的形式，记录在合同中。

2.合同价格

合同价格，是指发包人用于支付承包人按照合同约定完成承包范围内全部工作的金额，包括合同履行过程中按合同约定发生的价格变化。包括分部分项工程费、措施费、其他项目费、规费和税金。

合同价格，在工程"实施过程中"，除了包含签约合同价格中没有变化的部分，还包括变更、签证、工程量增加等引起合同价款的增减；工程竣工结算后，这个价格就是工程实际总造价。

> 💡 提示
>
> （1）合同金额的基本概念：在工程项目实践中，经常提到的"合同价格"主要指的是合同文件中明确规定、双方在签订合同时一致同意的那个数值，也就是"签约合同价"。这是一个较为局限的定义，特指合同成立之初议定的金额。

（2）合同价格的动态视角："签约合同价"是在工程尚未动工时确立的静态价格。随着施工的推进，可能会遭遇诸如设计变更、材料成本波动、政策调整等多种变数。合同中会预设应对这些"变数"的规则，依据这些规则计算出的额外费用应当计入合同总价中，形成一个更加全面、灵活的"广义合同价格"。

（3）竣工结算与实际总成本：项目到达竣工阶段进行财务结算时，计算的"工程实际总造价"或称为"工程结算价"，涵盖了两大部分：一是投标清单中始终保持不变的工作项目费用；二是施工过程中因各种调整或变动产生的额外费用。这两部分的综合体现了合同价格在项目最终结算时的实际情况，反映了工程从预算到实际完成整个过程中的经济全貌。

3.合同价格的计算

在考题中，如果规费的计取基数为分部分项工程费、措施项目费、其他项目费之和，合同价计算公式如下：

合同价=（分部分项工程费+措施项目费+其他项目费）×（1+规费费率）×（1+税金税率）

其中：

（1）措施项目费=单价措施项目费+总价措施项目费。

（2）其他项目费，在不同的阶段，有不同的内涵。

在签约阶段，工程尚未实施，其他项目费=暂列金额+专业工程暂估价+总承包服务费+计日工。

随着工程的实施，可能出现索赔与现场签证，索赔与现场签证一般会从"暂列金额"中支出；专业工程会陆续完成，专业工程可以计算出实际发生的费用；以"专业工程费"为基数的"总承包服务费"也可以计算出实际费用；计日工按实际发生的金额计算。

因此，竣工结算时的其他项目费，与签约时的其他项目费，在数额上会发生变化，竣工结算时的其他项目费=索赔与现场签证+专业工程结算价+实际的总承包服务费+实际的计日工。

🔥 小试牛刀

例 10.1

某建筑工程项目，发承包双方签订了施工合同，有关工程价款的规定如下：

（1）分项工程费180万元。

（2）单价措施项目费12万元，总价措施项目费15万元（含安全文明施工费10万元）。

（3）暂列金额10万元，室外绿化工程（专业分包）暂估价5万元，总承包服务费为专业分包工程费的5%，计日工费为0.75万元。

（4）规费按人材机费、管理费、利润之和的6%计取，增值税税率为9%。请计算本工程的签约合同价。

【答案】（1）分项工程费：180万元。

（2）措施项目费：12+15=27（万元）。

（3）其他项目费：10+5+5×5%+0.75=16（万元）。

（4）规费：（180+27+16）×6%=13.38（万元）。

（5）税金：（180+27+16+13.38）×9%=21.27（万元）。

本工程的签约合同价：180+27+16+13.38+21.27=257.65（万元）。

例 10.2

某游泳池项目业主采用工程量清单计价方式公开招标确定了承包人，双方签订了工程承包合同，合同工期为6个月。合同中的清单项目及费用包括：分项工程项目4项，总费用为300万元，相应专业措施费用为20万元；安全文明施工措施费用为6万元；计日工费用为3万元；暂列金额为12万元；池底防水工程（专业分包）暂估价为30万元，总承包服务费为专业分包工程费用的5%；规费和税金综合税率为7%。该工程签约合同价是多少？

【答案】签约合同价=（300+20+6+3+12+30+30×5%）×（1+7%）=398.575（万元）。

第10天

考点2 预付款

考点讲解

星级指数	★★
考情分析	2023年、2022年、2021年、2020年、2019年
荆棘谜团	预付款的起扣点是学习难点，预付款的扣回在学习过程中是理解的难点。
独门心法	考试时应注意的是，如果预付款的计算方式为"合同价扣除安全文明施工费和暂列金额"，应扣除"安全文明施工费"和"暂列金额"相应的规费和税金。

1.预付款的定义

预付款，指在开工之前，发包人按照合同约定，预先支付给承包人用于购买合同工程施工所需的材料、工程设备，以及组织施工机械和人员进场的款项。

2.预付款的数额

包工包料工程的预付款支付比例不得低于签约合同价（扣除暂列金额）的10%，不宜高于签约合同价（扣除暂定金额）的30%。

3.预付款的扣回

预付款应从每一个支付期应支付给承包人的工程款中扣回，直到扣回的金额达到合同约定的预付款金额为止。

💡 提示

（1）预付款的目的与用途说明：预付款这一做法主要是为了缓解工程承包方在项目初期的资金流动性压力。这笔资金直接帮助承包商提前做好施工前的各项准备工作，包括购买工程所需的材料和设备、租借或购买施工机械，以及确保施工队伍能够及时到位，所有这些开销均严格限定在当前合同工程的范畴内使用。

（2）预付款的支付条件：想要获得预付款，承包商必须满足一定的前提条件。首先，合同的签订是基础，有时还需承包商向发包方提交一份等额的预付款保函作为财务保证。完成这些步骤后，承包商接下来需正式提交预付款的支付请求给发包方。只有当这些程序均顺利完成时，预付款的转账流程才能正式启动。

🔥 小试牛刀

例 10.3

某工程项目的签约含税合同价为259.91万元，其中：安全文明施工费为10万元，暂列金额为10万元。规费按人材机费、管理费、利润之和的6%计取，增值税税率为9%。开工前，发包人按签约含税合同价（扣除安全文明施工费和暂列金额）20%作为预付款支付给承包人，并在开工后的第1~3个月平均扣回。

请计算开工前，发包人支付给承包人的预付款为多少万元？开工后第1~3个月每月应扣回的预付款为多少万元？

【答案】（1）开工前发包人支付给承包人的预付款：[259.91 － （10+10） × （1+6%） × （1+9%）] × 20%=47.36（万元）。

（2）开工后第1~3个月每月应扣回的预付款：47.36/3=15.79（万元）。

考点 3 安全文明施工费

考点讲解

星级指数	★★★
考情分析	2023年、2022年、2021年、2020年、2019年
荆棘谜团	安全文明施工费通常也是开工前支付的，因此区分安全文明施工费与预付款的性质差异是学习难点。
独门心法	此知识点应注意安全文明施工费工程款，应计取规费和税金；除题目有特殊要求外，还要考虑工程款支付比例。在实际工程中，预付款和安全文明施工费的提前支付部分一般都是在开工前一起支付的。预付款要扣回，而安全文明施工费不扣回。

1.安全文明施工费的定义

安全文明施工费，指在合同履行过程中，承包人按照国家法律法规、标准的规定，为保证安全施工、文明施工，保护现场内外环境和搭拆临时设施等所采用的措施而发生的费用。安全文明施工费必须按照国家或省级、行业建设主管部门的规定计算，不得作为竞争性费用。

2.安全文明施工费的计算

安全文明施工费=计算基数×安全文明施工费费率（%），安全文明施工费的计算基数为定额基价（定额分部分项工程费+定额中可计量的措施项目费）、定额人工费、定额人工费与施工机械使用费之和，其费率由工程造价管理机构根据各专业工程的特点综合确定。

在考题中，一般会给出安全文明施工费的数额（或计算方法）。

3.安全文明施工费的支付

发包人应在工程开工后的28天内预付不低于当年施工进度计划的安全文明施工费总额的60%，其余部分应按照提前安排的原则进行分解，并应同进度款同期支付。

> 💡 **提示**
>
> 安全文明施工费，是措施项目费的一部分，当然也是工程价款的组成部分，因此，如果题目中没有特殊说明，安全文明施工费工程款的支付，一般应考虑支付比例。

🔥 **小试牛刀**

例 **10.4**

某工程项目，总价措施项目费中的安全文明施工费为10万元。规费按人材机费、管理费、利润之和的6%计取，增值税税率为9%。发包人按承包人每次应得工程款的90%支付。合同约定，发包人在开工之前，将安全文明施工费的60%作为提前支付的工程款，剩余的安全文明施工费在开工后的第1～2个月内平均支付。

第10天

请计算，开工前发包人支付给承包人的安全文明施工费为多少万元？开工后第2个月支付的安全文明施工费为多少万元？

【答案】

（1）开工前支付的安全文明施工费：$10 \times (1+6\%) \times (1+9\%) \times 60\% \times 90\% = 6.24$（万元）。

（2）开工后第2个月支付的安全文明施工费：$10 \times (1+6\%) \times (1+9\%) \times (1-60\%) \times 90\% \times 1/2 = 2.08$（万元）。

考点4　合同价款的调整

考点讲解

星级指数	★★★
考情分析	2021年、2019年、2015年、2014年
荆棘谜团	价格指数调整法。
独门心法	在本考点的考题中，常考查工程量偏差对合同价格的调整，以及物价变化对合同价款的调整。物价变化对合同价款调整一般有两种方法，价格指数调整价格差额和造价信息调整价格差额，其中，价格指数调整价格差额在考题中考查频率较高。

在工程的施工过程中，常涉及下列事项（但不限于）发生，发承包双方应当按照合同约定调整合同价款：法律法规变化、工程变更、项目特征不符、工程量清单缺项、工程量偏差、计日工、物价变化、暂估价、不可抗力、提前竣工（赶工补偿）、误期赔偿、索赔、现场签证、暂列金额、发承包双方约定的其他调整事项。

1.工程量偏差对合同价格的调整

对于任一招标工程量清单项目，当工程量偏差或工程变更等原因导致工程量的偏差超过15%时，可进行调整。当工程量增加15%以上时，增加部分的工程量的综合单价应予以调低，当工程量减少15%以上时，减少后的剩余部分工程量的综合单价应予以调高。

> 💡 **提示**
>
> 在施工过程中，由于施工条件、地质条件、工程变更等原因，以及清单编制人员专业水平的差异，会造成实际工程量与招标清单给出的工程量有差异，如果差异过大，会对综合成本产生影响。
>
> 规定"工程量增加15%以上时，增加部分的工程量的综合单价调低，工程量减少15%以上时，减少后的剩余部分工程量的综合单价调高"，维护合同双方的公平，使得其中一方的损失不致太大。综合单价调高或调低的比例，一般会在施工合同中规定。

第 10 天

2.价格指数调整价格差额

因人工、材料和工程设备、施工机械等价格波动影响合同价格时，根据"承包人提供主要材料和工程设备一览表"，并由投标人在投标函附录中的价格指数和权重表约定的数据，应按下式计算差额并调整合同价。

$$\Delta P = P_0\left[A+\left(B_1\times\frac{F_{t1}}{F_{01}}+B_2\times\frac{F_{t2}}{F_{02}}+B_3\times\frac{F_{t3}}{F_{03}}+\cdots+B_n\times\frac{F_{tn}}{F_{0n}}\right)-1\right]$$

式中： ΔP——需调整的价格差额；

P_0——约定的支付证书中承包人应得到的已完成工程量的金额，此金额应不包含价格调整、不计质量保证金的扣留和支付、预付款的支付和扣回，约定的变更及其他金额已按现行价格计价的，也不计在内；

A——定值权重（即不调部分的权重）；

B_1，B_2，B_3，$\cdots$，B_n——各可调因子的变值权重（可调部分的权重），为各可调因子在投标函投标总报价中所占的比例；

F_{t1}，F_{t2}，F_{t3}，$\cdots$，F_{tn}——各可调因子的现行价格指数，指约定的付款证书相关周期最后一天的前42天的各可调因子的价格指数；

F_{01}，F_{02}，F_{03}，$\cdots$，F_{0n}——各可调因子的基期价格指数，指基准日期的各可调因子的价格指数。

💡 提示

价格指数确实是用来衡量不同时间点上商品或服务价格变动情况的重要经济指标。在工程项目的背景下，这个概念尤为重要，因为它直接关系到成本控制和合同执行。"基期价格指数"和"报告期价格指数"分别代表了合同签订时和实际施工期间的价格水平，通过对比这两个指数，可以量化价格波动的影响，进而调整工程成本预算或合同条款，以应对市场价格的不确定性。例如，在钢材价格案例中，从投标时的4000元/吨到施工时的4600元/吨，价格上涨了15%，这可能需要项目方重新评估成本并可能需要与承包商协商调整合同价格，以反映实际的市场条件。这种机制有助于保护双方免受不可预见的价格波动带来的财务风险，确保项目的顺利进行。在实际应用中，许多大型工程项目都会采用类似的价格调整公式，结合多种商品和服务的价格指数，以更全面地反映市场状况，确保合同的公平性和可行性。

第10天

🔥 小试牛刀

例 10.5

某工程项目，施工合同中规定工程量偏差的调整方法为：当分项工程项目工程量增加（或减少）幅度超过15%时，综合单价调整系数为0.9（或1.1）。规费按人材机费、管理费、利润之和的6%计取，增值税税率为9%。在承包人的已标价的工程量清单中，A分项工程的工程量为500m²，综合单价为100元/m²；B分项工程的工程量为400m²，综合单价为150元/m²。A分项工程实际完成的工程量为600m²，B分项工程实际完成的工程量为300m²。请计算，A、B分项工程的实际工程价款为多少万元？

【答案】（1）A分项工程：

A分项工程量增加（600−500）/500=20%＞15%，其中：500×（1+15%）=575（m²），按原综合单价100元/m²计算，其余600−575=25（m²），按综合单价100×0.9=90（元/m²）计算。

A分项工程的实际工程价款：（575×100+25×90）×（1+6%）×（1+9%）/ 10000 =6.90（万元）。

（2）B分项工程：

B分项工程量减少（400−300）/400=25%＞15%，工程量减少后剩余的300m²，按综合单价150×1.1=165（元/m²）计算。

B分项工程的实际工程价款：300×（150×1.1）×（1+6%）×（1+9%）/ 10000 =5.72（万元）。

例 10.6

某工程项目，在承包人已标价的工程量清单中，A分项工程的工程量为100m²，综合单价为200元/m²，规费按人材机费、管理费、利润之和的6%计取，增值税税率为9%。A分项工程实际施工时间为第6个月，施工合同中规定分项工程A的三种材料采用动态结算方法计算，这三种材料在A分项工程中所占的比例分别为50%、20%、10%，基期的价格指数均为100；第6个月A分项工程动态结算的三种材料的价格指数分别为110、115、120。请计算A分项工程的工程价款调整额。

【答案】（1）A分项工程中不需要调价材料所占的比例（定值权重）：1−50%−20%−10%=20%。

（2）A分项工程的综合调整系数：20%+50%×（110/100）+20%×（115/100）+10%×（120/100）=1.1。

（3）A分项工程的工程价款调整额：100×200×（1+6%）×（1+9%）×（1.1−1）=2310.80（元）。

第11天
工程进度款

考点讲解

考点 进度款

星级指数	★★★
考情分析	2023年、2022年、2021年、2020年、2019年
荆棘谜团	进度款作为预支给施工单位的工程款，解题时关于预付款的扣回是易错点。
独门心法	在本考点下的考题中，注意管理费和利润的取费基数和实际工程中可能会有差异，应按照题目背景要求选取计算基数。进度款在考试时考查所占分值较大，应着重复习。进度款计算最关键的是"不漏进度款组成要点，不漏费用组成关系"。解题时，应对照题目中的条件和数据逐一检查，确认数据准确无误后，再列式逐项计算某月的进度款。为保证计算结果的正确性，可以用计算器算两次，两次计算结果相同，则计算正确。

1.进度款的定义及支付比例

进度款指在合同工程施工过程中，发包人按照合同的约定，对付款周期内承包人完成的合同价款给予支付的款项，也是合同价款的期中结算支付。

简单地说，进度款就是按施工"进度"支付的工程款，因此需要明确该施工周期完成了哪些工作内容。

进度款的支付比例依合同约定，按照期中结算价款总额计，不低于60%，不高于90%。

2.承包人已完成的工程价款

承包人已完成的工程价款，一般考虑以下内容：

（1）分部分项工程费

分部工程是单项或单位工程的组成部分，是按结构部位、路段长度及施工特点或施工任务将单项或单位工程划分为若干分部的工程；分项工程是分部工程的组成部分，是按不同施工方法、材料、工序及路段长度等将分部工程划分为若干个分项或项目的工程。

分部分项工程费是组成工程造价最基本的费用。由人工费、材料费、机具使用费、管理费和利润组成。其中：

①管理费：施工单位组织施工生产和经营管理所发生的费用，取费基数有三种，分别是以直接费为计算基础、以人工费和施工机具使用费合计为计算基础、以人工费为计算基础。

②利润：施工单位从事建筑安装工程施工所获得的利润，由施工企业根据企业自身需求并结合建筑市场实际自主确定。工程造价管理机构在确定计价定额中的利润时，应以定

额人工费、材料费和施工机具使用费之和，或以定额人工费、定额人工费与施工机具使用费之和作为计算基数。

> **提示**
>
> 　　管理费的取费基数：在考试或理论学习中，管理费通常以直接费作为计算基础，直接费主要包括人工费、材料费和施工机具使用费（有时也称为机械费）。这意味着管理费是根据这些直接成本的一定比例来估算的，反映了项目管理过程中产生的间接费用，如办公费用、管理人员工资等。
>
> 　　利润的取费基数：利润的计算则可能更加综合考虑项目的总体成本和预期收益。在很多考题中，它以更广泛的费用为基础来计算，包括人工费、材料费、施工机具使用费以及已经计算在内的管理费。这样的计算方式旨在更准确地反映项目整体的成本投入和预期的盈利空间。
>
> 　　简化计算：实际操作中，为了简化计算过程，有时候也会采用一个统一的基数来同时计算管理费和利润，即同样以人工费、材料费、施工机具使用费之和为基数。这种做法虽然牺牲了一定的精度，但提高了计算效率，尤其适用于快速估算或教学目的。

（2）措施项目费

措施项目是为完成建设工程的施工，发生于该工程施工准备和施工过程中的技术、生活、安全、环境保护等方面的项目。

措施项目并不构成工程实体，却是完成工程实体不可缺少的辅助性工作。例如，模板和支架并不构成工程实体，但缺少模板和支架，就没法浇筑混凝土。措施项目分为单价措施项目和总价措施项目两类。

①单价措施项目，主要是技术类的措施项目，包括脚手架工程、混凝土模板及支架（撑）、垂直运输费、超高施工增加、大型机械设备进出场及安拆、施工降水及排水等共6项，都可列出项目特征、计量单位、工程量计算规则、工作内容，清单编制方法与分部分项工程一致。

②总价措施项目，主要包括安全文明施工、夜间施工、非夜间施工照明、二次搬运、冬雨期施工、地上地下设施、建筑物的临时保护设施、已完工程及设备的保护等。

（3）其他项目费

其他项目指的是分部分项工程、措施项目以外的项目，在招投标阶段和竣工结算阶段有差别：在招标投标阶段，其他项目包括暂列金额、专业工程暂估价、计日工、总承包服务费；在项目竣工结算阶段，其他项目包括索赔与现场签证、专业工程结算价、实际的计日工、实际的总承包服务费。

①暂列金额

暂列金额是招标人在工程量清单中暂定并包含在合同价款中的一笔款项。用于工程合同签订时尚未确定或不可预见的所需材料、工程设备、服务的采购，施工中可能发生的工程变更、合同约定的调整因素出现时的合同价款调整以及发生的索赔、现场签证等的费用。

暂列金额就是"暂时列在招标工程量清单中的一笔费用"，是一笔"备用的费用"，在计算进度款的时候，如果发生了"索赔与现场签证"等，就从这笔"备用的费用"中支出。

在工程竣工结算时，如果发生了超出合同签约时所确定的项目或价格调整，都"按实计算"，且按实计入工程结算价款中。因此，在工程结算时，原来招标清单中的"暂列金额"已被实际发生的金额取代，不再被"暂列"，暂列金额必须被扣除。

💡 **提示**

暂列金额的参考范围：由招标人根据工程特点、工期长短，按有关计价规定进行估算，一般以分部分项工程费的10%～15%为参考。工程施工的过程中，会发生不少意外的情况，例如地勘不符、不可抗力因素等。这些问题发生时，需要发包人的现场代表（或其授权的监理人、工程造价咨询人等）与承包人现场代表就这些事件做签认证明，这就是现场签证，并经过发包人、承包人、监理人签字盖章，现场签证，就是这些意外情况计算工程价款的依据。

②暂估价

暂估价是招标人在工程量清单中提供的用于支付必然发生，但暂时不能确定价格的材料、工程设备以及专业工程的金额。

暂估价，就是"暂时估计的价格"，说明被估价的项目是必然要发生的，只是价格在招投标阶段无法准确地确定，采用"估价"的方式解决。暂估价分为两类：一是材料（或工程设备）暂估价，二是专业工程暂估价。

💡 **提示**

1.招标控制价与投标报价中的材料（或工程设备）单价：在编制招标控制价和准备投标报价时，应当根据招标文件提供的工程量清单，对其中指定的材料或工程设备采购清单中给出的单价计入对应的综合单价中。这里的单价往往是基于市场调研或预估的"暂估价"。然而，由于市场价格波动、供应状况变化等因素，实际施工时这些材料或设备的采购价格可能会与暂估价有所偏差。因此，在最终的工程结算阶段，人们会根据实际采购的"结算价"来替换原先的"暂估价"，确保结算的准确性和公正性，即按照实际发生的成本进行费用计算。

第11天

　　2.专业工程及结算价的使用："专业工程"指的是在总承包项目中，那些技术要求较高、专业性强的部分，如安防系统安装、园林绿化、机电安装等，往往会由具有相应专业资质的分包商来完成。这些专业工程也是整个项目成本控制和管理的重点之一。类似于材料暂估价的做法，专业工程中也可能存在暂估的费用，尤其是在设计深度不够、具体规格未明确的情况下。在项目实施过程中，一旦这些专业工程的实际成本得以明确，结算时就会用实际发生的"结算价"替代最初的"暂估价"，确保双方的经济利益得到合理体现。

　　③计日工

　　计日工是在施工过程中，承包人完成发包人提出的工程合同范围以外的零星项目或工作，按合同约定的单价计价的一种方式。

　　在招标工程量清单中，计日工应列出项目名称、计量单位和暂估数量。投标报价时，应按照招标工程量清单中列出的项目名称和暂估数量，自主确定综合单价计算金额。在进度计算或竣工结算时，计日工的数量要按"实际数量"计算。

　　④总承包服务费

　　总承包服务费，指的是总承包人为配合协调发包人进行的专业工程发包，对发包人自行采购的材料、工程设备等进行保管以及施工现场管理、竣工资料汇总等所需的费用。

　　在招标工程量清单中，总承包服务费应列出服务项目及其内容。投标报价时，总承包服务费应按招标工程量清单中列出的内容和提出的要求自主确定。

　　在考题中，如果出现了专业分包工程（如安防工程、绿化工程等），应考虑相应的总承包服务费，这是隐含条件，还要考虑总承包服务费发生的时间，有时与专业分包工程同时计算，有时在竣工结算时计算，要根据题目中的不同要求进行计算。

　　（4）规费

　　规费是根据国家法律法规的规定，由省级政府或省级有关权力部门规定施工企业必须缴纳的，应计入建筑安装工程造价的费用。

　　简单地说，规费就是权力机关"规定"必须缴纳的"费用"，包括工程排污费、社会保险费、住房公积金。编制规费项目清单时，应根据省级政府或省级有关权力机关的规定列项，规费是不可竞争性费用，投标报价时不能下浮。

　　（5）税金

　　建筑安装工程中采用的税金是增值税，按税前造价乘增值税税率确定。税前造价为人工费、材料费、施工机具使用费、企业管理费、利润和规费之和，各费用均以不包含增值税可抵扣进项税额的价格计算。

　　3.发包人应支付的工程价款

　　承包人在某个时间段内已完成的工程价款，一般不会全额支付，要考虑支付比例，还要按要求扣除相应的预付款。计算方法为：

发包人应支付的工程价款=承包人已完成的工程价款×支付比例-应扣除的预付款

🔥 **小试牛刀**

例 11

某工程项目的施工合同有如下规定：

（1）管理费和利润为不含税人材机费用之和的12%，规费按人材机费、管理费、利润之和的6%计取，增值税税率为9%。

（2）发包人按每次承包人应得工程款的90%按月支付。

（3）单价措施项目费12万元，总价措施项目费15万元（含安全文明施工费10万元）。安全文明施工费的60%在开工之前支付，剩余部分在开工后的第1~2个月内平均支付。

（4）当工程量增减幅度超过15%时，应对综合单价进行调整，在该分项工程全部完成的当月结算时调整。调整方法为：当工程量增加幅度超过15%时，增加部分的综合单价按0.9的系数调低；当工程量减少幅度超过15%时，减少后剩余的工程量部分的综合单价按1.1的系数调高。

（5）预付款为47.98万元，在开工后前3个月平均扣回。

开工后的第2个月发生了经发承包双方确定的以下事项：

（1）本月总计完成了3个分项工程。

A分项工程原计划总工程量为330m²（综合单价150元/m²），开工后第1、2个月实际分别完成了180m²、220m²，第2个月末A分项工程已全部完成。

B分项工程原计划总工程量为500m²（综合单价120元/m²），开工后第1、2个月实际分别完成了250m²、150m²，第2个月末分项工程已全部完成。

C分项工程原计划总工程量为1200m²（综合单价100元/m²），开工后第2个月实际完成了600m²，剩余工程量在第3个月完成，实际工程量与计划工程量一致。

（2）本月完成单价措施项目2万元，除安全文明施工费外，本月未发生其他单价措施项目费。

（3）本月室外绿化专业分包工程实际发生金额为5.5万元，总承包服务费按专业分包工程费的5%计取。

（4）本月实际发生计日工费0.5万元。

（5）本月设计变更新增一分项工程，新增人工费和材料费2万元。

请计算第2个月承包人实际完成的工程价款为多少万元？发包人应支付的工程价款为多少万元？

【答案】（1）第2个月承包人实际完成的工程价款：

①分项工程费：

A分项工程量增加（180+220）－330＝70（m²），增幅为70/330＝21.21%＞15%。第2个月需要调价的工程量为：330×（21.21%－15%）＝20.49（m²），本月不需调价的工程量为220－20.49＝199.51（m²）。本月A分项工程费为199.51×150+20.49×150×0.9＝3.27（万元）。

B分项工程工程量减少500－（250+150）＝100（m²），减幅为100/500＝20%＞15%，分项的综合单价应调高，因第1个月B分项的工程费已按原价计算并支付，本月应补分项综合单价调高部分的费用。本月B分项工程费为250×120×10%+150×120×（1+10%）＝2.28（万元）。

C分项工程费：600×100＝6（万元）。

分项工程费合计：3.27+2.28+6＝11.55（万元）。

②措施项目费：2+10×（1－60%）×1/2＝4（万元）。

③其他项目费：专业分包工程费5.5万元，总承包服务费5.5×5%＝0.28（万元），计日工费0.5万元，变更新增分项工程费2×（1+12%）＝2.24（万元）。其他项目费合计：5.5+0.28+0.5+2.24＝8.52（万元）。

④第2个月承包人实际完成的工程价款：（11.55+4+8.52）×（1+6%）×（1+9%）＝27.81（万元）。

（2）第2个月发包人应支付的工程价款：27.81×90%－47.98/3＝9.04（万元）。

第12天
工程结算款

考点 工程结算

考点讲解

星级指数	★★★★★
考情分析	2023年、2022年、2021年、2020年、2019年
荆棘谜团	在计算结算款时做到不重不漏是学习的难点。
独门心法	在本考点下的考题中，注意按合同价款调整、竣工结算价（工程实际总造价）、工程结算款的计算公式逐项进行计算。同时还需注意扣除暂列金额时，还应扣除相应的规费和税金。

　　工程结算指发承包双方根据合同的约定，对合同在实施中、终止时、已完工后进行的合同价款计算、调整和确认。其包括期中结算、终止结算、竣工结算。由此可见，工程结算贯穿于工程施工的各个不同的阶段，是合同价款的动态计算。

　　1.合同价款调整额度

　　合同价款调整指合同价款调整因素出现后，发承包双方根据合同的约定，对合同价款进行变动的提出、计算和确认。

　　调整因素主要有变更新增工程、工程量的增减、计日工实际费用、暂估价实际发生金额、专业分包工程的实际费用、专业分包工程的实际总承包服务费、人材机费用的调整、索赔与签证等。计算公式如下：

　　合同价款调整额=新增工程价款（含规费和税金）–暂列金额（计取规费和税金）

　　2.竣工结算价（工程实际总造价）

　　竣工结算价指发承包双方依据国家有关法律法规和标准规定，按照合同约定确定的，包括履行合同工程中按照合同约定进行的合同价款调整，是承包人按合同约定完成了全部承包工作后，发包人应付给承包人的合同总金额。计算公式如下：

　　　　竣工结算价（工程实际总造价）=签约合同价+合同价款调整额

　　3.竣工结算款

　　竣工结算款指工程竣工结算完成的时间节点上，发包人还应支付给承包人的工程款。在考题中表述为"竣工结算时发包人应支付给承包人的结算尾款为多少元？""竣工结算最终付款为多少万元？""在竣工结算时业主应支付给承包商的工程款为多少万元？""扣除质保金后，业主总计应支付承包商工程款多少万元？""扣除质保金后承包人应得工程款总额为多少万元？"等多种方式。计算公式如下：

工程结算款=竣工结算价（工程实际总造价）−已支付的工程款（预付款+进度款）−质保金

> 💡 **提示**
>
> （1）按合同价款调整、竣工结算价（工程实际总造价）、工程结算款的计算公式逐项进行计算。
>
> （2）注意扣除暂列金额时，还应扣除相应的规费和税金。

🔥 小试牛刀

例 12.1

某工程项目的签约含税合同价为259.91万元，其中：暂列金额为10万元。规费为人材机费用与管理费、利润之和的6%，增值税税率为9%。发包人按每次承包人应得工程款的90%按月支付。工程竣工结算时扣质保金3%。

施工过程中因变更和索赔等原因，新增工程价款15.5万元（含规费和税金）。到竣工结算时，发包人已经累计支付工程款234万元。

请问本工程的竣工结算价（工程实际总造价）为多少万元？竣工结算时，扣除质保金后，发包人还应支付多少万元的工程款？

【答案】（1）竣工结算价（工程实际总造价）：$259.91+15.5-10\times(1+6\%)\times(1+9\%)=263.86$（万元）。

（2）竣工结算时，扣除质保金后，发包人应支付的工程款：$263.86\times(1-3\%)-234=21.94$（万元）。

例 12.2

某工程项目发包人与承包人签订了施工合同，工期4个月，工程内容包括A、B两个分项工程，综合单价分别为360.00元/m³、220.00元/m³；管理费和利润为不含税人材机费用之和的16%；规费和税金为人材机费用、管理费和利润之和的15%，各分项工程每月计划和实际完成工程量见表12.1。单价措施项目主要包含A、B两项分项工程的模板、垂直运输费用合计7万元，A、B两个分项工程各占50%。竣工结算时，该费用可按相应分项工程量变化比例调整。

总价措施项目费用合计6万元，其中安全文明施工费3.6万元。竣工结算时，总价措施项目可按分项工程项目、单价措施项目费用变化额的5%调整。

第
12
天

该项目的暂列金额按15万元计。

表12.1 分项工程工程量数据表

工程量和费用名称		月份				合计
		1	2	3	4	
A分项工程（m³）	计划工程量	200	300	300	200	1000
	实际工程量	200	320	360	300	1180
B分项工程（m³）	计划工程量	180	200	200	120	700
	实际工程量	180	210	220	90	700

合同中有关工程价款结算与支付约定如下：

1.开工10天前，发包人应向承包人支付合同价款（扣除暂列金额和安全文明施工费）的20%作为材料预付款，材料预付款在第2、3个月的工程款中平均扣回。

2.开工后10日内，发包人应向承包人支付项目签约安全文明施工费的60%，其余总价措施费在第2、3个月的进度款中平均支付。

3.签约单价措施项目费用在1—3月中每月平均拨付2万元，4月份拨付1万元。

4.其他项目工程款在发生当月支付。

5.发包人按每月承包人应得工程进度款的90%支付。

6.当分项工程工程量增加（或减少）幅度超过15%时，应调整综合单价，调整系数为0.9（或1.1）。

7.B分项工程所用的甲乙两种材料采用动态调值公式结算方法结算，甲乙两种材料在B分项工程费用中所占比例分别为12%和10%，基期价格指数均为100。

8.发包人在承包人提交竣工结算报告30天内完成审查工作，业主按实际总造价的3%扣留工程质量保证金。

9.竣工结算时，根据分项工程项目费用变化值一次性调整措施项目费。

施工期间，经监理工程师核实及发包人确认的有关事项如下：

1.第2个月发生现场计日工的人材机费用6.8万元。

2.第4个月B分项工程动态结算的甲乙两种材料价格指数分别为110和120，其他各月造价指数与基期价格指数一致。

该工程的实际总造价为多少万元？

【答案】1.合同价：

$[（360 \times 1000 + 220 \times 700）/10000 + 7 + 6 + 15] \times （1 + 15\%） = 91.31$（万元）。

材料预付款：

$[91.31 - （15 + 3.6） \times （1 + 15\%）] \times 20\% = 13.98$（万元）。

2.（1）分项工程合同增减额

A分项：（180−30）×360+30×360×0.9×（1+15%）/10000＝7.328（万元）。

B分项：90×220×（1+15%）×（78%+12%×110/100+10%×120/100）/10000−90×220×（1+15%）/10000＝0.073（万元）。

（2）措施项目合同增减额

单价措施：3.5×（1+15%）/1000×180＝0.725（万元）。

总价措施：（7.328+0.073+0.725）×5%＝0.406（万元）。

（3）其他项目合同增减额

−15×（1+15%）+6.8×（1+16%）×（1+15%）＝−8.179（万元）。

（4）合同增减额合计＝7.328+0.073+0.725+0.406−8.179＝0.353（万元）。

（5）实际总造价＝91.31+0.353＝91.663（万元）。

第13天
工程偏差分析

考点讲解

考点 **进度偏差与费用偏差**

星级指数	★ ★ ★ ★ ★
考情分析	2023年、2022年、2021年、2020年、2019年
荆棘谜团	偏差分析常用横道图、时标网络图、表格和曲线表示，考试中常结合横道图和时标网络图进行考查，分析各类图表是学习的难点。
独门心法	在本考点下的考题中，在施工阶段，需要对实际费用（实际投资或成本）与计划费用（计划投资或成本）进行动态比较，分析偏差产生的原因，并采取有效措施控制偏差。学习该知识点时着重理解分析偏差时是考查进度还是考查费用。

1.进度偏差

进度偏差=已完工程计划投资−拟完工程计划投资，其中：

已完工程计划投资=∑已完工程量（实际工程量）×计划单价；

拟完工程计划投资=∑拟完工程量（计划工程量）×计划单价。

进度偏差大于0，工程进度提前；进度偏差小于0，工程进度拖后。

2.费用偏差

费用偏差=已完工程计划投资−已完工程实际投资，其中：

已完工程计划投资=∑已完工程量（实际工程量）×计划单价；

已完工程实际投资=∑已完工程量（实际工程量）×实际单价。

费用偏差大于0，工程费用节约；费用偏差小于0，工程费用超支。

🔥 **小试牛刀**

例 13.1

　　某工程项目，规费按人材机费、管理费、利润之和的6%计取，增值税税率为9%。计划综合单价为300元/m²，实际综合单价为360元/m²，A分项工程进度计划见表13.1。请计算第3个月末，A分项工程的进度偏差和费用偏差。

表13.1　A分项工程进度计划表

工程量	施工周期（月）				合计
	1	2	3	4	
计划工程量（m²）	400	400	400		1200
实际工程量（m²）		400	400	400	1200

【答案】（1）进度偏差计算

①已完工程计划费用：（400×2）×300×（1+6%）×（1+9%）=27.73（万元）。

②拟完工程计划费用：1200×300×（1+6%）×（1+9%）=41.59（万元）。

进度偏差：27.73−41.59=−13.86（万元），即进度拖后13.86万元。

（2）费用偏差计算

①已完工程计划费用：（400×2）×300×（1+6%）×（1+9%）=27.73（万元）。

②已完工程实际费用：（400×2）×360×（1+6%）×（1+9%）=33.28（万元）。

费用偏差：27.73−33.28=−5.55（万元），即费用超支5.55万元。

例 13.2

已知某工程已完工程计划费用（BCWP）为800万元，已完工程实际费用（ACWP）为900万元，拟完工程计划费用（BCWS）为700万元，分析该工程此时的偏差情况。

【答案】费用偏差（CV）=已完工程计划费用（BCWP）−已完工程实际费用（ACWP）=800−900<0，说明工程费用超支。

进度偏差（SV）=已完工程计划费用（BCWP）−拟完工程计划费用（BCWS）=800−700>0，说明工程进度提前。

例 13.3

某工程项目合同价1750万元，开工日期为2024年4月10日，合同工期12个月，每月结算一次。截至2024年7月，承包人计划和实际投资如表13.2所示。

表13.2　承包人计划和实际投资情况表（单位：万元）

项目月份	4月	5月	6月	7月
月拟完工程计划投资	50	100	120	180
月已完工程实际投资	55	100	125	190
月已完工程计划投资	50	100	120	185

第 13 天

计算分析合同执行到7月底的投资偏差和用资金表示的进度偏差，并说明投资和进度的偏差情况。

【答案】投资偏差=已完工程计划投资−已完工程实际投资

7月已完工程计划投资累计：50+100+120+185=455（万元）

7月拟完工程计划投资累计：50+100+120+180=450（万元）

7月已完工程实际投资累计：55+100+125+190=470（万元）

投资偏差=455万元−470万元=−15万元<0，投资增加15万元。

进度偏差=已完工程计划投资−拟完工程计划投资=455万元−450万元=5万元>0，进度提前5万元。

第13天

第14天
工程识图与计量（一）

 土木建筑工程专业

考点讲解

考点1 工程识图

星级指数	★ ★ ★
考情分析	2023年、2022年、2021年、2020年、2019年
荆棘谜团	掌握工程图纸的识图是关键，需逐步从简到难学习、认识各类图纸，牢记相关符号和图例。熟记并实践应用计算公式，通过题目训练提高解题技能。
独门心法	有条件的学员可以利用BIM等软件进行实践操作，加深对图纸的理解。也可参与有关研讨会，或与专业人士交流，获取识图技能。持续提升工程识图能力。通过系统学习和不断实践，为解答识图算量题打下坚实基础。

1. 识图基本知识

（1）三视图（图14.1）

投影的形成分为中心投影和平行投影两大类。

中心投影是由一点发出投影线所形成的投影。平行投影是指投影线相互平行所形成的投影。依据投影线与投影面的夹角不同，又可分为正投影和斜投影两种。

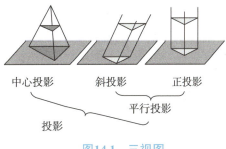

图14.1 三视图

三个相互垂直的投影面，称为三面投影体系，形体在这三面投影体系中的投影，称为三面正投影图（图14.2）。

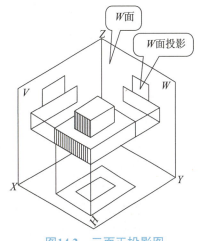

图14.2 三面正投影图

（2）剖面、断面

①剖面

为了清晰表达物体的内部结构，假想用剖切面将物体剖开，将处于观察者与剖切面之间的部分移去，而将其余部分向投影面投射得到剖面图。假想用剖切平面P剖开基础并向V面进行投影，得到一个基础的V向剖面图（图14.3）。假想用剖切平面Q剖开基础并向W面进行投影，得到一个基础的W向剖面图（图14.4）。

剖面图中虚线变实线，一般不再画不可见虚线。

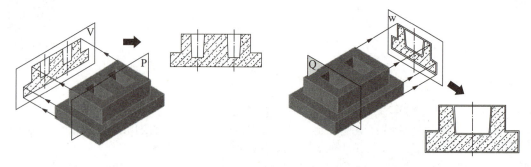

图14.3　基础的V向剖面图　　　　　图14.4　基础的W向剖面图

②断面

假想用剖切面剖开物体后，仅画出剖切面与物体接触部分即截断面的形状，所得到的图形称为断面，图14.5为牛腿柱断面图。

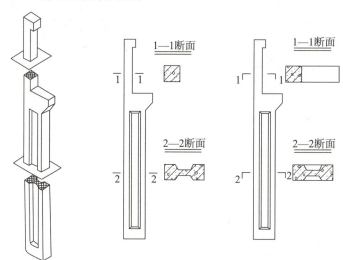

图14.5　牛腿柱断面图

2.建筑识图

（1）建筑平面图

其简称平面图，是用一个假想的水平剖切平面将房屋沿略高于窗台位置剖切房屋后，对剖切平面以下部分所作的水平面投影图。某工程底层平面图如图14.6所示。

它反映出房屋的平面形状、大小和房间的布置，墙（或柱）的位置、厚度、材料，门窗的位置、大小、开启方向等情况。

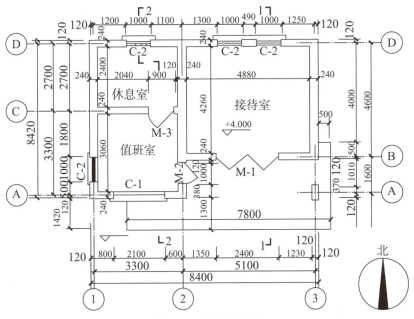

图14.6　底层平面图

（2）建筑立面图（图14.7）

建筑立面图是房屋各个方向外墙面的视图，它是主要反映房屋的体形、外貌，门窗形式和位置，墙面的装修材料和色彩等的图样。

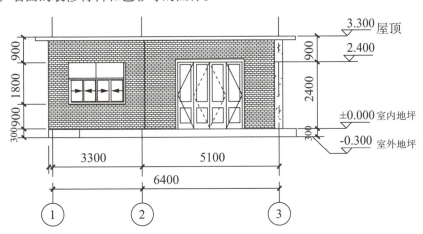

图14.7　建筑立面图

（3）建筑剖面图

建筑剖面图是用一假想的竖直剖切平面，垂直于外墙，将房屋剖切后所得的某一方向的正投影图，简称剖面图（图14.8）。

它是与平面图、立面图相配合的不可缺少的三大基本图样之一。

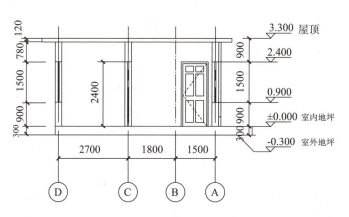

图14.8　建筑剖面图

3.常用制图符号图例

（1）常用制图符号（表14.1）

表14.1　常用制图符号

名称		图样	文字解释
轴线	定位轴线	定位轴线的编号顺序 定位轴线的分区编号	房屋中的墙或柱等重要构件均应画出它们的轴线
	附加定位轴线	①/② 表示2号轴线后附加的第一根轴线 ②/C 表示C号轴线后附加的第二根轴线	两根轴线间的附加轴线，以分母表示前一轴线的编号，以分子表示附加轴线的编号，编号用阿拉伯数字顺序编写
	详图轴线编号	① ③ 用于2根轴线时 ① ③/3 用于3根或3根以上轴线时 ① ~ ⑮ 用于3根以上连续编号的轴线时	一个详图适用于几根轴线时，可同时注明各有关轴线的编号

续表

名称	图样	文字解释
标高	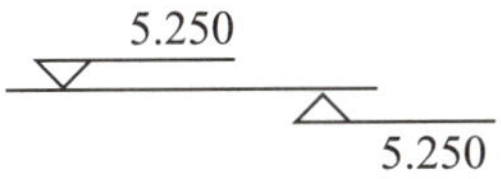 5.250 ▽　　　▽ 5.250	1.标高符号的尖端应指至被注高度的位置。尖端宜向下，也可向上 2.尺寸单位：除标高及建筑总平面图以"m"为单位，其余一律以"mm"为单位。以"m"为单位，小数点保留三位。在总平面图中，小数点可保留两位 3.绝对标高是以青岛市的黄海平均海平面作为标高零点 4.在图纸中除总平面图外一般都采用相对标高，相对标高以建筑物室内首层主要地面高度为标高零点，即±0.000
	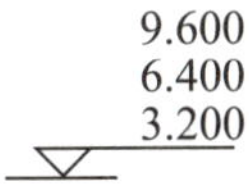 9.600 6.400 3.200 ▽	同一位置可以表示几个不同的标高
	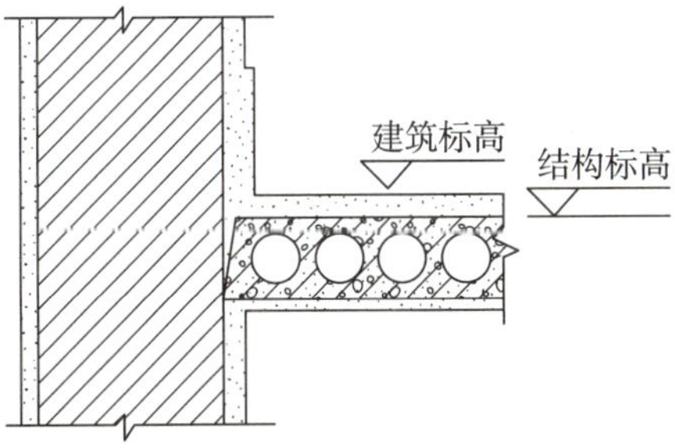 建筑标高　结构标高	建筑标高指构件包括构件装修完成后的标高，称完成面标高。结构标高不包括构件表面的装修层厚度，是构件的表面标高
尺寸标注	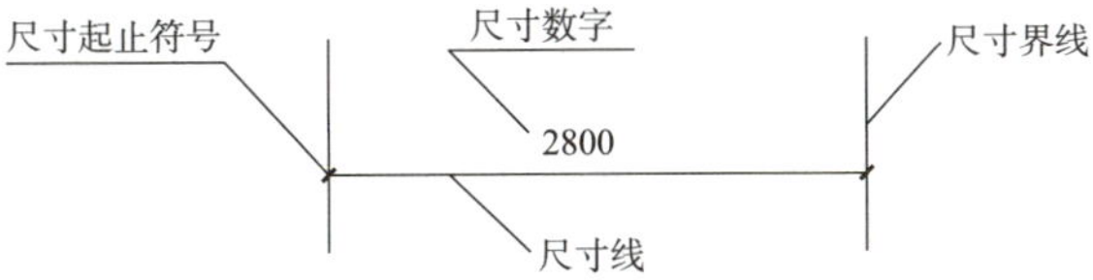 尺寸起止符号　尺寸数字　尺寸界线 2800 尺寸线	尺寸数字用来反映图形各部分的实际大小、相对位置
	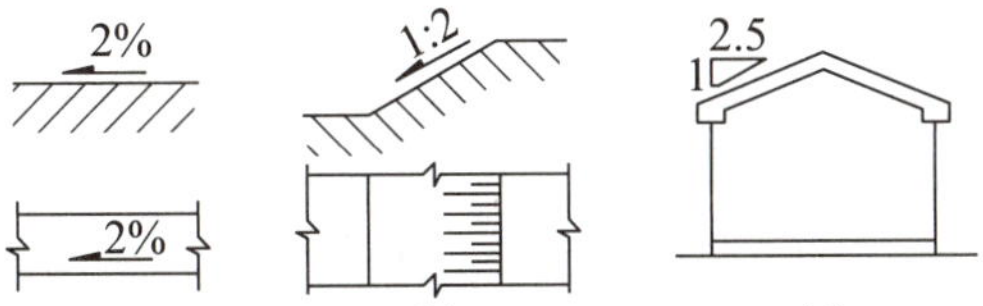 2% 1:2 2.5 1 2% (a)　　(b)　　(c)	标注坡度时，应加注坡度符号"◢"表示，该符号为单向箭头，箭头指向下坡方向

第14天

续表

名称	图样	文字解释
引出线	（文字说明）　　　　　（文字说明） （文字说明）　　　　（文字说明）	文字说明注写在水平线的上方或端部 说明顺序由上至下，并与被说明的层次相互一致；如层次为横向顺序，则由上至下的说明顺序与左至右的层次相互一致
剖面图与断面图	1　　2　　1| 　　　　　　　2　2 1　　2　　1|	剖切符号由剖切位置线及剖视方向线组成，显示被剖开后整个余下部位的投影。断面符号只用剖切位置线表示，只显示断面投影
索引符号和详图符号	索引符号：4　详图的编号 详图与被索引的图样同在一张图纸内 5　详图的编号 2　该详图所在图纸号 J103　1　标准图册的编号 3　该详图所在图集页码编号 引出线剖视方向　剖切位置线 3　7 4　— J103　1　3　详图符号	索引符号与详图符号要配对使用
详图符号	②　③/④	

第14天

续表

名称		图样	文字解释
其他符号	对称符号		由对称线和两端的两对平行线组成
	连接符号	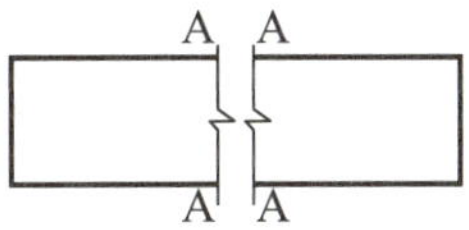	当构件详图的纵向较长、重复较多时，可省略重复部分，用连接符号相连，两个被连接的图样要用相同的字母编号
	指北针及风玫瑰图	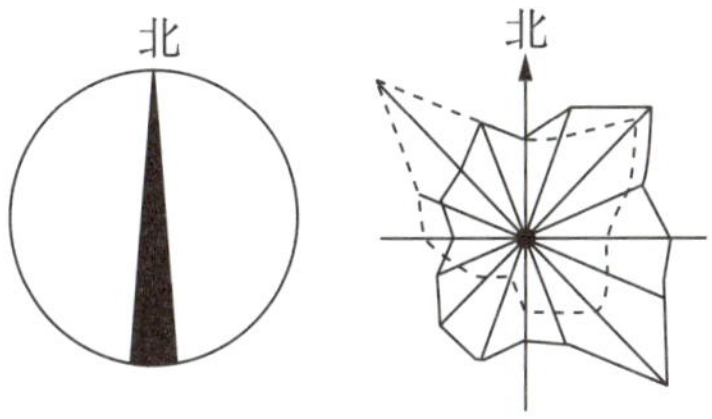	指北针表示建筑物的方向，风玫瑰图表示本地区常年的风向情况，都应在总平面图中画出

（2）常用建筑材料图例（表14.2）

表14.2　常用建筑材料图例

序号	名称	图例	备注
1	自然土壤		未利用的各种自然土壤
2	夯实土壤	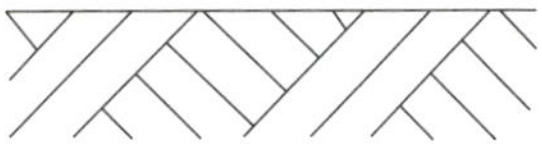	两种情况： （1）对于回填土，有密实度要求，所以要夯实 （2）地基处理的方法：强夯地基，一般用于大面积堆场
3	砂、灰土	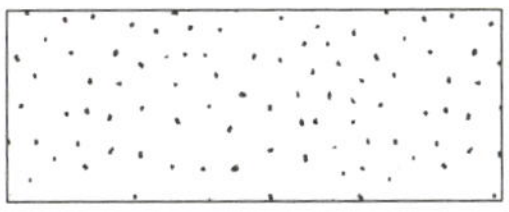	砂垫层、灰土垫层
4	毛石		石基础、石墙
5	普通砖	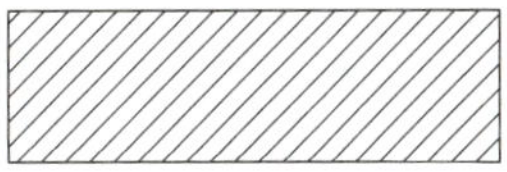	实心砖、多孔砖
6	空心砖	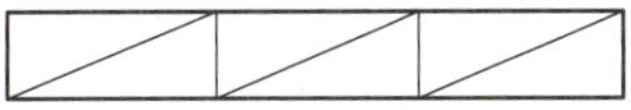	非承重砖砌体

第14天

续表

序号	名称	图例	备注
7	混凝土	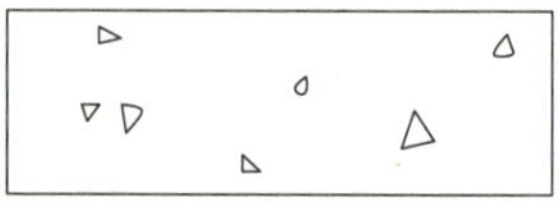	断面图形小，不易画图例线，可涂黑，例如框架柱、剪力墙
8	钢筋混凝土	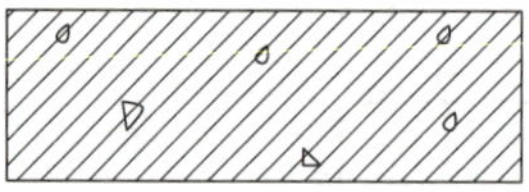	
9	石材	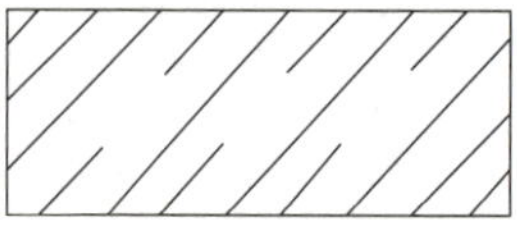	大理石、花岗石
10	饰面砖	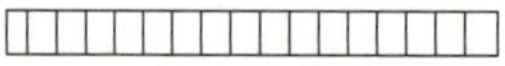	地砖、墙砖
11	多孔材料	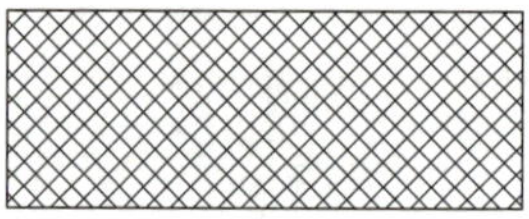	水泥珍珠岩、泡沫混凝土，常用于屋面保温
12	纤维材料	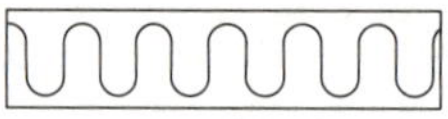	岩棉、矿棉
13	泡沫塑料材料	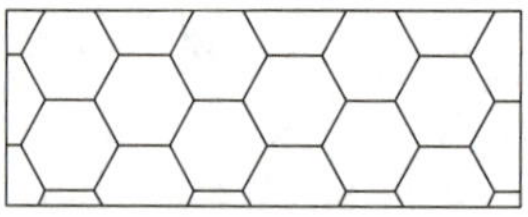	聚苯乙烯、聚氨酯泡沫塑料等聚合物类材料
14	木材		木质门、木质窗
15	金属	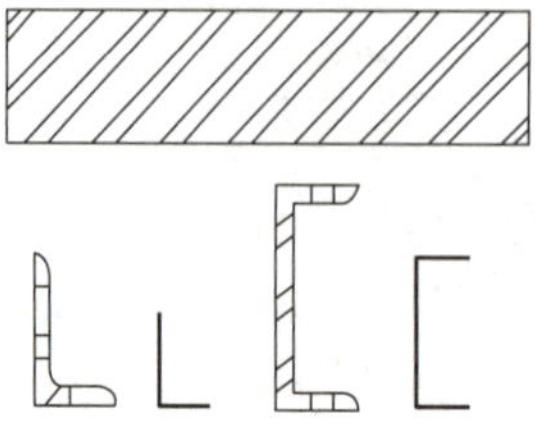	用于各种金属构件，断面图形小时，可涂黑，例如钢筋
16	防水材料		各部位的卷材、涂膜防水等

第14天

4.结构识图

（1）结构识图基本知识（表14.3）

①钢筋牌号及符号（对应图集表示）

②通用表示方法

a.根数：如4φ12表示 4 根直径为12mm的一级钢筋。

b.间距：如φ8@100/200表示直径为8mm的一级钢筋加密区间距为100mm，非加密区间距为200mm。

③常见构件代号（表14.4）

表14.3　钢筋牌号及符号

钢筋代号	符号
HPB300	Φ
HRB335	Φ
HRB400	Φ
HRB500	Φ

表14.4　常见构件代号

序号	名称	代号	序号	名称	代号
1	板	B	26	屋面框架梁	WKL
2	屋面板	WB	27	暗梁	AL
3	空心板	KB	28	边框梁	BKL
4	槽形板	CB	29	悬挑梁	XL
5	折板	ZB	30	井字梁	JZL
6	密肋板	MB	31	檩条	LT
7	楼梯板	TB	32	屋架	WJ
8	盖板或沟盖板	GB	33	托架	TJ
9	挡雨板或檐口板	YB	34	天窗架	CJ
10	吊车安全走道板	DB	35	框架	KJ
11	墙板	QB	36	钢架	GJ
12	天沟板	TGB	37	支架	ZJ
13	梁	L	38	柱	Z
14	屋面梁	WL	39	框架柱	KZ
15	吊车梁	DL	40	构造柱	GZ
16	单轨吊车梁	DDL	41	框支柱	KZZ
17	轨道连接	DGL	42	芯柱	XZ
18	车挡	CD	43	梁上柱	LZ
19	圈梁	QL	44	剪力墙上柱	QZ
20	过梁	GL	45	端柱	DZ
21	连系梁	LL	46	扶壁柱	FBZ
22	基础梁	JL	47	非边缘暗柱	AZ
23	楼梯梁	TL	48	构造边缘端柱	GDZ
24	框架梁	KL	49	构造边缘暗柱	GAZ
25	框支梁	KZL	50	构造边缘翼墙柱	GYZ

第 14 天

（2）独立基础的平法注写方式

①独立基础编号（表14.5）

表14.5　独立基础编号

类型	基础底板截面形状	代号	序号
普通独立基础	阶形	DJ$_J$	××
	锥形	DJz	××
杯口独立基础	阶形	BJ$_J$	××
	锥形	BJz	××

②柱下钢筋混凝土独立基础类型

独立基础示意图如图14.9所示，独立基础DJ$_J$实景图如图14.10所示，独立基础DJ$_Z$实景图如图14.11所示。

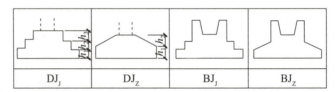

图14.9　独立基础示意图

图14.10　独立基础DJ$_J$

图14.11　独立基础DJ$_Z$

（3）柱构件的平法表达方式

柱平法施工图有列表注写方式、截面注写方式，案例课程主要掌握截面注写方式。

如：某KZ1截面注写示意图如图14.12所示。

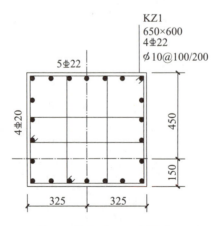

图14.12　某KZ1截面注写示意图（19.470~37.470）

（4）梁构件的平法表达方式

梁平面注写示例如图14.13所示。

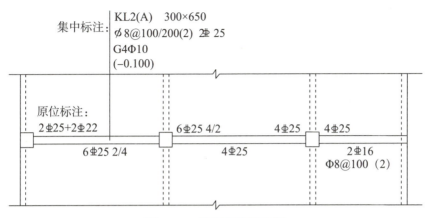

图14.13　梁平面注写示例

（5）板构件的平法表达方式

有梁楼盖平法注写示例图如图14.14所示。

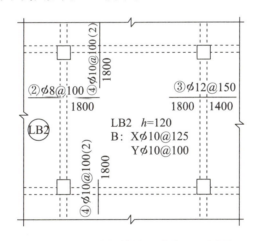

图14.14　有梁楼盖平法注写示例图

> 💡 提示
>
> 　　掌握识图基础是关键。首先，熟悉建筑平面图、立面图和剖面图的构成和表达方式，理解其在工程中的作用。
>
> 　　在结构识图方面，重点掌握基本知识，包括但不限于独立基础、柱、梁和板构件的平法注写和表达方式。注意细节，如尺寸标注、材料规格和连接方式，这些都是考试中的关键点。
>
> 　　最后，通过实际案例练习，加强对图纸的理解和应用能力，确保在考试中能够准确快速地识别和解读工程图纸。

安装工程专业

考点2 给水排水工程识图与计量

考点讲解

星级指数	★★★★★
考情分析	2023年、2022年、2021年、2020年、2019年
荆棘谜团	算量的起点、变径点、止点不易把握。
独门心法	起点一般为墙外的阀门，变径点一般为三通处，止点一般为洁具与横支管连接的分支三通处或末端弯头处。

1.给排水图例及识图方法

（1）给排水工程常用图例（表14.6）

表14.6　给排水工程常用图例

名称	图形	名称	图形
闸阀		化验盆 洗涤盆	
截止阀		污水池	
延时自闭冲洗阀		带沥水板洗涤盆	
减压阀		盥洗盆	
球阀		妇女卫生盆	
止回阀		立式小便器	
消音止回阀		挂式小便器	
蝶阀		蹲式大便器	
柔性防水套管		坐式大便器	
检查口		小便槽	
清扫口		引水器	
通气帽		淋浴喷头	
圆形地漏		雨水口	
方形地漏		水泵	
水锤消除器		水表	
可曲挠橡胶接头		防回流污染止回阀	
水表井		水龙头	

（2）给排水工程识图方法

①管道系统图

管道系统图主要反映管道在室内的空间走向和标高位置；给排水、采暖、煤气管道系统图是正面斜轴测图，左右方向的管线用水平线表示，上下走向的管线用竖线表示，前后走向的管道用45°斜线表示，如图14.15所示。

图14.15　管道系统图

②管道平面图

a.水平管、倾斜管用单线条水平投影表示，如图14.16所示。

b.管道剖面图中用细实线表示管道，一般左右为水平方向，上下为竖直方向，如图14.17所示。

c.垂直管道在图上用圆圈表示，管道在空间向上或向下拐弯时，按图14.18方法表示。

图14.16　管道平面图

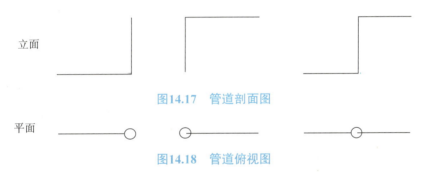

图14.17　管道剖面图

图14.18　管道俯视图

③图纸识图顺序

a.看设计说明，明确设计要求。

b.把图纸按给水、排水分开阅读，平面图与系统图对照看。

c.给水系统图可以从引入管算起，顺着管道水流方向看，排水系统图从卫生器具开始，顺着水流方向看。

2.工程量计算规则

（1）管道

①室内外生活用给排水管道的安装，包括镀锌钢管、钢管、不锈钢管、铸铁管、塑料管等不同材质的管道安装及室外管道碰头等项目。

②管道的界线划分

a.室内外给水管道以建筑物外墙皮1.5m为界，建筑物入口处设阀门者以阀门为界。

b.室内外排水管道以出户第一个排水检查井为界。

第14天

c.与工业管道界线，以与工业管道碰头点为界。

d.与建筑物内的水泵房管道界线，以泵房外墙皮为界。

③管道安装项目中，均包括相应管道安装、水压试验及水冲洗工作内容。在考试中考生需要套取管道安装、水压试验、水冲洗定额。

④钢管焊接安装项目中均综合考虑了成品管件和现场煨制弯管、摔制大小头、挖眼三通。

⑤管道安装项目中，除室内直埋塑料给水管项目中已包括管卡安装外，均不包括管道支架、管卡、托钩等制作与安装以及管道穿墙、楼板套管制作与安装、预留孔洞、堵洞、打洞、凿槽等工作内容，发生时，应按"支架及其他"相应项目另行计算。

⑥管道安装项目中，包括水压试验及水冲洗内容，管道的消毒冲洗应按"支架及其他"相应项目另行计算。排（雨）水管道包括灌水（闭水）及通球试验工作内容；排水管道不包括止水环、透气帽、消声器本体材料，发生时按实际数量另计材料费。

⑦室内柔性铸铁排水管（机械接口）按带法兰承口的承插式管材考虑。

⑧塑铝稳态管、钢骨架塑料复合管执行塑料管安装相应项目，人工乘系数1.15。

⑨室内直埋塑料管道是指敷设于室内地坪下或墙内的塑料给水管段，包括充压隐蔽、水压试验、水冲洗以及地面画线标示等工作内容。

⑩安装带保温层的管道时，可执行相应材质及连接形式的管道安装项目，其人工乘系数1.10；管道接头保温执行第十二册《刷油、防腐蚀、绝热工程》，其人工、机械乘以系数2.00。

⑪室外管道碰头项目适用于新建管道与已有水源管道的碰头连接，如已有水源管道已做预留接口，则不执行相应安装项目。

⑫各类管道安装按室内外、材质、连接形式、规格分别列项，以"m"为计量单位。铜管、塑料管按公称外径表示。其他管道均按公称直径表示。

⑬各类管道安装工程量均按设计管道中心线长度以"m"为计量单位，不扣除阀门、管件、附件（包括器具组成）及井类所占长度。

⑭室内给排水管道与卫生器具连接的分界线：

a.给水管道工程量计算至卫生器具（含附件）前与管道系统连接的第一个连接件（角阀、三通、弯头、管箍等）止。

b.排水管道工程量自卫生器具出口处的地面或墙面的设计尺寸算起；与地漏连接的排水管道自地面设计尺寸算起，不扣除地漏所占长度。

💡 提示

在考试中，一般管道工程量计算至支管与卫生器具相连的分支三通或末端弯头处止。

2.管道附件

①包括螺纹阀门、法兰阀门、塑料阀门、沟槽阀门、法兰、减压器、疏水器、除污

器、水表、热量表、倒流防止器、水锤消除器、补偿器、软接头（软管）浮标液面计、浮标水位标尺等安装。

②阀门安装均综合考虑了标准规范要求的壳体压力试验和密封试验工作内容。若采用气压试验时，除人工外，其他相关消耗量可进行调整。

③安全阀安装后进行压力调整的，其人工乘系数2.00。螺纹三通阀安装按螺纹阀门安装项目乘系数1.30。

④电磁阀、温控阀安装项目均包括了配合调试工作内容，不再重复计算。

⑤浮球阀安装已包括了连杆及浮球的安装。

⑥每副法兰和法兰式附件安装项目中，均包括一个垫片的材料用量。各种法兰连接用垫片均按石棉橡胶板考虑，如工程要求采用其他材质时，可按实调整。

⑦减压器、疏水器安装均按组成安装考虑。疏水器组成安装未包括止回阀安装，若安装止回阀，执行阀门安装相应项目。单独安装减压器、疏水器时执行阀门安装相应项目。

⑧除污器组成安装适用于立式、卧式和旋流式除污器组成安装。单个过滤器安装执行阀门安装相应项目，人工乘系数1.20。

⑨螺纹水表安装不包括水表前的阀门安装。水表安装是按与钢管连接编制的，如与塑料管连接时，其人工乘系数0.60，材料、机械消耗量可按实调整。

⑩法兰水表（带旁通管）组成安装中三通、弯头均按成品管件考虑。

⑪热水采暖入口成套热量表包括热量表、差压控制阀、压力传感器、温度传感器、积分仪。户用成套热量表包括热量表、温度传感器、积分仪。

⑫补偿器项目包括方形补偿器制作与安装和焊接式、法兰式成品补偿器安装，成品补偿器包括球形、填料式、波纹式补偿器。补偿器安装项目中包括就位前进行预拉（压）工作。

⑬法兰式软接头安装适用于法兰式橡胶及金属挠性接头安装。

⑭各种阀门、补偿器、软接头、螺纹水表、水锤消除器均按照不同连接方式、公称直径以"个"为计量单位。

⑮减压器、疏水器、除污器、水表、倒流防止器、热量表成组安装按照不同组成结构、连接方式、公称直径以"组"为计量单位。

⑯卡紧式软管按照不同管径以"根"为计量单位。

⑰法兰均区分不同公称直径以"副"或"片"为计量单位。

⑱浮标液面计、浮漂水位标尺区分不同的型号以"组"为计量单位。

（3）卫生器具

①包括浴盆，净身盆，洗脸盆，洗涤盆，化验盆，大便器，小便器，拖布池，淋浴器，淋浴间，大、小便槽自动冲洗水箱，给排水附件，小便槽冲洗管制作与安装，蒸汽-水加热器，冷热水混合器，饮水器等。

②各类卫生器具安装项目除另有标注外，均适用于各种材质。

③各类卫生器具安装项目包括卫生器具本体、配套附件、成品支托架安装。各类卫生器具配套附件是指给水附件（水嘴、金属软管、阀门、冲洗管、喷头等）和排水附件（下水口、排水栓、存水弯、与地或墙面排水口间的排水连接管等）。

④各类卫生器具所用附件已列出消耗量，如随设备或器具配套供应时，其消耗量不得重复计算。各类卫生器具支托架现场制作时，执行"支架及其他"相应项目。

⑤浴盆冷热水带喷头采用埋入式安装时，混合水管及管件消耗量应另行计算。按摩浴盆包括配套小型循环设备（过滤罐、水泵、按摩泵、气泵等）安装，其循环管路材料、配件等均按成套供货考虑。浴盆底部所需要填充的干砂材料消耗量另行计算。

⑥大、小便器冲洗（弯）管均按成品考虑。

⑦大、小便槽自动冲洗水箱安装中，已包括水箱和冲洗管的成品支托架、管卡安装，水箱支托架及管卡的制作及刷漆应按相应项目另行计算。

⑧此处所有项目安装不包括预留、堵孔洞，发生时执行"支架及其他"相应项目。

⑨各种卫生器具均按设计图示数量计算，以"组"或"套"为计量单位。

⑩大、小便槽自动冲洗水箱安装分容积按设计图示数量，以"套"为计量单位。

⑪小便槽冲洗管制作与安装按设计图示长度以"m"为计量单位，不扣除管件的长度。

（4）支架及其他

①此处包括管道支架，设备支架，套管，管道水压试验，管道消毒、冲洗，其他等项目。

②管道支架制作与安装项目适用于室内外管道的管架制作与安装。

③成品管卡安装项目适用于与各类管道配套的立、支管成品管卡的安装。

④刚性防水套管和柔性防水套管安装项目中包括了配合预留孔洞及浇筑混凝土工作内容。一般套管制作与安装项目均未包括预留孔洞工作，发生时按预留孔洞项目另行计算。

⑤套管制作与安装项目已包含堵洞工作内容。

⑥管道保护管是指在管道系统中为避免外力（荷载）直接作用在介质管道外壁上，造成介质管道受损而影响正常使用，在介质管道外部设置的保护性管段。

⑦水压试验项目仅适用于因工程需要而发生且非正常情况的管道水压试验。管道安装项目中已经包括了规范要求的水压试验，不得重复计算。即水压试验不再单独列项，在管道安装清单中已套取水压试验定额。

⑧因工程需要再次发生管道冲洗时，执行消毒冲洗项目，同时扣减项目中漂白粉消耗量，其他消耗量乘系数0.60。

⑨成品表箱安装适用于水表、热量表、燃气表箱的安装。

⑩机械钻孔项目是按混凝土墙体及混凝土楼板考虑的，厚度系综合取定。如实际墙体厚度超过300mm，楼板厚度超过220mm时，按相应项目乘系数1.20。砖墙及砌体墙钻孔按机械钻孔项目乘系数0.40。

⑪管道、设备支架制作与安装按设计图示单件重量以"kg"或"套"为计量单位。

⑫成品管卡、阻火圈安装、成品防火套管、防水接漏器安装按工作介质管道直径，区分不同规格以"个"为计量单位。

⑬管道保护管制作与安装分为钢制和塑料两种材质，区分不同规格，按设计图示管道中心线长度以"m"为计量单位。

⑭预留孔洞、堵洞项目按工作介质管道直径，分规格以"个"为计量单位。

⑮管道水压试验、消毒冲洗按设计图示管道长度，分规格以"m"为计量单位。

⑯一般穿墙套管、柔性、刚性套管按介质管道的公称直径执行相应项目子目。

⑰成品表箱安装按箱体半周长以"个"为计量单位。

⑱机械钻孔项目区分混凝土楼板钻孔及混凝土墙体钻孔，按钻孔直径以"个"为计量单位。

⑲剔堵槽沟项目区分砖结构及混凝土结构，按截面尺寸以"m"为计量单位。预留槽沟按工作介质管道直径以"m"为计量单位。

⑳管道刷油工程量，以平方米计量，按设计图示表面积尺寸以面积计算；以米计量，按设计图示尺寸以长度计算；管道刷油以米计算，按图示中心线以延长米计算，不扣除附属构筑物、管件及阀门等所占长度。

㉑金属结构刷油工程，以平方米计量，按设计图示表面积尺寸以面积计算；以千克计量，按金属结构的理论质量计算。

㉒绝热工程量计算规则：

按设计表面积加绝热层厚度及调整系数计算：

$$V = \pi \times (D + 1.033\delta) \times 1.033\delta \times L$$

式中：π ——圆周率；

　　　D ——直径；

　　　1.033——调整系数；

　　　δ ——绝热层厚度；

　　　L ——管道延长米。

第15天
工程识图与计量（二）

 土木建筑工程专业

考点讲解

考点1 工程计量

星级指数	★★★
考情分析	2023年、2022年、2021年、2020年、2019年
荆棘谜团	学习工程计量规则时，首先要全面理解规则的基本原则和核心概念。注重理解每个条款的具体含义及其适用范围。
独门心法	因计量规则内容较多，编者在编写时将对案例中会出现的计量规则列式，要求考生进行理解，要重点把握，同时还需熟记关键的计量公式和计算方法。此外，还要求学员朋友们在阅读规则及把握公式的前提下，通过本教辅后续配套习题来加深对规则及公式的应用理解。

1.土建专业重要的计量规则

（1）土石方工程计量规则

土石方工程计量规则，见表15.1。

表15.1　土石方工程计量规则

项目名称	单位	重要的计量规则及说明	重要的工作内容
平整场地	m²	（1）按设计图示尺寸以建筑物首层建筑面积计算 （2）建筑物场地厚度≤±300mm的挖、填、运、找平，应按平整场地项目编码列项	（1）土方挖填 （2）场地找平 （3）运输
挖一般土方 挖沟槽土方 挖基坑土方	m³	（1）挖一般土方，按设计图示尺寸以体积计算 （2）挖沟槽土方和挖基坑土方，按设计图示尺寸以基础垫层底面积乘以挖土深度计算 （3）基础土方开挖深度应按基础垫层底表面标高至交付施工场地标高确定，无交付施工场地标高时，应按自然地面标高确定 （4）挖沟槽、坑底、一般土方因工作面和放坡增加的工程量（管沟工作面增加的工程量），是否并入各土方工程量中，按各省、自治区、直辖市或行业建设主管部门的规定实施（案例科目考试中一般清单量不计入，而算方案量时要计入，具体要根据每道题目背景资料来判断） （5）桩间挖土不扣除桩的体积 （6）土石方体积应按挖掘前的天然密实体积计算，如需按天然密实体积折算时，应考虑折算系数	（1）排地表水 （2）土方开挖 （3）维护（挡土板）及拆除 （4）基底钎探 （5）运输

第15天

续表

项目名称	单位	重要的计量规则及说明	重要的工作内容
回填方	m³	（1）按设计图示尺寸以体积计算 （2）场地回填：回填面积乘以平均回填厚度 （3）室内回填：主墙间净面积乘以回填厚度，不扣除间隔墙 （4）基础回填：挖方清单项目工程量减去自然地坪以下埋设的基础体积（包括基础垫层及其他构筑物）	（1）运输 （2）回填 （3）压实
余方弃置		按挖方清单项目工程量减利用回填方体积（正数）计算	余方点装料运输至弃置点

（2）地基处理与边坡支护工程

地基处理与边坡支护工程计量规则，见表15.2。

表15.2　地基处理与边坡支护工程计量规则

项目名称	单位	重要的计量规则及说明	重要的工作内容
水泥粉煤灰碎石桩	m	按设计图示尺寸以桩长（包括桩尖）计算	（1）成孔 （2）混合料制作、灌注、养护 （3）材料运输
褥垫层	（1）m² （2）m³	（1）按设计图示尺寸以铺设面积计算 （2）按设计图示尺寸以体积计算	（1）运输 （2）铺设 （3）压实
地下连续墙	m³	按设计图示墙中心线长乘以厚度乘以槽深以体积计算	（1）导墙挖填、制作、安装、拆除 （2）挖土成槽、固壁 （3）混凝土制作、运输、灌注、养护 （4）接头处理 （5）土方外运
锚杆（锚索）	（1）m （2）根	（1）以m计量，按设计图示尺寸以钻孔深度计算 （2）以根计量，按设计图示数量计算	（1）钻孔、压浆 （2）锚杆（锚索）制作、安装 （3）张拉锚固 （4）锚杆（锚索）施工平台搭设、拆除
土钉			（1）钻孔、压浆 （2）土钉制作、安装 （3）土钉施工平台搭设、拆除

（3）桩基工程

桩基工程计量规则，见表15.3。

表15.3　桩基工程计量规则

项目名称	单位	重要的计量规则及说明	重要的工作内容
预制钢筋混凝土管桩	（1）m（2）m³（3）根	（1）以m计量，按设计图示尺寸以桩长（包括桩尖）计算（2）以m³计量，预制管桩按设计图示截面积乘以桩长（包括桩尖）以实体积计算；成孔灌注桩按不同截面在桩上范围内以体积计算（3）以根计量，按设计图示数量计算	（1）沉桩、接桩、送桩（2）桩尖制作安装（3）填充材料、刷防护材料
泥浆护壁成孔灌注桩			（1）材料拌和（2）运输（3）铺设（4）压实
栽（凿）桩头	（1）m³（2）根	（1）以m³计量，按设计桩截面乘以桩头长度以体积计算（2）以根计量，按设计图示数量计算	（1）截（切割）桩头（2）凿平

（4）砌筑工程

砌筑工程计量规则，见表15.4。

表15.4　砌筑工程计量规则

项目名称	单位	重要的计量规则及说明	重要的工作内容
砖基础	m³	（1）按设计图示尺寸以体积计算（2）基础长度：外墙基础按外墙中心线，内墙基础按内墙净长线计算（3）基础与墙（柱）身使用同一种材料时，以设计室内地面为界（有地下室者，以地下室室内设计地面为界），以下为基础，以上为墙（柱）身。基础与墙身使用不同材料时，位于设计室内地面高度≤±300mm时，以不同材料为分界线，高度>±300mm时，以设计室内地面为分界线（4）砖围墙应以设计室外地坪为界，以下为基础，以上为墙身（5）包括附墙垛基础宽出部分体积，扣除地梁（圈梁）、构造柱所占体积，不扣除基础砂浆防潮层和单个面积≤0.3m²的孔洞所占体积，靠墙暖气沟的挑檐不增加，但砖基础的计量规则中有独有的一条：不扣除基础大放脚T形接头处的重叠部分及嵌入基础内的钢筋、铁件、管道	（1）砂浆制作、运输（2）砌砖（3）防潮层铺设
石基础			
砌块墙		（1）按设计图示尺寸以体积计算（2）扣除门窗、洞口、嵌入墙内的钢筋混凝土柱、梁、圈梁、挑梁、过梁及凹进墙内的壁龛、管槽、暖气槽、消防栓箱所占体积。不扣除梁头、板头、檩头、垫木、木楞头、沿椽木、木砖、门窗走头、砖墙内加固钢筋、木筋、铁件、钢管及单个面积≤0.3m²的孔洞所占体积（3）墙长度：外墙按中心线，内墙按净长线计算	（1）砂浆制作、运输（2）砌砖、砌块（3）勾缝
实心砖墙			（1）砂浆制作、运输（2）砌砖（3）刮缝（4）砖压顶砌筑

（5）混凝土及钢筋混凝土工程

①现浇混凝土基础工程

现浇混凝土基础工程计量规则，见表15.5。

表15.5　现浇混凝土基础工程计量规则

项目名称	单位	重要的计量规则及说明	重要的工作内容
垫层	m³	按设计图示尺寸以体积计算，不扣除嵌入承台基础的桩头所占体积	（1）模板及支撑制作、安装、拆除 （2）混凝土浇筑、振捣、养护
带形基础			
独立基础			
满堂基础			
桩承台基础			

②现浇混凝土柱

现浇混凝土柱计量规则，见表15.6。

表15.6　现浇混凝土柱计量规则

项目名称	单位	重要的计量规则及说明	重要的工作内容
矩形柱	m³	按设计图示尺寸以体积计算，柱高的计算： （1）有梁板的柱高，应自柱基上表面（或楼板上表面）至上一层楼板上表面之间的高度计算 （2）无梁板的柱高，应自柱基上表面（或楼板上表面）至柱帽下表面之间的高度计算 （3）框架柱的柱高应自柱基上表面至柱顶高度计算	（1）模板及支撑制作、安装、拆除 （2）混凝土浇筑、振捣、养护
构造柱			

③现浇混凝土梁

现浇混凝土梁计量规则，见表15.7。

表15.7　现浇混凝土梁计量规则

项目名称	单位	重要的计量规则及说明	重要的工作内容
基础梁	m³	（1）按设计图示尺寸以体积计算 （2）伸入墙内的梁头、梁垫并入梁体积内 （3）梁长：梁与柱连接时，梁长算至柱侧面；主梁与次梁连接时，次梁长算至主梁侧面	（1）模板及支撑制作、安装、拆除 （2）混凝土浇筑、振捣、养护
矩形梁			
过梁			

④现浇混凝土墙

现浇混凝土墙计量规则，见表15.8。

表15.8　现浇混凝土墙计量规则

项目名称	单位	重要的计量规则及说明	重要的工作内容
直行墙	m³	（1）按设计图示尺寸以体积计算 （2）扣除门窗洞口及单个面积>0.3m²的孔洞所占体积，墙垛及突出墙面部分并入墙体积内计算	（1）模板及支撑制作、安装、拆除 （2）混凝土浇筑、振捣、养护

⑤现浇混凝土板

现浇混凝土板计量规则，见表15.9。

表15.9　现浇混凝土板计量规则

项目名称	单位	重要的计量规则及说明	重要的工作内容
有梁板	m³	（1）按设计图示尺寸以体积计算 （2）不扣除单个面积≤0.3m²的柱、垛以及孔洞所占体积 （3）有梁板（包括主、次梁与板）按梁、板体积之和计算 （4）无梁板按板和柱帽体积之和计算 （5）各类板伸入墙内的板头并入板体积内计算	（1）模板及支撑制作、安装、拆除 （2）混凝土浇筑、振捣、养护
无梁板			
平板			

⑥现浇混凝土楼梯

现浇混凝土楼梯计量规则，见表15.10。

表15.10　现浇混凝土楼梯计量规则

项目名称	单位	重要的计量规则及说明	重要的工作内容
直行楼梯	（1）m² （2）m³	（1）按设计图示尺寸以水平投影面积计算，不扣除宽度≤500mm的楼梯井，伸入墙内部分不计算。水平投影面积包括休息平台、平台梁、斜梁和楼梯的连接梁 （2）按设计图示尺寸以体积计算 （3）当整体楼梯与现浇楼板无梯梁连接时，以楼梯的最后一个踏步边缘加300mm为界	（1）模板及支撑制作、安装、拆除 （2）混凝土浇筑、振捣、养护

⑦预制混凝土构件

预制混凝土构件计量规则，见表15.11。

表15.11　预制混凝土构件计量规则

项目名称	单位	重要的计量规则及说明	重要的工作内容
矩形柱	（1）m³ （2）根	（1）以m³计量，按设计图示尺寸以体积计算 （2）以根计量，按设计图示尺寸以数量计算（此时项目特征中要描述单件体积）	（1）模板及支撑制作、安装、拆除 （2）混凝土浇筑、振捣、养护 （3）构件运输、安装
矩形梁			
过梁			
鱼腹式吊车梁			
折线形屋架	（1）m³ （2）榀	（1）以m³计量，按设计图示尺寸以体积计算 （2）以榀计量，按设计图示尺寸以数量计算	
薄腹屋架			
平板	（1）m³ （2）块	（1）以m³计量，按设计图示尺寸以体积计算。不扣除构件内钢筋、预埋铁件及单个尺寸≤300mm×300mm的孔洞所占体积，扣除空心板孔洞体积 （2）以块计量，按设计图示尺寸以数量计算（此时项目特征中要描述单件体积）	
空心板			
带肋板			
楼梯	（1）m³ （2）段	（1）以m³计量，按设计图示尺寸以体积计算，扣除空心板空洞体积 （2）以段计量，按设计图示尺寸以数量计算	

⑧钢筋工程

目前案例科目考试中钢筋的考查的方式大多数为给出钢筋含量[每 m³ 的混凝土中含有钢筋质量（kg）]，所以混凝土工程量求出后，钢筋工程量可轻松得出。

（6）金属结构工程

金属结构工程计量规则，见表 15.12。

表15.12　金属结构工程计量规则

项目名称	单位	重要的计量规则及说明	重要的工作内容
钢屋架	（1）榀 （2）t	（1）以榀计量，按设计图示数量计算 （2）以 t 计量，按设计图示尺寸以质量计算，不扣除孔眼的质量，焊条、铆钉、螺栓等不另增加质量	（1）拼装 （2）安装 （3）探伤 （4）补刷油漆
钢吊车梁	t	按设计图示尺寸以质量计算，不扣除孔眼的质量，焊条、铆钉、螺栓不另增加质量	
钢网架			

（7）门窗工程

门窗工程计量规则，见表 15.13。

表15.13　门窗工程计量规则

项目名称	单位	重要的计量规则及说明	重要的工作内容
木门	（1）樘 （2）m²	（1）以樘计量，按设计图示数量计算 （2）以 m² 计量，按设计图示洞口尺寸以面积计算 注：金属门窗套也可以 m 为计量单位，按设计图示中心以延长米计算	（1）门安装 （2）五金安装
金属门			
木窗			（1）窗安装 （2）五金安装
金属窗			
金属门窗套			（1）清理基层 （2）面层铺贴 （3）刷防护材料

（8）屋面及防水工程

屋面及防水工程计量规则，见表 15.14。

表15.14　屋面及防水工程计量规则

项目名称	单位	重要的计量规则及说明	重要的工作内容
屋面卷材防水	m²	（1）按设计图示尺寸以面积计算 （2）斜屋顶（不包括平屋顶找坡）按斜面积计算；平屋顶按水平投影面积计算。屋面的女儿墙、伸缩缝和天窗等处的弯起部分，并入屋面工程量内	（1）基层处理 （2）刷底油 （3）铺油毡卷材、接缝
屋面涂膜防水			（1）基层处理 （2）刷基层处理剂 （3）铺布、喷涂防水层
墙面砂浆防水		按设计图示尺寸以面积计算	（1）基层处理 （2）挂钢丝网片 （3）设置分隔缝 （4）砂浆制作、摊铺、养护

（9）楼地面装饰工程

楼地面装饰工程计量规则，见表15.15。

表15.15　楼地面装饰工程计量规则

项目名称	单位	重要的计量规则及说明	重要的工作内容
水泥砂浆楼地面	m²	（1）按设计图示尺寸以面积计算 （2）扣除凸出地面构筑物、设备基础等所占面积，不扣除间壁墙及≤0.3m²柱、垛、附墙烟囱及孔洞所占面积 （3）间壁墙指墙厚≤120mm的墙	（1）基层清理 （2）抹找平层 （3）抹面层
细石混凝土楼地面			
石材楼地面		（1）按设计图示尺寸以面积计算 （2）门洞、空圈、暖气包槽、壁龛的开口部分并入相应的工程量	（1）基层清理 （2）抹找平层 （3）面层铺设 （4）刷防护材料
块料楼地面			
石材踢脚线	（1）m² （2）m	（1）以m²计量，按设计图示长度乘高度以面积计算 （2）以m计量，按延长米计算	（1）基层清理 （2）底层抹灰 （3）面层铺贴
块料踢脚线			
木质踢脚线			（1）基层清理 （2）基层铺贴 （3）面层铺贴

（10）墙、柱面装饰工程

墙、柱面装饰工程计量规则，见表15.16。

表15.16　墙、柱面装饰工程计量规则

项目名称	单位	重要的计量规则及说明	重要的工作内容
墙面一般抹灰	m²	（1）按设计图示尺寸以面积计算 （2）扣除墙裙、门窗洞口及单个>0.3m²的孔洞面积，不扣除踢脚线、挂镜线和墙与构件交接处的面积，门窗洞口和孔洞的侧壁及顶面不增加面积。附墙柱、梁、垛、烟囱侧壁并入相应的墙面面积内 （3）外墙抹灰面积按外墙垂直投影面积计算	（1）基层清理 （2）抹找平层 （3）抹面层
立面砂浆找平层			
石材墙面		按镶贴表面积计算	（1）基层清理 （2）粘接层铺贴 （3）面层安装 （4）磨光、酸洗、打蜡
干挂石材钢骨架		按设计图示以质量计算	（1）骨架制作、安装 （2）刷漆
墙面装饰板		按设计图示墙净长乘净高以面积计算，扣除门窗洞口及单个>0.3m²的孔洞所占面积	（1）基层清理 （2）龙骨制作、安装 （3）基层铺钉 （4）面层铺贴
柱（梁）面装饰		按设计图示饰面外围尺寸以面积计算，柱帽、柱墩并入相应柱饰面工程量内	

（11）天棚工程

天棚工程计量规则，见表15.17。

表15.17　天棚工程计量规则

项目名称	单位	重要的计量规则及说明	重要的工作内容
天棚抹灰	m²	（1）按设计图示尺寸以水平投影面积计算 （2）不扣除间壁墙、柱、垛、检查口、管道所占面积	（1）基层清理 （2）底层抹灰 （3）抹面层
吊顶天棚		（1）按设计图示尺寸以水平投影面积计算 （2）天棚面中的灯槽、跌级不展开计算。不扣除间壁墙、柱、垛、管道所占面积，扣除单个>0.3m²的孔洞、独立柱、与天棚相连的窗帘盒所占面积	（1）基层清理 （2）龙骨安装 （3）基层板铺贴 （4）面层铺贴

（12）油漆、涂料、裱糊工程

油漆、涂料、裱糊工程计量规则，见表15.18。

表15.18　油漆、涂料、裱糊工程计量规则

项目名称	单位	重要的计量规则及说明	重要的工作内容
墙面喷刷涂料	m²	按设计图示尺寸以面积计算	（1）基层清理 （2）刮腻子 （3）喷刷涂料
天棚喷刷涂料			
墙纸裱糊			（1）基层清理 （2）刮腻子 （3）面层铺贴

（13）措施项目

措施项目计量规则，见表15.19。

表15.19　措施项目计量规则

项目名称	单位	重要的计量规则及说明	重要的工作内容
综合脚手架	m²	按设计图示尺寸以面积计算	（1）搭拆脚手架 （2）安全网铺设
垂直运输		（1）按设计图示尺寸以面积计算 （2）按施工工期日历天数计算	机械的装置、安装

2.常见的面积和体积公式

常见的面积和体积公式，见表15.20。

第
15
天

表15.20　常见的面积和体积公式

图形		面积/体积	常见计算位置
长方形		$S=ab$	直形楼梯、门窗、屋面
三角形		$S=1/2bh$	坡屋面
梯形		$S=1/2（a+b）h$	带形基础
环形		$S=\pi（R^2-r^2）$	管桩
长方体		$V=abh$	基础、垫层、柱梁板、砌体
三棱柱		$V=1/2abh$	土方
棱锥		$V=1/3Sh$	土方
棱台 （正四棱台）		$V=1/3h×（S_1+S_2+\sqrt{S_1S_2}）$	土方
圆台		$V=\dfrac{\pi}{3}h（R^2+r^2+R\cdot r）$	挖土方
空心圆柱		$V=\pi（R^2-r^2）h$	管桩

提示

在工程计量部分的学习中，重点应放在掌握各专业工程的具体计量规则上。逐项了解土石方、地基处理、桩基、砌筑、混凝土及钢筋混凝土、金属结构、门窗、屋面防水、楼地面装饰、墙柱面装饰、墙天棚以及油漆涂料等工程的计量细则。这些规则是准确计量工程量的关键。同时，措施项目的计量方法也不容忽视。此外，熟练掌握面积和体积的计算公式，是进行工程量计算的基础。通过对这些规则和公式的深入学习和实践应用，可以有效提升工程计量的准确性和效率。

同时为了确保工程量计算的准确性和高效性，以下是编者总结的识图算量时候的步骤和技巧：

1.理解和应用计量单位

（1）基础单位理解：首先，要彻底理解工程量计算表中的"单位"，如平方米（m^2）、立方米（m^3）等，这些是计算的基础，并确保采用正确的计量方法。

（2）项目特征参考：对不熟悉的工程术语，可先行查阅"分部分项工程和单价措施项目清单与计价表"中的"项目特征"描述作为参考。它提供了施工方法和材料使用的详细说明，对正确计算非常关键。

2.精准提取图纸数据

（1）多角度图纸分析：利用平面图、立面图、剖面图及详图等多种图纸，结合文字说明，全面获取所需数据。

（2）几何数据整合：根据所需的计算维度（如体积、面积等），在图纸中找到对应的数据。例如，体积计算需三维数据，而面积可能通过二维尺寸确定。

（3）处理复杂构件：对形状复杂的构件，可拆分成简单的几何形状分别计算，再汇总结果，确保准确性。

（4）统计数量：完成单个构件的计算后，务必统计同类构件的总数，这一步经常被忽略但非常重要，需要学员们重视。

3.严谨地计算与复核过程

（1）精确计算：每一步计算都应基于图纸、文字说明、计量规则进行，避免任何主观臆断，并保持计算过程的清晰，便于后续检查。

（2）双重复核：计算完成后，使用计算器进行至少两次复核，这是减少错误和提高准确性的有效策略。

（3）重视工程量的影响：工程量不仅影响造价计算，还直接关系到材料采购、进度安排和成本控制等多个方面，因此其准确性至关重要。

通过上述步骤和技巧的应用，可以显著提升工程量计算的效率和准确性，为项目的顺利进行打下坚实的基础。

第15天

安装工程专业

考点 2 电气工程识图与计量

考点讲解

星级指数	★★★★★
考情分析	2023年、2022年、2021年、2020年、2019年
荆棘谜团	电线电管算量规则的应用较难，遗漏工程量的情况经常发生。
独门心法	熟记常见计量规则，例如电管不进配电箱，不需要预留，电线要预留箱体半周长。

1.电气工程计量规则

（1）电气工程常用图例（表15.21）

表15.21　电气工程常用图例

图形	名称	图形	名称	图形	名称
⊗	普通灯	▤	三管荧光灯	⊡	按钮盒
⊗	防水防尘灯	⊡	安全出口指示灯	⊽	带保护接点暗装插座
○	隔爆灯	▨	自带电源事故照明灯	⊿	带接地插孔暗装三相插座
◓	壁灯	⏝	天棚灯	▽	暗装单相插座
▦	嵌入式方格栅吸顶灯	●	球形灯	⌣	单相插座
Y	墙上座灯	↗	暗装单极开关	⎥	带保护接点插座
⊡	单相疏散指示灯	↗	暗装双极开关	⊟	插座箱
⊞	双相疏散指示灯	↗	暗装三极开关	⊥	电信插座
▬	单管荧光灯	↗	双控开关	⊽⊽	双联二三极暗装插座
▤	双管荧光灯	⑧	钥匙开关	Y	带有单极开关的插座
▭	动力配电箱	▱	电源自动切换箱	▬	

（2）电气工程识图方法

①配线箱内部线路表示（图15.1）

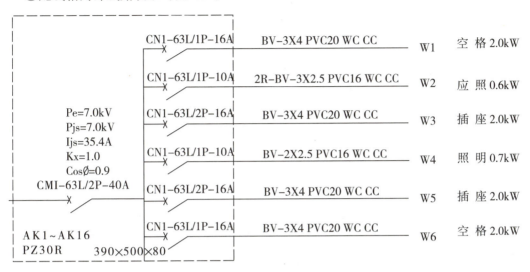

商店配电系统图

图15.1　配线箱内部线路

②配电箱线路标注方法（图15.2）

线路标注方法$a-b（c×d）e-f$

a 回路编号
b 导线型号
c 导线根数
d 导线截面
e 穿管材质及管径
f 敷设部位

W1　BV–3X4 PVC20 WC CC　　　空插　　　2.0kW

图15.2　配电箱线路标注方法

> 💡 **提示**
>
> FC—地面暗敷；CC—顶板暗敷；WC—墙内暗敷。

2.工程量计算规则

（1）配管

①工程采用镀锌电线管时，执行镀锌钢管项目计算安装费；镀锌电线管主材费按照镀锌钢管用量另行计算。

②工程采用扣压式薄壁钢导管（KBG）时，执行套接紧定式镀锌钢导管（JDG）项目计算安装费；扣压式薄壁钢导管（KBG）主材费按照镀锌钢管用量另行计算。计算其管主材费时，应包括管件费用。

第 15 天

③项目中塑料管敷设，管子连接采用专用接头抹塑料胶后粘接。塑料管安装适用于阻燃管、半硬质塑料管等其他复合管材安装。

④配管敷设根据配管材质与直径，区别敷设位置、敷设方式，按照设计图示安装数量以"m"为计量单位。计算长度时，不计算安装损耗量，不扣除管路中间的接线箱、接线盒、灯头盒、开关盒、插座盒、管件等所占长度。但应扣除配电箱所占长度。

⑤金属软管敷设根据金属管直径及每根长度，按照设计图示安装数量以"m"为计量单位。计算长度时，不计算安装损耗量。

⑥线槽敷设根据线槽材质与规格，按照设计图示安装数量以"m"为计量单位，计算长度时，不计算安装损耗量，不扣除管路中间的接线箱、接线盒、灯头盒、开关盒、插座盒、管件等所占长度。

（2）配线

①本章内容包括管内穿线、绝缘子配线、线槽配线、塑料护套线明敷设、绝缘导线明敷设、车间配线接线箱安装、接线盒安装、盘（柜、箱、板）配线等内容。

②管内穿线项目包括扫管、穿线、焊接包头；绝缘子配线项目包括埋螺钉、钉木楞、埋穿墙管、安装绝缘子、配线、焊接包头；线槽配线项目包括清扫线槽、布线、焊接包头；导线明敷设项目包括埋穿墙管、安装瓷通、安装街码、上卡子、配线、焊接包头。

③管内穿线不分穿照明线和穿动力线，执行"管内穿线"相关项目。

④铝芯线穿管按铜芯线相同截面相应项目人工乘以系数0.85。

⑤接线箱、接线盒安装及盘柜配线项目适用于电压等级小于或等于380V电压等级用电系统。项目不包括接线箱、接线盒费用及导线与接线端子材料费。

⑥暗装接线箱、接线盒项目中槽孔按照事先预留考虑，不计算开槽、开孔费用。

⑦管内穿线按设计图示尺寸以单线长度按"m"计算，含预留长度；预留长度为配电箱、盘面尺寸的高加宽。

⑧线槽配线根据导线截面面积，按照设计图示安装数量以"m"为计量单位。

⑨接线箱安装根据安装形式（明装、暗装）及接线箱半周长，按照设计图示安装数量以"个"为计量单位。

⑩接线盒安装根据安装形式（明装、暗装）及接线盒类型，按照设计图示安装数量以"个"为计量单位。

⑪灯具、开关、插座、按钮等预留线，已分别综合在相应项目内，不另行计算。

⑫照明动力箱配线根据导线截面面积，按照设计图示配线数量以"m"为计量单位。配线进入照明动力箱时每根线的预留长度按照设计规定计算，设计无规定时按照表15.22的规定计算。

表15.22 配线进入照明动力箱的预留线长度表

序号	项目	预留长度（m）	说明
1	各种开关箱、柜、板	高+宽	盘面尺寸
2	单独安装（无箱、盘）的铁壳开关、闸刀开关、启动器、线槽进出线盒等	0.3	从安装对象中心算起
3	由地面管子出口引至动力接线箱	1.0	从管口计算
4	电源与管内导线连接（管内穿线与软、硬母线接点）	1.5	从管口计算
5	出户线	1.5	从管口计算

（3）电缆

①本章内容包括直埋电缆辅助设施、电缆保护管铺设、电缆桥架与槽盒安装、电力电缆敷设、电力电缆头制作与安装、控制电缆敷设、控制电缆终端头制作与安装、电缆防火设施安装、电缆分支箱安装、电力电缆试验等内容。

②直埋电缆辅助设施项目包括开挖与修复路面、沟槽挖填、铺砂与保护、揭或盖或移动盖保护板等内容。

③不包括电缆沟与电缆井的砌砖或浇筑混凝土、隔热层与保护层制作与安装，工程实际发生时，执行相应项目

④开挖路面、修复路面项目包括安装警戒设施的搭拆、开挖、回填、路面修复、路缘石安装、余物外运、场地清理工作内容。项目不包括施工场地的手续办理、秩序维护、临时通行设施搭拆等。

⑤电缆保护管铺设定额分为地下铺设、地上铺设两个部分。入室后需要敷设电缆保护管时，执行"配管工程"相关项目。

⑥本章桥架安装项目适用于输电、配电及用电工程电力电缆与控制电缆的桥架安装。通信、热工及仪器仪表、建筑智能等弱电工程控制电缆桥架安装，根据其说明执行相应桥架安装项目。

⑦桥架安装项目包括组对、焊接、桥架开孔、隔板与盖板安装、接地、附件安装、修理等。项目不包括桥架支撑架安装，执行"金属构件、穿通板安装工程"相关项目。项目综合考虑了螺栓、焊接和膨胀螺栓三种桥架固定方式，执行时项目不做调整。

a.梯式桥架安装项目是按照不带盖考虑的，若梯式桥架带盖，则执行相应的槽式桥架项目。

b.钢制桥架主结构设计厚度大于3mm时，执行相应安装项目的人工、机械乘以系数1.20。

c.不锈钢桥架安装执行相应的钢制桥架项目乘以系数1.10。

d.槽盒安装根据材质与规格，执行相应的槽式桥架安装项目，其中，人工、机械乘以

第15天

系数1.08。

⑧电力电缆敷设项目包括输电电缆敷设与配电电缆敷设项目，根据敷设环境执行相应项目。项目综合了裸包电缆、铠装电缆、屏蔽电缆等电缆类型，凡是电压等级小于或等于10kV电力电缆和控制电缆敷设不分结构形式和型号，一律按照相应的电缆截面和芯数执行项目。

⑨电力电缆敷设、电力电缆中间头制作安装、电力电缆终端头制作安装以铜芯为主，铝芯人工、机械乘以调整系数0.90。

⑩电缆敷设根据电缆敷设环境与规格，按照设计图示单根敷设数量以"m"为计量单位。

⑪电缆头制作与安装根据电压等级与电缆头形式及电缆截面，按照设计图示单根电缆接头数量以"个"为计量单位。

⑫计算电缆敷设长度时，应考虑因波形敷设、驰度、电缆绕梁所增加的长度及电缆与设备连接、电缆接头等必要的预留长度。设计无规定时，按照表15.23的规定计算。

表15.23　电缆敷设预留长度及附加长度

序号	项目	预留长度（m）	说明
1	电缆敷设弛度、波形弯度、交叉	2.5%	按电缆全长计算
2	电缆进入建筑物	2.0	规范规定最小值
3	电缆进入沟内或吊架时引上（下）预留	1.5	规范规定最小值
4	变电所进线、出线	1.5	规范规定最小值
5	电力电缆终端头	1.5	检修余量最小值
6	电缆中间接头盒	两端各留2.0	检修余量最小值
7	电缆进行控制、保护屏及模拟盘、配电箱等	高+宽	按盘面尺寸
8	高压开关柜及低压配电盘、箱	2.0	盘下进出线
9	电缆至电动机	0.5	从电动机接线盒算起
10	厂用变压器	3.0	从地坪算起
11	电缆绕过梁柱等增加长度	按实计算	按被绕物的断面情况计算增加长度
12	电梯电缆与电缆架固定点	每处0.5	规范规定最小值

（4）防雷与接地装置

①本章适用于建筑物与构筑物的防雷接地、变配电系统接地、设备接地以及避雷针（塔）接地安装。

②接地极安装与接地母线敷设项目不包括采用爆破法施工、接地电阻率高的土质换土、接地电阻测定工作，工程实际发生时，执行相应项目。

③避雷针制作、安装项目不包括避雷针底座及埋件的制作与安装，工程实际发生时，应根据设计划分，分别执行相关项目。

④避雷针安装项目综合考虑了高空作业因素，执行项目时不做调整。避雷针安装在木杆和水泥杆上时，包括了其避雷引下线安装。

⑤独立避雷针安装包括避雷针塔架、避雷引下线安装，不包括基础浇筑。

⑥利用建筑结构钢筋作为接地引下线安装项目是按照每根柱子内焊接两根主筋编制的，当焊接主筋超过两根时，可按照比例调整项目安装费。防雷均压环是利用建筑物梁内主筋作为防雷接地连接线考虑的，每一梁内按焊接两根主筋编制，当焊接主筋数超过两根时，可按比例调整项目安装费。如果采用单独扁钢或圆钢明敷设作为均压环时，可执行户内接地母线敷设相关项目。

⑦高层建筑物屋顶防雷接地装置安装应执行避雷网安装项目。避雷网安装沿折板支架敷设项目包括了支架制作与安装，不得另行计算。电缆支架的接地线安装执行"户内接地母线敷设"项目。

⑧利用基础梁内两根主筋焊接连通作为接地母线时，执行"均压环敷设"项目。

⑨避雷针制作根据材质及针长，按照设计图示安装成品数量以"根"为计量单位。

⑩避雷引下线敷设根据引下线采取的方式，按照设计图示敷设数量以"m"为计量单位。

⑪断接卡子制作与安装按照设计规定装设的断接卡子数量以"套"为计量单位。

⑫均压环敷设长度按照中心线长度以"m"为计量单位。

⑬避雷网、接地母线敷设按照设计图示敷设数量以"m"为计量单位。计算长度时，按照设计图示水平和垂直规定长度3.9%计算附加长度（包括转弯、上下波动、避绕障碍物、搭接头等长度）。

⑭接地跨接线安装根据跨接线位置，结合规程规定，按照设计图示跨接数量以"处"为计量单位。

⑮防雷接地系统测试以一个系统测试工程量，防雷接地系统如图15.3所示。

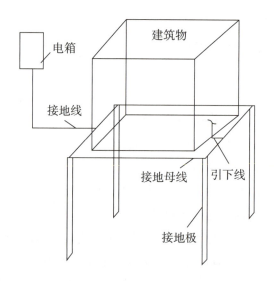

图15.3 防雷接地系统

（5）配电箱、灯具、开关、插座

①配电箱按设计图示数量计算；

②普通灯具按设计图示数量计算；考试一般考查吸顶安装，不考虑屋顶标高到灯具的竖向距离。

③照明开关、插座按设计图示数量计算。

④接线盒按设计图示数量计算；每一个照明、弱电、消防报警用电设备后面都需要一个接线盒用于接线，图里不会表示。动力设备（泵、压缩机）一般自带接线盒，不需要另算。

⑤接地极按设计图示数量计算；

⑥送配电系统调试以系统计量，按设计图示系统计算。

第16天
工程计价

考点讲解

考点1 工程量清单的组成

星级指数	★★★★
考情分析	无
荆棘谜团	理解并区分建筑安装工程费的费用构成与划分，掌握工程量清单的组成，包括分部分项费、措施项目费、其他项目费、规费及税金，确保准确计算与报价。
独门心法	建筑安装工程费按费用构成要素划分即为"人材机管利规税"，按造价形成划分即为"分措其规税"。

1.建筑安装工程费的构成

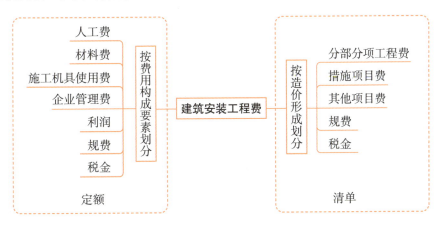

2.工程量清单的组成

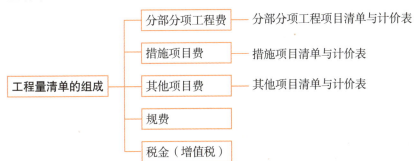

考点 2 分部分项工程项目清单与计价表

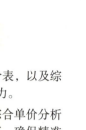

考点讲解

星级指数	★ ★ ★ ★
考情分析	2023年、2022年、2021年、2020年、2019年
荆棘谜团	本考点重点聚焦于熟练填写分部分项工程项目清单与计价表，以及综合单价分析表，攻克这两大难点，将极大提升你的解题能力。
独门心法	熟悉分部分项清单与计价表格式，准确填写信息；掌握综合单价分析表，涵盖定额查阅、数量换算，及人、材、机等费用计算，确保精准计算工程造价。

1. 分部分项工程项目清单与计价表（表16.1）

表16.1　分部分项工程项目清单与计价表

序号	项目编码	项目名称	项目特征描述	计量单位	工程量	金额（元）		
						综合单价	合价	其中：暂估价
1								
2								
3								
4								
…								
…								
合计								

2. 综合单价

（1）各类单价汇总（表16.2）

表16.2　各类单价汇总

序号	名称		包含内容	备注
1	全费用单价		人材机管利规税	综合单价+规税
2	综合单价		人材机管利	工料单价+管利
3	工料单价		人材机	$\sum$要素消耗量×要素单价
4	要素单价	人工日工资单价	人	某工种一个工人干8h给的钱
		机械台班单价	机	某类设备一台机械干8h花的钱
		材料单价	材	出厂价+运杂费+运输损耗+采保费
5	计日工单价	人工计日工综合单价	人管利	在其他项目清单中
		机械台班计日工单价	机管利	
		材料计日工单价	材管利	
6	窝工补偿单价	人工窝工补偿单价	在人工要素单价的基础上打折	用于索赔
		机械闲置补偿标准	自有：折旧；租赁：租赁费	

🔥 小试牛刀

例 16.1

　　某工程钢筋具体施工消耗项目及单价见表16.3，试问清单工程量为1t的单价为多少？

表16.3　某工程钢筋具体施工消耗项目及单价

序号	消耗项目	单位	数量	单价	金额
1	钢筋	t	1.025	4000	4100
2	焊条	kg	4	20	80
3	扎丝	kg	2	10	20
4	人工	工日	4	400	1600
5	焊机	台班	1	400	400
6	管理费				200
7	利润				300
合计					6700

　　【答案】按清单量折算单价为6700元/t。

（2）定额

预算定额式样，见表16.4。

表16.4　房屋建筑与装饰工程消耗量定额（节选）　单位：10m³

定额编号			1-47	1-63	1-133	5-1	5-8	5-24	5-95
项目		单位	挖掘机挖装一般土方	机动翻斗车运土方 ≤100m	机械夯填土	混凝土垫层	满堂基础（无梁式）	混凝土直行墙	现浇构件钢筋 Φ22（t）
人工	普工	工日	0.266		0.852	1.111	0.761	1.241	1.350
	一般技工	工日				2.221	1.522	2.482	2.700
	高级技工	工日				0.370	0.254	0.414	0.450
材料	预拌混凝土C15	m³				10.100			
	预拌混凝土C30	m³					10.100	9.825	
	塑料薄膜	m³				47.775	25.095		
	土工布	m³						0.703	
	水	m³				3.950	1.520	0.690	0.093
	电	kW·h				2.310	2.310	3.660	

第16天

（3）综合单价分析表

①综合单价分析表式样，见表16.5。

表16.5　综合单价分析表

项目编码		项目名称		计量单位		工程量		
清单综合单价组成明细								
定额编号	定额名称	定额单位	数量	单价（元）				合价（元）			
				人工费	材料费	机械费	管理费和利润	人工费	材料费	机械费	管理费和利润
人工单价			小计								
			未计价材料（元）								
清单项目综合单价（元/单位）											
材料费明细	主要材料名称、规格、型号		单位		数量		单价（元）	合价（元）	暂估单价（元）	暂估合价（元）	
	其他材料费（元）										
	材料费小计（元）										

②填表步骤

a.查表。将项目编码、项目名称、计量单位、工程量、定额编号、定额名称、定额单位（注意带数量的单位）、人工单价填入。

b.计算数量并填入。土方差别较大，定额考虑的是实际开挖量，清单考虑的是净量，注意换算。

c.查表。计算每一个定额编号对应的人、材、机、管、利的单价与合价。

人材机单价=∑消耗量×要素单价；管理费=基数×费率；利润=基数×利润率

合价=相应单价×数量

d.计算清单项目综合单价=∑合价（人+材+机+管+利）+未计价材料费

e.填写其他材料费。其他材料费=材料费小计（合价）-主要材料费

第16天

③综合单价分析表填写示例如表16.6所示。

表16.6　综合单价分析表

项目编码	010515001001	项目名称	现浇构件钢筋	计量单位	t	工程量	28.96

清单综合单价组成明细											
定额编号	定额名称	定额单位	数量	单价（元）				合价（元）			
				人工费	材料费	机械费	管理费和利润	人工费	材料费	机械费	管理费和利润
5-95	现浇构件钢筋Φ22	t	1.000	346.50	3139.52	61.16	173.25	346.50	3139.52	61.16	173.25
人工单价			小计					346.50	3139.52	61.16	173.25
60、80、110元/工日			未计价材料（元）								
清单项目综合单价（元/单位）								3720.43			

材料费明细	主要材料名称、规格、型号	单位	数量	单价（元）	合价（元）	暂估单价（元）	暂估合价（元）
	钢筋	t	1.025			3000	3075.00
	低合金钢焊条E43系列	kg	4.80	10.50	50.40		
	其他材料费（元）				14.12		
	材料费小计（元）				64.52		3075.00

例 16.2

　　某工程建筑面积为1600m²，檐口高度11.60m，基础为无梁式满堂基础，地下室外墙为钢筋混凝土墙，项目编码及特征描述等见分部分项工程和单价措施项目，工程量计算表如表16.7所示。招标文件规定：土质为三类土，所挖全部土方场内弃土运距50m，基坑夯实回填，基底无须钎探，挖、填土方计算均按天然密实土体积计算。

　　工程所在省《房屋建筑与装饰工程消耗量定额》中部分分部分项工程人材机的消耗量见表16.8，该省行政主管部门发布的工程造价信息中的相关价格和部分市场资源价格见表16.9。该省发布的根据工程规模等指标确定的该工程的管理费率和利润率分别为定额人工费的30%和20%，招标工程量清单中已明确所有现浇构件钢筋的暂估单价均为3000元/t。编制挖一般土方、钢筋分部分项工程的综合单价分析表。

【挖土方按施工方案开挖量为1705.7m³】

表16.7　分部分项工程和单价措施项目工程量计算表

序号	项目编码	项目名称	项目特征	计量单位	工程量
1	010101002001	挖一般土方	1.土壤类别：三类土 2.挖土深度：3.9m 3.弃土运距：场内堆放运距为50m	m³	1457.09
2	010103001001	回填土方	1.密实度要求：符合规范要求 2.填方运距：50m	m³	108.44
3	010501001001	基础垫层	1.混凝土种类：预拌混凝土 2.混凝土强度等级：C15	m³	37.36
4	010501004001	满堂基础	1.混凝土种类：预拌混凝土 2.混凝土强度等级：C30	m³	109.77
5	010504001001	直行墙	1.混凝土种类：预拌混凝土 2.混凝土强度等级：C30	m³	69.54
6	010515001001	现浇构件钢筋	1.钢筋种类：带肋钢筋HRB400 2.钢筋型号：⏀22	t	28.96

表16.8　房屋建筑与装饰工程消耗量定额（节选）（单位：10m³）

定额编号		1-47	1-63	1-133	5-1	5-8	5-24	5-95
项目	单位	挖掘机挖装一般土方	机动翻斗车运土方≤100m	机械夯填土	混凝土垫层	满堂基础（无梁式）	混凝土直行墙	现浇构件钢筋⏀22（t）
人工	普工　工日	0.266		0.852	1.111	0.761	1.241	1.350
	一般技工　工日				2.221	1.522	2.482	2.700
	高级技工　工日				0.370	0.254	0.414	0.450
材料	预拌混凝C15　m³				10.100			
	预拌混凝C30　m³					10.100	9.825	
	塑料薄膜　m³				47.775	25.095		
	土工布　m³						0.703	
	水　m³				3.950	1.520	0.690	0.093
	电　kW·h				2.310	2.310	3.660	
材料	预拌水泥砂浆　m³						0.275	
	钢筋⏀22　t							1.025
	镀锌铁丝Φ0.7　kg							1.600
	低合金钢焊条　kg							4.800
机械	混凝土抹平机　台班					0.030		
	履带式推土机75kW　台班	0.022						
	履带式单斗液压挖掘机1m³　台班	0.024						
	机动翻斗车1t　台班		0.584					
	电动夯实机250N.m　台班			0.955				

续表

定额编号		1-47	1-63	1-133	5-1	5-8	5-24	5-95
项目	单位	挖掘机挖装一般土方	机动翻斗车运土方≤100m	机械夯填土	混凝土垫层	满堂基础（无梁式）	混凝土直行墙	现浇构件钢筋 ⊈22（t）
机械	钢筋切断机40mm	台班							0.090
	钢筋弯曲机40mm	台班							0.180
	直流弧焊机32kV·A	台班							0.400
	对焊机75kV·A	台班							0.060
	电焊条烘干箱	台班							0.040

表16.9　工程造价信息价格及市场资源价格表

序号	资源名称	单位	除税单价（元）	序号	资源名称	单位	除税单价（元）
1	普工	工日	60.00	13	混凝土抹平机	台班	41.56
2	一般技工	工日	80.00	14	履带式推土机75kW	台班	858.54
3	高级技工	工日	110.00	15	履带式单斗液压挖掘机1m³	台班	1202.91
4	预拌混凝土C15	m³	300.00	16	机动翻斗车1t	台班	161.22
5	预拌混凝土C30	m³	360.00	17	自卸汽车15t	台班	985.32
6	塑料薄膜	m²	2.50	18	电动夯实机250N·m	台班	67.36
7	土工布	m²	2.80	19	钢筋切断机40mm	台班	45.46
8	水	m³	4.40	20	钢筋弯曲机40mm	台班	25.27
9	电	kW·h	0.90	21	直流弧焊机32kV·A	台班	109.56
10	预拌水泥砂浆	m³	420.00	22	对焊机75kV·A	台班	135.08
11	镀锌铁丝φ0.7	kg	8.57	23	电焊条烘干箱45×35×45（cm³）	台班	14.74
12	低合金钢焊条	kg	10.50				

【答案】

1.挖一般土方综合单价分析表

（1）第一步：查表，将项目编码、项目名称、计量单位、工程量、定额编号、定额名称、定额单位、人工单价填入。

（2）第二步：计算数量并填入。

$1705.7_{方案量} \div 1457.09_{清单量} \div 10_{定额单位} = 0.117（m^3）$

【说明】定额考虑的是实际开挖量，清单考虑的是净量。土方差别较大，需要换算。

（3）第三步：

①查表，计算1-47有关项目单价。

人工费=0.266×60=15.96（元）；

材料费=0；

机械费=0.022×858.54+0.024×1202.91=47.76（元）；

管理费和利润=15.96×（0.3+0.2）=7.98（元）。

②查表，计算1-63有关项目单价。

人工费=0元；

材料费=0元；

机械费=0.584×161.22=94.15（元）；

管理费和利润=0元。

挖一般土方综合单价分析表，见表16.10。

表16.10　挖一般土方综合单价分析表

项目编码	010101002001		项目名称	挖一般土方	计量单位	m³	工程量	1457.09
清单综合单价组成明细								
定额编号	定额名称	定额单位	数量	单价（元）				合价（元）			
				人工费	材料费	机械费	管理费和利润	人工费	材料费	机械费	管理费和利润
1-47	挖掘机挖装一般土方	10m³	0.117	15.96		47.76	7.98	1.87		5.59	0.93
1-63	机动翻斗车运土方	10m³	0.117			94.15				11.02	
人工单价			小计					1.87		16.61	0.93
60元/工日			未计材料价（元）								
清单项目综合单价（元/单位）								19.41			
材料费明细	主要材料名称、规格、型号	单位		数量		单价（元）		合价（元）	暂估单价（元）	暂估合价（元）	
	其他材料费（元）										
	材料费小计（元）										

2.现浇构件钢筋综合单价分析表（表16.11）

（1）第一步：查表，将项目编码、项目名称、计量单位、工程量、定额编号、定额名称、定额单位、人工单价填入。

（2）第二步：计算数量并填入。

【说明】钢筋的定额量与清单量一致，不需要换算。

（3）第三步：

查表，计算5-95有关项目单价。

人工费=1.35×60+2.7×80+0.45×110=346.5（元）；

材料费=0.093×4.4+1.025×3000+1.6×8.57+4.8×10.5=3139.52（元）；

机械费=0.09×45.46+0.18×25.27+0.4×109.56+0.06×135.08+0.04×14.74=61.16（元）；

管理费和利润=346.5×（0.3+0.2）=173.25（元）。

表16.11　现浇构件钢筋综合单价分析表

项目编码	010515001001		项目名称	现浇构件钢筋	计量单位	t	工程量	29.96
清单综合单价组成明细								
定额编号	定额名称	定额单位	数量	单价（元）				合价（元）
				人工费	材料费	机械费	管理费和利润	人工费	材料费	机械费	管理费和利润
5-95	现浇构件钢筋ø22（t）	t	1.000	346.50	3139.52	61.16	173.25	346.50	3139.52	61.16	173.25
人工单价			小计								
60、80、110元/工日			未计材料价（元）								
清单项目综合单价（元/单位）							3720.43				
材料费明细	主要材料名称、规格、型号	单位	数量	单价（元）	合价（元）	暂估单价（元）	暂估合价（元）
	钢筋	t	1.025			3000	3075.00
	低合金钢焊条E43系列	kg	4.80	10.50	50.40		
	其他材料费（元）				14.12		
	材料费小计（元）				64.52		3075.00

3.其他内容

（1）合价

合价=工程量×综合单价

（2）暂估价

材料（设备）暂估价合价列入暂估价栏

（3）分部分项工程费

①分部分项工程费=∑合价

②材料设备暂估价=∑暂估价

考点3 措施项目清单与计价表

考点讲解

星级指数	★★★
考情分析	无
荆棘谜团	精准掌握措施项目分类，熟练填写单价与总价措施项目清单与计价表，确保工程报价全面准确，提升填表能力。
独门心法	牢记费用取费基数，迅速计算并填入总价措施项目清单与计价表，提升计价效率，确保工程造价准确无误。

1.措施项目分类

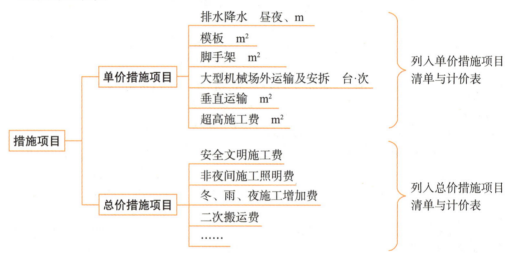

2.表格式样（表16.12、表16.13）

表16.12　分部分项工程和单价措施项目清单与计价表

序号	项目编码	项目名称	项目特征描述	计量单位	工程量	金额（元）		
						综合单价	合价	其中：暂估价
一	分部分项工程							
1								
…								
分部分项工程小计								
二	单价措施项目							
1								
…								
单价措施项目小计								

第16天

表16.13　总价措施项目清单与计价表

序号	项目编码	项目名称	计算基础	费率%	金额（元）
1					
2					
3					
4					
…					
…					
合计					

> 💡 **提示**
>
> 总价措施项目清单与计价表解读：
>
> 1.项目编码：同分部分项工程清单与计价表
>
> 2.项目名称：遵循分部分项工程清单与计价表的命名规则
>
> 3.计算基础：根据题目要求
>
> 4.费率：根据题目要求
>
> 5.金额：金额=计算基础×费率
>
> 6.总价措施项目费：总价措施项目费=∑金额
>
> 7.措施项目费：措施项目费=总价措施项目费+单价措施项目费

🔥 **小试牛刀**

例 16.3

某工程总价措施项目清单编码如表16.14所示。

表16.14　某工程总价措施项目清单编码

项目编码	项目名称	项目编码	项目名称
011707001	安全文明施工费（含环境保护、文明施工、安全施工、临时设施）	011707005	冬雨期施工增加费
011707002	夜间施工增加费	011707007	已完工程及设备保护费
011707004	二次搬运费		

安全文明施工费（含环境保护、文明施工、安全施工、临时设施）、夜间施工增加费、二次搬运费、冬雨期施工增加费、已完工程及设备保护费等以分部分项工程中的人工费作为计取基数，费率分别为：25%、3%、2%、1%、1.2%，总价措施费中的人工费含量为20%。该工程的分部分项工程中的人工费为403200元，单价措施项目中的人工费为60000元。

第 16 天

【问题】编制该工程的总价措施项目清单与计价表。计算结果保留两位小数。

【答案】总价措施项目清单与计价表，见表16.15。

表16.15 总价措施项目清单与计价表

序号	项目编码	项目名称	计算基础	费率%	金额（元）
1	011707001001	安全文明施工费（含环境保护、文明施工、安全施工、临时设施）	403200.00	25	100800.00
2	011707002001	夜间施工增加费	403200.00	3	12096.00
3	011707004001	二次搬运费	403200.00	2	8064.00
4	011707005001	冬雨期施工增加费	403200.00	1	4032.00
5	011707007001	已完工程及设备保护费	403200.00	1.2	4838.40
合计					129830.40

考点讲解

考点4 其他项目清单与计价表

星级指数	★★★
考情分析	无
荆棘谜团	深入理解其他项目的分类，熟练填写清单与计价表，确保项目完整，提高填表精准度。
独门心法	牢记费用取费基数，迅速计算并填入其他项目清单与计价表，确保费用计算准确无误。

1.四类其他项目

（1）暂列金额

用于任何额外支出、物价上涨、变更、索赔……

（2）暂估价

材料、设备暂估价、专业工程暂估价。

（3）计日工

招标时预估的额外用工和用料、人工、材料、机械。

（4）总承包服务费

专业工程和甲供材料、服务、配合、甲供材保管。

2.表格式样（表16.16）

表16.16　其他项目清单与计价表

序号	项目名称	计量单位	金额（元）	备注
1	暂列金额			
2	材料暂估价			不计入总价
2.1				
2.2				
…				
2.n				
3	专业工程暂估价			
4	计日工			
5	总承包服务费			
	合计			

> 💡 **提示**
>
> 其他项目清单与计价表解读：
>
> 1.项目名称：固定的四项：暂列金额、暂估价（包含材料暂估价和专业工程暂估价）、计日工和总承包服务费。
>
> 2.金额：
>
> （1）暂列金额题目中会给出。
>
> （2）材料（包含工程设备）暂估价在分部分项工程清单与计价表中已列明。
>
> （3）专业工程暂估价题目中会给出。
>
> （4）计日工=人工计日工数量×人工综合单价+材料计日工数量×材料综合单价+机械计日工数量×机械台班综合单价
>
> （5）总承包服务费=取费基数×费率；题目会给出取费基数和费率，注意勿漏算。

🔥 **小试牛刀**

例 16.4

某工程招标工程量清单的其他项目清单中已明确：暂列金额300000元，发包人供应材料价值为320000元（总承包服务费按1%计取）。专业工程暂估价200000元（总承包服务费按5%计取），计日工中暂估普工10个，综合单价为180元/工日，水泥2.6t，综合单价为410元/t；中砂10m³，综合单价为220元/m³，灰浆搅拌机（400L）2个台班，综合单价为30.50元/台班。

【问题】编制该工程的其他项目清单与计价表。计算结果保留两位小数。

【答案】

1.暂列金额：300000（元）。

2.材料、工程设备暂估价：0。

3.专业工程暂估价：200000（元）。

4.计日工：10×180+2.6×410+10×220+2×30.5=5127（元）。

5.总承包服务费：320000×1%+200000×5%=13200（元）。

合计：300000+200000+5127+13200=518327（元）。

该工程的其他项目清单与计价表，见表16.17。

表16.17　其他项目清单与计价汇总表

序号	项目名称	计量单位	金额（元）	备注
1	暂列金额	元	300000.00	
2	材料暂估价	元	—	不计入总价
3	专业工程暂估价	元	200000.00	
4	计日工	元	5127.00	
5	总承包服务费	元	13200.00	
	合计		518327.00	

考点5 招标控制价汇总表（含规费、税金）

考点讲解

星级指数	★★★★
考情分析	2023年、2022年、2021年、2020年、2019年
荆棘谜团	熟练掌握招标控制价与投标报价汇总表的构成，包括项目清单、费用分类和计算方法。通过训练，提高填表效率，确保数据的准确性和完整性。
独门心法	迅速识别案例背景中的关键数据，包括分部分项费用、措施项目费等。练习快速准确地将这些数据填入招标控制价或投标报价汇总表，以提升填表效率和准确性。

1.表格式样（表16.18）

表16.18　招标控制价汇总表/投标报价汇总表

序号	项目名称	金额（元）	其中：暂估价（元）
1	分部分项工程		
1.1	略		
……			
2	措施项目费		
2.1	略		
……			
3	其他项目		
3.1	其中：暂列金额		
3.2	其中：专业工程暂估价		
3.3	其中：计日工		
3.4	其中：总承包服务费		
4	规费		
5	税金		
	合计		

💡 提示

规费税金的计算：

1.规费

规费=计费基数×费率，计费基数和费率根据题目描述选取，请注意审题。

2.税金

税金（增值税）=（分部分项工程费+措施项目费+其他项目费+规费）×增值税税率

第16天

🔥 小试牛刀

例 16.5

某工程分部分项工程费为2230561.3元，其中含人工费403200元、暂估价280000元；单价措施项目费为292476.51元，其中含人工费60000元；总价措施项目费为129830.4元，其中含安全文明施工费100800元、人工费25966.08元；其他项目费为518327元，其中含暂列金额300000元、专业工程暂估价200000元、计日工5127元和总承包服务费13200元。

若规费按分部分项工程和措施项目费中全部人工费的26%计取，增值税税率为9%。

【问题】 编制单位工程招标控制价汇总表，确定该单位工程的招标控制价。计算结果保留两位小数。

【答案】

1.规费＝（403200+60000+25966.08）×0.26＝127183.18（元）。

2.措施项目费＝292476.51+129830.4＝422306.91（元）。

3.税金＝（2230561.3+422306.91+518327+127183.18）×9%＝296854.06（元）。

4.招标控制价合计＝2230561.3+422306.91+518327+127183.18+296854.06＝3595232.45（元）。

该工程招标控制价汇总表，见表16.19。

表16.19 招标控制价汇总表

序号	项目名称	金额（元）	其中：暂估价（元）
1	分部分项工程	2230561.30	280000.00
1.1	略		
……			
2	措施项目费	422306.91	
	其中：安全文明施工费	100800.00	
3	其他项目清单合计	518327.00	
3.1	其中：暂列金额	300000.00	
3.2	其中：专业工程暂估价	200000.00	
3.3	其中：计日工	5127.00	
3.4	其中：总承包服务费	13200.00	
4	规费	127183.18	
5	税金	296854.06	
	合计	3595232.45	

2.招标控制价/投标报价汇总表与竣工结算汇总表

招标控制价/投标报价汇总表如表16.20所示；竣工结算汇总表如表16.21所示。

表16.20   单位工程 招标控制价（投标报价）汇总表

工程名称：   标段   第   页   共   页

序号	汇总内容	金额（元）	其中：暂估价（元）
1	分部分项工程		
1.2			
1.3			
1.4			
1.5			
2	措施项目		–
2.1	其中：安全文明施工费		–
3	其他项目		–
3.1	其中：暂列金额		–
3.2	其中：专业工程暂估价		–
3.3	其中：计日工		–
3.4	其中：总承包服务费		–
4	规费		–
5	税金		–
招标控制价合计=1+2+3+4+5			

表16.21 单位工程竣工结算汇总表

工程名称：　　　　　　　　　　　标段　　　　　　　　　　第　页　共　页

序号	汇总内容	金额（元）
1	分部分项工程	
1.2		
1.3		
1.4		
1.5		
2	措施项目	
2.1	其中：安全文明施工费	
3	其他项目	
3.1	其中：专业工程暂估价	
3.2	其中：计日工	
3.3	其中：总承包服务费	
3.4	其中：索赔与现场签证	
4	规费	
5	税金	
竣工结算总价合计=1+2+3+4+5		

3.投标报价的编制（表16.22）

表16.22　投标报价的编制

项目		招标控制报价	投标报价	备注
工程量清单		项目编码、项目名称、项目特征、计量单位、工程量必须一致		投标报价应按招标人提供的工程量清单填写单价
综合单价	计价项目	一致，均包含人、材、机、管、利		投标报价不能更改材料、工程设备暂估价
	计价依据	预算定额、国家发布的价格信息，无价格信息的参照市场价	企业自身的管理、技术水平，市场价格信息和国家发布的价格信息	
措施项目费	安全文明施工费	按国家法律法规计取		
	其他措施项目	按一般施工方案计取	按企业自身的水平计取	
其他项目费	项目	项目名称、计量单位须一致		
	暂列金额	金额需一致		
	暂估价			
	计日工单价	按国家信息计取	按企业自身水平计取	
	总承包服务费			
规费和税金		按规定计取		

第17天
财务分析（2024～2022真题）

2024年真题

背景：

某企业拟投资建设一项目，生产一种市场需求稳定的工业产品，开展项目融资前，财务分析的相关基础数据如下：

（1）项目建设投资2200万元（含可抵扣进项税140万元），项目建设期1年，运营期8年，建设投资全部形成固定资产，固定资产使用年限8年，残值率10%，按直线法折旧。

（2）项目投产当年需投入流动资金200万元，在项目的运营期末全部收回。

（3）项目正常年份设计产能为5000件/年，年经营成本为1200万元（含可抵扣进项税80万元），单位可变成本为2150元（含可抵扣进项税150元）。

（4）产品不含税销售单价定为3500元/件时，该产品可按设计产能100%生产销售；若将产品不含税销售单价定为4000元/件时，该产品可按设计产能80%生产销售。

（5）项目产品适用的增值税税率为13%，增值税附加按应纳增值税的12%计算，企业所得税税率为25%，行业普遍可接受的总投资收益率为15%。

问题：

1.若企业产品不含税销售单价定为3500元/件，分别计算项目运营期第1年、第8年的应纳增值税与调整所得税，并编制拟建项目投资现金流量表17.1。

表17.1 项目投资现金流量表　单位：万元

序号	项目	建设期	运营期		
		1	2	3~8	9
1	现金流入			—	
1.1	营业收入（不含销项税）			—	
1.2	销项税额			—	
1.3				—	
1.4	回收流动资金			—	
2	现金流出			—	
2.1	建设投资			—	
2.2				—	

续表

序号	项目	建设期	运营期			
		1	2	3~8	9
2.3	经营成本 （不含可抵扣进项税）			—	
2.4	可抵扣进项税额			—	
2.5	应纳增值税			—	
2.6	增值税附加			—	
2.7	调整所得税			—	
3	税后净现金流量			—	

2.分别计算产品不含税销售单价定为3500元/件、4000元/件时，项目运营期内的正常年份的息税前利润，并分析说明项目总投资收益率更低的单价，该定价下项目总投资是否达到行业普遍可接受的总投资收益率。

3.计算项目在不利定价情况下的盈亏平衡点（不考虑增值税附加），若企业可接受的最低销量为设计产能的60%，判断该项目是否可行。

（以万元为单位，计算结果保留2位小数）。

【解题思路】

1.建设投资数据

2.运营成本数据

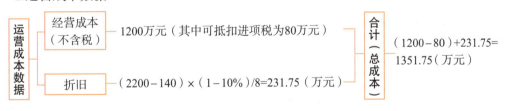

3.营收数据

第17天

4.利润与税金数据

利润与税金数据

可抵扣进项税 —— 140+80=220.00（万元）

应纳增值税 —— 运营期第1年应纳增值税=3500×5000×13%÷10000-80-140=7.5（万元），应纳增值税为7.5万元
运营期第8年应纳增值税=3500×5000×13%÷10000-80=147.5（万元），应纳增值税为147.5万元

利润总额 —— 运营期第1年：3500×5000÷10000-（1200-80+231.75）-7.5×12%=397.35（万元）
运营期第8年：3500×5000÷10000-（1200-80+231.75）-147.5×12%=380.55（万元）

调整所得税（税率25%） —— 运营期第1年：397.35×25%=99.34（万元）
运营期第8年：380.55×25%=95.14（万元）

参考答案

1.（1）运营期第1年：

应纳增值税=3500×5000×13%÷10000-80-140=7.50（万元）。

运营期第2年：应纳增值税=3500×5000×13%÷10000-80=147.50（万元）。

（2）运营期第1年：

年固定资产折旧额：（2200-140）×（1-10%）/8=231.75（万元）。

利润总额=3500×5000÷10000-（1200-80+231.75）-7.5×12%=397.35（万元）。

调整所得税=397.35×25%=99.34（万元）。

运营期第8年：

利润总额=3500×5000÷10000-（1200-80+231.75）-147.5×12%=380.55（万元）。

调整所得税=380.55×25%=95.14（万元）。

表17.2 项目投资现金流量表 单位：万元

序号	项目	建设期	运营期		
		1	2	3~8	9
1	现金流入	0	1977.50	—	2383.50
1.1	营业收入（不含销项税）		1750.00		1750.00
1.2	销项税额		227.50	—	227.50
1.3	回收固定资产余值				206.00
1.4	回收流动资金			—	200.00
2	现金流出	2200.00	1507.74	—	1460.34
2.1	建设投资	2200.00			
2.2	流动资金投资		200.00	—	

续表

序号	项目	建设期	运营期		
		1	2	3~8	9
2.3	经营成本（不含可抵扣进项税）		1120.00	—	1120.00
2.4	可抵扣进项税额		80.00	—	80.00
2.5	应纳增值税		7.50	—	147.50
2.6	增值税附加		0.90	—	17.70
2.7	调整所得税		99.34	—	95.14
3	税后净现金流量	−2200.00	469.76	—	923.16

2.产品定价为3500元/件时：

运营期第1年：息税前利润=$3500 \times 0.5-(1200-80+231.75)-7.5 \times 12\%=397.35$（万元）。

运营期第2~8年：

息税前利润=$3500 \times 0.5-(1200-80+231.75)-147.5 \times 12\%=380.55$（万元）。

正常年份息税前利润=$(397.35+380.55 \times 7) \div 8=382.65$（万元）。

产品定价为4000元/件时：

经营成本中的固定成本=$1200-80-(2150-150) \times 0.5=120$（万元）。

不含税总成本费用=$120+(2150-150) \times 0.5 \times 80\%+231.75=1151.75$（万元）。

经营成本中固定成本进项税=$80-150 \times 0.5=5$（万元）。

运营期第1年：

应纳增值税=$4000 \times 0.5 \times 80\% \times 13\%-(5+150 \times 0.5 \times 80\%)-140=3$（万元）。

息税前利润=$4000 \times 0.5 \times 80\%-1151.75-3 \times 12\%=447.89$（万元）。

运营期第2~8年：

应纳增值税=$4000 \times 0.5 \times 80\% \times 13\%-(5+150 \times 0.5 \times 80\%)=143$（万元）。

息税前利润=$4000 \times 0.5 \times 80\%-1151.75-143 \times 12\%=431.09$（万元）。

正常年份息税前利润=$(447.89+431.09 \times 7) \div 8=433.19$（万元）。

因项目总投资相等，且息税前利润382.65<433.19，故产品定价为3500元/件的项目总投资收益率较低。

较低的总投资收益率=$382.65 \div (2200+200)=15.94\%>15\%$，项目达到行业普遍可接受的总投资收益率水平。

3.设项目不利定价下的产量盈亏平衡点为Q万元/件，则$3500Q-(120+2000Q+231.75)=0$。

解得：$Q=0.23$万元/件$<0.5 \times 60\%=0.30$万元/件，故项目可行。

第17天

真题详解

2023年真题

背景：

某企业拟投资建设一项目，生产一种市场需求较大的工业产品。项目建设期1年，运营期8年，项目可行性研究相关基础信息如下：

（1）项目建设投资为2500万元（含可抵扣进项税150万元），预计全部形成固定资产，固定资产使用年限8年，残值率为5%，按直线法折旧。

（2）建设投资资金来源为自有资金和贷款，贷款总额为1500万元，贷款年利率为5%（按年计息），贷款合同约定的还款方式为运营期的前4年等额还本付息。

（3）项目投产当年需要流动资金300万元，全部由自有资金投入。

（4）项目正常年份设计产能为5万件。产品的不含税价格为360元/件。正常年份经营成本为1200万元（其中可抵扣进项税为80万元）。项目运营期第1年的产能为正常年份的80%，以后每年均达到设计产能。运营期第1年的经营成本及其所含可抵扣进项税额均为正常年份的80%。

（5）企业适用的增值税税率为13%，增值税附加按应纳增值税的12%计算，企业所得税税率为25%。

问题：

1.列式计算项目运营期第1年、第2年的应纳增值税。

2.以不含税价格计算项目运营期第1年、第2年的总成本费用、所得税和税后利润。

3.列式计算项目运营期第1年的累计盈余资金（当年无应付利润）。

4.若行业基准收益率为10%，产品价格为360元/件时，项目的资本金现金流量净现值为610万元，产品单价上涨10%时，项目的资本金现金流量净现值为1235万元。在保证项目可行的前提下，计算该产品价格下浮临界百分比。

（注：计算过程和结果均以万元为单位并保留两位小数。）

【解题思路】

1.建设投资数据

第17天

2.运营成本数据

运营成本数据

- **经营成本（不含税）** —— 1200万元（其中可抵扣进项税为80万元）
- **折旧** —— （2500+37.5−150）×（1−5%）/8=283.52（万元）
- **利息支出（利率6%）** ——
  年初本金：1500×1/2×5%+1500=1537.50（万元）
  运营期第1年：
  每年还的本息之和：1537.50×5%×（1+5%）⁴/
  [（1+5%）⁵−1]=433.59（万元）
  应偿还的利息：1537.5×5%=76.88（万元）
  应还本金：433.59−76.88=356.71（万元）
  运营期第2年：
  应还利息=[（1500+37.5）−356.71]×5%
  　　　=59.04（万元）

合计（总成本） —— （1200−80）+283.52+59.04=1462.56（万元）

3.营收数据

营收数据

- **产量**
  - 运营期第1年（未达产）：5×80%=4（万件）
  - 运营期第2年正常（达产）：5万件
- **单价（不含税）**
  - 运营期第1年（未达产）：360元
  - 运营期第2年正常（达产）：360元
- **营业收入（不含税）**
  - 运营期第1年（未达产）：4×450=1800（万元）
  - 运营期第2年正常（达产）：5×450=2250（万元）

4.利润与税金数据

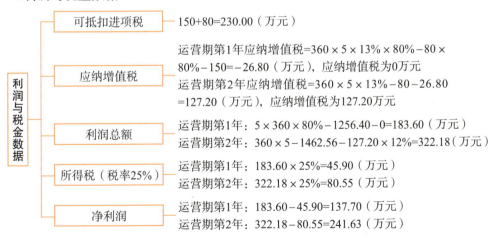

利润与税金数据

- **可抵扣进项税** —— 150+80=230.00（万元）
- **应纳增值税** ——
  运营期第1年应纳增值税=360×5×13%×80%−80×80%−150=−26.80（万元），应纳增值税为0万元
  运营期第2年应纳增值税=360×5×13%−80−26.80=127.20（万元），应纳增值税为127.20万元
- **利润总额** ——
  运营期第1年：5×360×80%−1256.40−0=183.60（万元）
  运营期第2年：360×5−1462.56−127.20×12%=322.18（万元）
- **所得税（税率25%）** ——
  运营期第1年：183.60×25%=45.90（万元）
  运营期第2年：322.18×25%=80.55（万元）
- **净利润** ——
  运营期第1年：183.60−45.90=137.70（万元）
  运营期第2年：322.18−80.55=241.63（万元）

参考答案

1.运营期第1年应纳增值税=360×5×13%×80%−80×80%−150=−26.80（万元），应纳增值税为0万元。

运营期第2年应纳增值税=360×5×13%−80−26.80=127.20（万元），应纳增值税为

第17天

127.20万元。

2.建设期利息=1500/2×5%=37.50（万元）。

运营期前4年每年还本付息额=（1500+37.50）× $\dfrac{5\% \times (1+5\%)^4}{(1+5\%)^4-1}$ =433.59（万元）。

运营期第1年：

应还利息=（1500+37.50）×5%=76.88（万元）。

应还本金=433.59－76.88=356.71（万元）。

固定资产折旧=（2500+37.5－150）×（1－5%）/8=283.52（万元）。

总成本费用=（1200－80）×80%+283.52+76.88=1256.40（万元）。

利润总额=5×360×80%－1256.40－0=183.60（万元）。

所得税=183.60×25%=45.90（万元）。

税后利润=183.60－45.90=137.70（万元）。

运营期第2年：

应还利息=［（1500+37.5）－356.71］×5%=59.04（万元）。

总成本费用=（1200－80）+283.52+59.04=1462.56（万元）。

利润总额=360×5－1462.56－127.20×12%=322.18（万元）。

所得税=322.18×25%=80.55（万元）。

税后利润=322.18－80.55=241.63（万元）。

3.累计盈余资金：360×5×1.13×80%－（1200×80%+45.90+433.59）=187.71（万元）。

4.设价格临界值为X：

（360－X）/［（360×1.1）－X］=610/1235

解得：X=324.86（万元）

该产品价格下降临界百分比：

（324.86－360）/360=－9.76%，该产品价格下降临界百分比为9.76%。

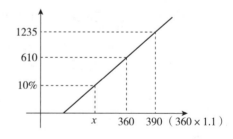

2022年真题

背景：

某企业投资建设一个工业项目，生产期10年，于5年前投产。该固定资产投资总额3000万元，全部形成固定资产，固定资产使用年限10年，残值率为5%，直线法折旧。

真题详解

目前，项目建设期贷款已偿还完成，建设期可抵扣的进项税已抵扣完成，处于正常生产年份。正常生产年份的销售收入为920万元（不含销项税），年经营成本为324万元（含可抵扣进项税24万元）。项目运营期第1年投入了流动资金200万元。

企业适用的增值税税率为13%，增值税附加税率为12%，企业所得税税率为25%。

为了提高生产效率，降低生产成本，企业拟开展生产线智能化、数字化改造，且改造后企业可获得政府专项补贴支持。具体改造相关数据如下：

（1）改造工程建设投资800万元（含可抵扣进项税60万元），全部形成新增固定资产，新增固定资产使用年限同原固定资产剩余使用年限，残值率、折旧方式和原固定资产相同。改造工程建设投资由企业自有资金投入。

（2）改造工程在运营期第6年（改造年）年初开工，2个月完工，达到可使用状态，并投产使用。

（3）改造年的产能，销售收入、经营成本按照改造前年份的正常数值计算。改造后第2年（即项目运营期第7年，下同）开始，项目产能提升20%，且增加的产能被市场完全吸纳，同时由于改造提升了原材料等的利用效率，使得企业经营成本及其可抵扣的进项税均降低10%，所需流动资金比改造前降低30%。

（4）改造后第2年，企业可获得当地财政补贴收入100万元（不征收增值税）。

问题：

1.列式计算项目改造前正常年份的应纳增值税、总成本费用、税前利润及企业所得税。

2.列式计算项目改造年和改造后第2年的应纳增值税和企业所得税。

3.以政府视角计算由于项目改造引起的税收变化总额（仅考虑增值税和企业所得税）。

4.遵循"有无对比"的原则，列式计算改造后正常年份的项目增量投资收益率。

（计算过程和结果均以万元为单位并保留2位小数）。

【解题思路】

将题目中的数据按照建设投资数据、运营成本数据、营收数据、利润与税金数据四个类别，进行表格化分类处理，理清基础数据，便于后面各小题解题之用。

（1）建设投资数据

（2）运营成本数据

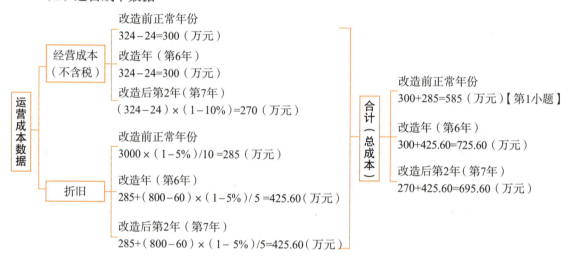

（3）营收数据

（4）利润与税金数据

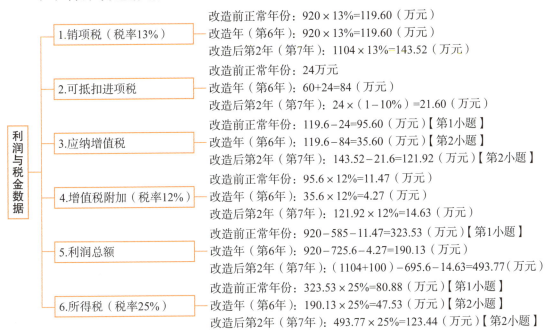

利润与税金数据

1.销项税（税率13%）
　改造前正常年份：920×13%=119.60（万元）
　改造年（第6年）：920×13%=119.60（万元）
　改造后第2年（第7年）：1104×13%=143.52（万元）

2.可抵扣进项税
　改造前正常年份：24万元
　改造年（第6年）：60+24=84（万元）
　改造后第2年（第7年）：24×（1−10%）=21.60（万元）

3.应纳增值税
　改造前正常年份：119.6−24=95.60（万元）【第1小题】
　改造年（第6年）：119.6−84=35.60（万元）【第2小题】
　改造后第2年（第7年）：143.52−21.6=121.92（万元）【第2小题】

4.增值税附加（税率12%）
　改造前正常年份：95.6×12%=11.47（万元）
　改造年（第6年）：35.6×12%=4.27（万元）
　改造后第2年（第7年）：121.92×12%=14.63（万元）

5.利润总额
　改造前正常年份：920−585−11.47=323.53（万元）【第1小题】
　改造年（第6年）：920−725.6−4.27=190.13（万元）
　改造后第2年（第7年）：（1104+100）−695.6−14.63=493.77（万元）

6.所得税（税率25%）
　改造前正常年份：323.53×25%=80.88（万元）【第1小题】
　改造年（第6年）：190.13×25%=47.53（万元）【第2小题】
　改造后第2年（第7年）：493.77×25%=123.44（万元）【第2小题】

参考答案

1.（1）改造前正常年份的固定资产折旧：3000×（1−5%）/10=285.00（万元）。

（2）改造前正常年份的应纳增值税：920×13%−24=95.60（万元）；

　　　增值税附加：95.6×12%=11.47（万元）。

（3）改造前正常年份的总成本费用：300+285=585.00（万元）。

（4）改造前正常年份的税前利润（利润总额）：920−585−11.47=323.53（万元）。

（5）改造前正常年份的企业所得税：323.53×25%=80.88（万元）。

2.（1）改造年的应纳增值税和企业所得税计算

①改造年的固定资产折旧：285+（800−60）×（1−5%）/5=425.60（万元）。

②改造年的应纳增值税：920×13%−（60+24）=35.60（万元）；

　　增值税附加：35.60×12%=4.27（万元）。

③改造年的总成本费用：425.6+（324−24）=725.60（万元）。

④改造年的税前利润：920−725.6−4.27=190.13（万元）。

⑤改造年的企业所得税：190.13×25%=47.53（万元）。

（2）改造后第2年的应纳增值税和企业所得税计算

①改造后第2年的固定资产折旧：425.60万元（改造年已计算）。

②改造后第2年的应纳增值税：$920×（1+20\%）×13\%-24×（1-10\%）=121.92$（万元）；

增值税附加：$121.92×12\%=14.63$（万元）。

③改造后第2年的总成本费用：$425.6+（324-24）×（1-10\%）=695.60$（万元）。

④改造后第2年的税前利润：$[920×（1+20\%）+100]-695.60-14.63=493.77$（万元）。

⑤改造后第2年的企业所得税：$493.77×25\%=123.44$（万元）。

3.（1）改造前（运营期1～5年）应纳增值税=$95.6×5=478.00$（万元）；

改造前（运营期1～5年）企业所得税=$80.88×5=404.40$（万元）。

（2）改造后（运营期第6年）应纳增值税=35.60（万元）；

改造后（运营期第6年）企业所得税=47.53（万元）。

（3）改造后第2年（运营期第7年）应纳增值税=121.92万元。

改造后第2年（运营期第7年）企业所得税=123.44万元。

（4）改造后正常年份（运营期第8～10年）应纳增值税=$121.92×3=365.76$（万元）；

改造后正常年份（运营期第8～10年）利润总额=$920×1.2-695.6-121.92×12\%=393.77$（万元）；

改造后正常年份（运营期第8～10年）企业所得税=$393.77×25\%×3=98.44×3=295.32$（万元）。

因此：

改造前后应纳增值税差额=$（35.6+121.92+365.76）-478=45.28$（万元）；

改造前后企业所得税差额=$（47.53+123.44+295.32）-404.4=61.89$（万元）；

累计差额=$45.28+61.89=107.17$（万元）。

4.（1）改造后正常年份增加的利润总额：$393.77-323.53=70.24$（万元）。

（2）项目改造增加的总投资：$800-200×30\%=740.00$（万元）。

（3）改造后正常年份的项目增量投资收益率：$70.24/740=9.49\%$。

第18天
财务分析（2021～2020真题）

2021年真题

背景：

真题详解

某企业拟投资建设一个生产市场急需产品的工业项目。该项目建设期2年，运营期8年。项目建设的其他基本数据如下：

（1）项目建设投资估算5300万元（包含可抵扣的进项税300万元），预计全部形成固定资产，固定资产使用年限为8年。按直线法折旧，期末净残值率5%。

（2）建设投资资金来源于自有资金和银行借款，借款年利率6%（按年计息），借款合同约定的还款方式为在运营期的前5年等额还本付息。建设期内自有资金和借款均为均衡投入。

（3）项目所需流动资金按照分项详细估算法估算，从运营期第1年开始由自有资金投入。

（4）运营期第1年，外购原材料、燃料费为1680万元，工资及福利费为700万元，其他费用为290万元，存货估算为385万元。项目应收账款年周转次数、现金年周转次数、应付账款年周转次数分别为12次、9次、6次。项目无预付账款和预收账款情况。

（5）项目产品适用的增值税税率为13%，增值税附加税率为12%，企业所得税税率为25%。

（6）项目的资金投入、收益、成本费用，见表18.1。

表18.1 项目资金投入、收益、成本费用表（单位：万元）

序号	项目	建设期		运营期			
		1	2	3	4	5	6～10
1	建设投资 其中： 自有资金 借款本金	1150 1500	1150 1500				
2	营业收入（不含销项税）			3520	4400	4400	4400
3	经营成本（不含可抵扣的进项税）			2700	3200	3200	3200
4	经营成本中可抵扣的进项税			200	250	250	250
5	流动资产			855	855	855	855
6	流动负债			350	350	350	350

问题：

1.列式计算项目运营期年固定资产折旧。

2.列式计算项目运营期第1年应偿还的本金、利息。

3.列式计算项目运营期第1年、第2年应投入的流动资金。

4.列式计算项目运营期第1年应缴纳的增值税。

5.以不含税价格列式计算运营期第1年的总成本费用和税后利润，并通过计算说明项目运营期第1年能否满足还款要求。

（计算过程和结果保留2位小数）

【解题思路】

将题目中的数据按照建设投资数据、运营成本数据、营收数据利润与税金数据四个类别，进行导图化分类处理，理清基础数据，便于后面各小题解题之用。根据解题的要求，本题只需分析运营期第1年（即计算期第3年）的基础数据。

（1）建设投资数据

（2）运营成本数据

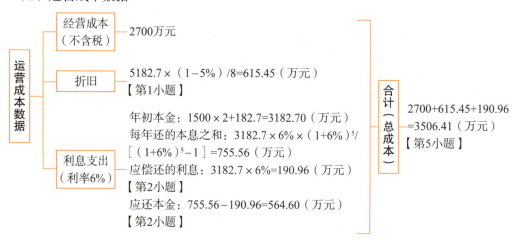

（3）营收数据

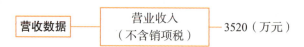

（4）利润与税金数据

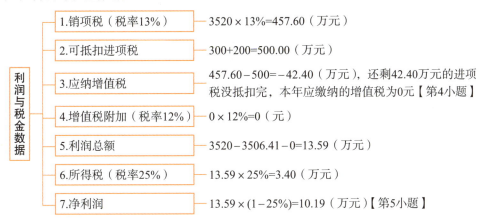

利润与税金数据

1.销项税（税率13%）—— 3520×13%=457.60（万元）

2.可抵扣进项税 —— 300+200=500.00（万元）

3.应纳增值税 —— 457.60−500=−42.40（万元），还剩42.40万元的进项税没抵扣完，本年应缴纳的增值税为0元【第4小题】

4.增值税附加（税率12%）—— 0×12%=0（元）

5.利润总额 —— 3520−3506.41−0=13.59（万元）

6.所得税（税率25%）—— 13.59×25%=3.40（万元）

7.净利润 —— 13.59×(1−25%)=10.19（万元）【第5小题】

参考答案

1.（1）建设期贷款利息计算：

建设期第1年贷款利息：1/2×1500×6%=45.00（万元）。

建设期第2年贷款利息：（45+1500）×6%+1/2×1500×6%=137.70（万元）。

建设期贷款利息合计：45+137.7=182.70（万元）。

（2）项目运营期年固定资产折旧：（5300−300+182.7）×（1−5%)/8=615.45（万元）。

2.（1）运营期第1年年初贷款本金：1500×2+182.7=3182.70（万元）。

（2）运营期前5年，每年还的本息之和：$3182.7×6\%×(1+6\%)^5/[(1+6\%)^5−1]=755.56$（万元）。

（3）运营期第1年应偿还的贷款利息：3182.7×6%=190.96（万元）。

（4）运营期第1年应还的贷款本金：755.56−190.96=564.60（万元）。

3.（1）运营期第1年的流动资金计算

①应收账款：2700/12=225.00（万元）。

现金：（700+290）/9=110.00（万元）。

存货：385.00万元。

流动资产：225+110+385=720.00（万元）。

②流动负债（仅有应付账款）：1680/6=280.00（万元）。

③应投入的流动资金（运营期第1年）：720−280=440.00（万元）。

（2）运营期第2年应投入的流动资金：（855−350）−440=65.00（万元）。

4.（1）运营期第1年的销项税：3520×13%=457.60（万元）。

（2）运营期第1年可抵扣进项税：300+200=500.00（万元）。

（3）运营期第1年应缴纳的增值税：因457.60－500＝－42.40（万元），还剩42.40万元的进项税没抵扣完，所以本年应缴纳的增值税为0元。

5.（1）总成本费用计算

不含税的经营成本：2700.00万元。

折旧：615.45万元。

利息支出：190.96万元。

运营期第1年不含税的总成本费用：2700＋615.45＋190.96＝3506.41（万元）。

（2）税后利润计算

不含税的营业收入：3520.00万元（已知数据）。

不含税的总成本：3506.41万元（本小题第1步计算结果）。

增值税附加：0×12%＝0（元）（应纳增值税0元，第4小题计算结果）。

运营期第1年的税后利润：（3520－3506.41－0.00）×（1－25%）＝10.19（万元）。

（3）还款分析：运营期第1年，应偿还贷款利息190.96万元，由销售产品回收总成本中的等额利息支出偿还；折旧和净利润之和为615.45＋10.19＝625.64（万元），可用于偿还贷款本金，大于应偿还的贷款本金564.60万元，能满足还款要求。

2020真题

背景：

某企业拟投资建设一工业项目，生产一种市场急需的产品。该项目相关基础数据如下：

真题详解

（1）项目建设期1年，运营期8年。建设投资估算1500万元（含可抵扣进项税100万元），建设投资（不含可抵扣进项税）全部形成固定资产，固定资产使用年限8年。期末净残值5%，按直线法折旧。

（2）项目建设投资来源为自有资金和银行贷款。借款总额1000万元，借款年利率8%（按年计息），借款合同约定的还款方式为运营期的前5年等额还本付息。自有资金和借款在建设期内均衡投入。

（3）项目投产当年以自有资金投入运营期流动资金400万元。

（4）项目设计产量为2万件/年。单位产品不含税销售价格预计450元，单位产品不含进项税可变成本估算为240元，单位产品平均可抵进项税估算为15元，正常达产年份的经营成本为550万元（不含可抵扣的进项税）。

（5）项目运营期第1年产量为设计产量的80%，营业收入亦为达产年份的80%，以后每年均达到设计产量。

（6）企业适用的增值税税率为13%，增值税附加按应纳增值税的12%计算，企业所得税税率为25%。

问题：

1.列式计算项目建设期贷款利息和固定资产年折旧额。

2.列式计算项目运营期第1年、第2年的企业应纳增值税额。

3.列式计算项目运营期第1年的经营成本、总成本费用。

4.列式计算项目运营期第1年、第2年的税前利润，并说明运营期第1年项目可用于还款的资金能否满足还款要求。

5.列式计算项目运营期第2年的产量盈亏平衡点。

（计算过程和结果有小数的，保留2位小数）

【解题思路】

将题目中的数据按照建设数据、运营成本数据、营收数据、利润与税金数据四个类别，进行导图化分类处理，理清基础数据，便于后面各小题解题之用。根据解题的要求，本题只需分析运营期第1年、第2年的基础数据。

（1）建设投资数据

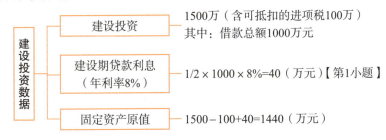

（2）运营成本数据

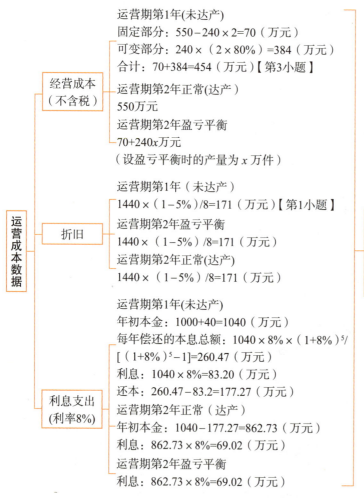

（3）营收入数据

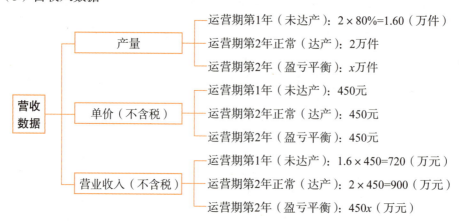

（4）利润与税金数据

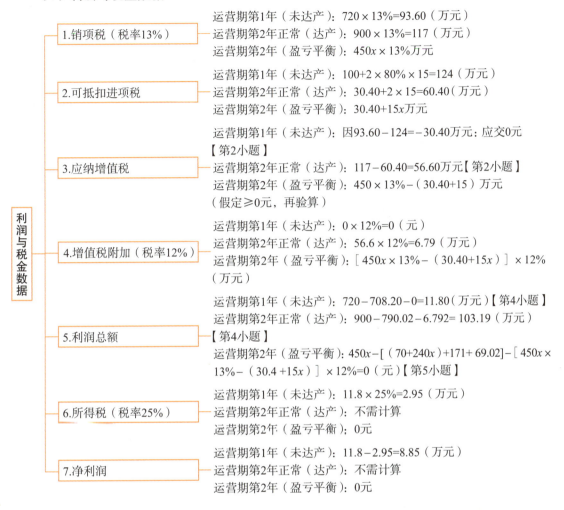

利润与税金数据

1.销项税（税率13%）
- 运营期第1年（未达产）：720×13%=93.60（万元）
- 运营期第2年正常（达产）：900×13%=117（万元）
- 运营期第2年（盈亏平衡）：450x×13%万元

2.可抵扣进项税
- 运营期第1年（未达产）：100+2×80%×15=124（万元）
- 运营期第2年正常（达产）：30.40+2×15=60.40（万元）
- 运营期第2年（盈亏平衡）：30.40+15x万元

3.应纳增值税
- 运营期第1年（未达产）：因93.60−124=−30.40万元；应交0元【第2小题】
- 运营期第2年正常（达产）：117−60.40=56.60万元【第2小题】
- 运营期第2年（盈亏平衡）：450×13%−（30.40+15）万元（假定≥0元，再验算）

4.增值税附加（税率12%）
- 运营期第1年（未达产）：0×12%=0（元）
- 运营期第2年正常（达产）：56.6×12%=6.79（万元）
- 运营期第2年（盈亏平衡）：[450x×13%−（30.40+15x）]×12%（万元）

5.利润总额
- 运营期第1年（未达产）：720−708.20−0=11.80（万元）【第4小题】
- 运营期第2年正常（达产）：900−790.02−6.792=103.19（万元）【第4小题】
- 运营期第2年（盈亏平衡）：450x−[（70+240x）+171+69.02]−[450x×13%−（30.4+15x）]×12%=0（元）【第5小题】

6.所得税（税率25%）
- 运营期第1年（未达产）：11.8×25%=2.95（万元）
- 运营期第2年正常（达产）：不需计算
- 运营期第2年（盈亏平衡）：0元

7.净利润
- 运营期第1年（未达产）：11.8−2.95=8.85（万元）
- 运营期第2年正常（达产）：不需计算
- 运营期第2年（盈亏平衡）：0元

参考答案

1.列式计算项目建设期贷款利息和固定资产年折旧额。

（1）建设期贷款利息：1/2×1000×8%=40.00（万元）。

（2）固定资产年折旧额：（1500−100+40）×（1−5%）/8=171.00（万元）。

2.列式计算项目运营期第1年、第2年的企业应纳增值税额。

（1）计算运营期第1年、第2年的销项税。

运营期第1年的销项税：2×450×80%×13%=93.60（万元）。

运营期第2年的销项税：2×450×13%=117.00（万元）。

（2）计算项目运营期第1年、第2年的企业应纳增值税额。

①计算运营期第1年企业应纳增值税额。

运营期第1年可抵扣的进项税：$100+2 \times 80\% \times 15 = 124.00$（万元）。

运营期第1年企业应纳增值税额：因$93.60-124.00=-30.40$（万元），还剩30.40万元的进项税未抵扣完（可用于运营期第2年继续抵扣），所以本年度企业应纳增值税额为0元。

②计算运营期第2年企业应纳增值税额。

运营期第2年可抵扣的进项税：$30.40+2 \times 15=60.40$（万元）。

运营期第2年企业应纳增值税额：$117-60.40=56.60$（万元）。

3.列式计算项目运营期第1年的经营成本、总成本费用。

（1）运营期第1年的经营成本：$(550-2 \times 240)+2 \times 240 \times 80\%=454.00$（万元）。

（2）运营期第1年应还的贷款利息：$(1000+40) \times 8\%=83.20$（万元）。

运营期第1年的总成本费用：$454+171+83.20=708.20$（万元）。

4.列式计算项目运营期第1年、第2年的税前利润，并说明运营期第1年项目可用于还款的资金能否满足还款要求。

（1）计算项目运营期第1年、第2年的税前利润。

基础数据计算

①运营期每年偿还贷款的本息之和：$A=(1000+40) \times 8\% \times (1+8\%)^5/[(1+8\%)^5-1]=260.47$（万元）。

②运营期第1年偿还的贷款利息：$(1000+40) \times 8\%=83.20$（万元）；运营期第1年偿还的贷款本金：$260.47-83.20=177.27$（万元）。

运营期第2年偿还的贷款利息：$(1000+40-177.27) \times 8\%=69.02$（万元）。

③运营期第1年不含税的营业收入：$2 \times 450 \times 80\%=720.00$（万元）。

运营期第2年不含的营业收入：$2 \times 450=900.00$（万元）。

④运营期第1年的增值税附加：$0 \times 12\%=0$（元）；运营期第2年的增值税附加：$56.60 \times 12\%=6.79$（万元）。

⑤运营期第1年不含税的总成本：708.20万元（第3小题计算结果）；运营期第2年不含税的总成本：$550+171+69.02=790.02$（万元）。

综上，项目运营期第1年税前利润：$720-708.2-0=11.80$（万元）；项目运营期第2年税前利润：$900-790.02-6.79=103.19$（万元）。

（2）判断运营期第1年项目可用于还款的资金能否满足还款要求

①运营期第1年应偿还贷款利息83.20万元；应偿还贷款本金177.27万元（本小题前面已算数据）。

②还款能力计算：本年度应还利息83.20万元，由销售产品回收总成本中的等额利息支出偿还；折旧和净利润之和为$171.00+11.80 \times (1-25\%)=179.85$（万元），可用于偿还

贷款本金，大于应还贷款本金177.27万元，能满足还款要求。

5.列式计算项目运营期第2年的产量盈亏平衡点。

设运营期第2年达到盈亏平衡点的产量为x万件。

（1）运营成本数据

不含税的经营成本：$(550-240 \times 2)+240x=70+240x$万元。

折旧：171万元（第1小题已计算数据）。

利息支出：69.02万元（第4小题已计算数据）。

不含税的总成本：$(70+240x)+171+69.02=310.02+240x$万元。

（2）营收数据

不含税的销售收入：$450x$万元。

（3）利润与税金数据

销项税：$450x \times 13\%$万元。

可抵扣的进项税：$30.40+15x$万元。

应缴纳的增值税：$450 \times 13\%-30.40-15x$万元。

增值税附加：$(450x \times 13\%-30.40-15x) \times 12\%$ 万元（假定应缴纳的增值税≥ 0元）。

利润总额：$450x-(310.02+240x)-(450x \times 13\%-30.40-15x) \times 12\%=0$（元）。

解得：$x=1.50$万件。

验算：应缴纳的增值税为$450 \times 1.50 \times 13\%-30.40-15 \times 1.50=34.85$（万元）$>0$元，满足题目的假定。

因此，运营期第2年的产量盈亏平衡点为1.50万件。

第19天
方案比选（2024~2022真题）

2024年真题

背景：

某国有资金拟投资建设智能大厦工程项目，建设方对某套设备系统的甲、乙方案进行比选，甲、乙两方案的初始投资分别为120万元、150万元，年运营和维护费用分别为5万元、3万元，无残值。使用年限均为10年，到期后更换其他系统。建设方选取F1~F4四个主要功能项目进行评价，初始投资为年初投入，其他费用均为年末投入。不考虑建设期影响，年复利率为6%，已知（P/A，6%，10）=7.360，（P/F，6%，10）=0.558。F1~F4四个主要功能项目得分及权重如表19.1所示。

表19.1 指标得分及权重

项目	甲方案	乙方案	权重
F1	7	9	0.32
F2	8	7	0.18
F3	6	10	0.26
F4	8	8	0.24

该项目采用工程量清单方式进行了公开招标，采用单价合同，建设方接受联合体投标，在招投标及评标过程中发生如下事件：

事件1： 招标文件规定，未中标的投标人投标保证金在投标有效期满后5日内退还，履约保证金为中标合同金额的15%，签约时中标人不按招标文件要求提交履约保证金的，取消其中标资格。

事件2： 评标时，评标委员会发现投标人A（联合体）的某成员安全生产许可证已经超过其有效期，但牵头人的安全生产许可证在有效期内。B投标人某占比较大的分项工程综合单价低于最高投标限价相应综合单价的30%以上，评标委员会要求B投标人对此提交澄清说明，B投标人书面回复称：由于询价失误，材料价格偏低并修改了综合单价、合价，并据此修改了投标总价。

事件3： C投标人中标，签订合同时提出，政府发布了材料价格风险指导性文件，材料价格波动超出±5%的风险由发包人承担，原招标文件材料价格波动超出±10%时的风险由发包人承担的规定，在合同中应改为材料价格波动超出±5%时调整综合单价。

问题：

1.完成下列表格。

计算项目	甲		乙	
	计算公式	计算结果	计算公式	计算结果
年费用（万元）				
成本指数				
功能得分				
功能指数				
价值指数				
应选方案				

2.若建设方未来以对租户收费的方式收回初始投资和年运营和维护费用，可出租面积为30000m²，甲、乙方案的每年最低收费分别为多少元/m²？预计甲方案每平方米收取租金12元、10元、9元的概率分别为0.4、0.4、0.2；乙方案每平方米收取租金13元、11元、9元的概率分别为0.2、0.5、0.3。费用收取按每年年末发生考虑，采用净年值法判断应选择哪个方案？

3.指出事件1的不妥之处，并写出正确做法。

4.针对事件2，评标委员会是否应否决投标人A（联合体）的投标文件？对投标人B的书面回复应如何处理？分别说明理由。

5.针对事件3，投标人C的观点是否妥当？并说明理由。（计算结果保留两位小数）

参考答案

1.

计算项目	甲		乙	
	计算公式	计算结果	计算公式	计算结果
年费用（万元）	$120 \div 7.36 + 5$	21.30	$150 \div 7.36 + 3$	23.38
成本指数	$21.3 \div (21.3 + 23.38)$	0.48	$23.38 \div (21.3 + 23.38)$	0.52
功能得分	$7 \times 0.32 + 8 \times 0.18 + 6 \times 0.26 + 8 \times 0.24$	7.16	$9 \times 0.32 + 7 \times 0.18 + 10 \times 0.26 + 8 \times 0.24$	8.66
功能指数	$7.16 \div (7.16 + 8.66)$	0.45	$8.66 \div (7.16 + 8.66)$	0.55
价值指数	$0.45 \div 0.48$	0.94	$0.55 \div 0.52$	1.06
应选方案	选择乙方案			

第 19 天

2.（1）最低收费额：

甲方案：21.3×10000÷30000＝7.10（元/m²）

乙方案：23.38×10000÷30000＝7.79（元/m²）

（2）净年值：

甲方案：（12×0.4+10×0.4+9×0.2）×3－21.3＝10.50（万元）

乙方案：（13×0.2+11×0.5+9×0.3）×3－23.38＝9.02（万元）

因为甲方案的净年值大，所以选择甲方案。

3.事件1：

（1）"招标文件规定，未中标的投标人投标保证金在投标有效期满后5日内退还"不妥。

正确做法：招标人最迟应当在书面合同签订后5日内向中标人和未中标的投标人退还投标保证金及银行同期存款利息。

（2）"履约保证金为中标合同金额的15%"不妥。

正确做法：招标文件要求中标人提交履约保证金的，中标人应当按照招标文件的要求提交。履约保证金不得超过中标合同金额的10%。

4.（1）评标委员会应否决投标人A的投标文件。

理由：两个以上法人或者其他组织可以组成一个联合体，以一个投标人的身份共同投标。联合体各方均应当具备承担招标项目的相应能力；国家有关规定或者招标文件对投标人资格条件有规定的，联合体各方均应当具备规定的相应资格条件。

（2）评标委员会应否决投标人B的投标文件。

理由：在评标过程中，评标委员会发现投标人的报价明显低于其他投标报价或者在设有标底时明显低于标底，使得其投标报价可能低于其个别成本的，应当要求该投标人做出书面说明并提供相关证明材料。投标人不能合理说明或者不能提供相关证明材料的，由评标委员会认定该投标人以低于成本报价竞标，应当否决其投标。

5.投标人C的做法不妥当。

理由：根据招投标条款规定，招标人和中标人应当依照招标投标法和相关条例的规定签订书面合同，合同的标的、价款、质量、履行期限等主要条款应当与招标文件和中标人的投标文件的内容一致。招标人和中标人不得再行订立背离合同实质性内容的其他协议。

2023年真题

真题详解

背景：

国有资金投资依法必须招标的某省级重点建设项目，采用工程量清单方式进行施工招标。在招投标过程中，发生了如下事件：

事件1： 招标人认为该项目技术复杂且自然环境恶劣，建议招标代理人采用邀请招标方式进行招标，直接邀请多家综合实力强、施工经验丰富的大型总承包公司参与该项目投标。

事件2： 在投标截止时间前5日，招标人对项目技术要求和工程量清单做了部分修改，开标时间不变。投标人甲对此提出了异议，认为此修改影响了投标文件的编制，应顺延开标时间。

事件3： 由于受外界因素影响，招标人决定延长投标有效期。投标人乙认为自己无中标希望，拒绝了招标人的延长要求，并要求退还投标保证金。投标人丙同意延长投标有效期，但不同意延长投标保证金的有效期，并提出修改投标文件中的工期。其余参与投标的八家投标人均同意了延长要求。

确定中标人后，业主与其签订了合同。

施工方编制的某分部工程网络进度计划如图19.1所示，该分部工程由工作A、B、C、D、E、F组成。图中箭线上方括号外数字为正常工作时间直接费（万元），括号内数字为最短工作时间直接费（万元）；箭线下方括号外数字为正常工作持续时间（天），括号内数字为最短工作持续时间（天）。正常工作时间的间接费为26.7万元。间接费率为0.3万元/天。

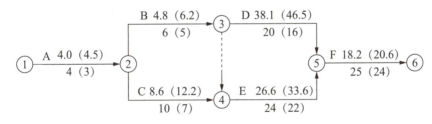

图19.1　网络进度计划图

问题：

1.事件1中，根据法律法规的相关规定，该项目可否采用邀请招标方式进行招标？并说明理由。

2.事件2中，投标人甲提出的异议是否合理？并说明理由。招标人应在何时答复？应如何处理该项异议？

3.事件3中，投标人乙、投标人丙的做法是否妥当？并分别说明理由。招标人是否应退还投标人乙、投标人丙的投标保证金？二者的投标是否继续有效？

4.列出该分部工程关键线路，并计算该线路上各工作的直接费率，填入答题卡表19.2中。计算该分部工程的正常工期和相应的总费用。由于前期其他分部工程延误，施工方需要用60天完成该分部工程才能不影响后续工程工期。为此应压缩哪几项工作？压缩后的该分部工程总费用是多少万元？

表19.2　各工作的直接费率计算表

工作代号	最短时间直接费−正常时间直接费（万元）	正常持续时间−最短持续时间（TT）	直接费率（万元/d）
A			
B			
C			
D			
E			
F			

5.根据合同约定，工期每提前1天，可得奖励1.0万元。若不考虑其他因素，仅针对该部分工程，继续压缩哪些工作对施工方有利？并说明理由。

（注：计算过程和结果均以万元为单位并保留两位小数。）

参考答案

1.事件1中不可以采取邀请招标；

理由：根据《中华人民共和国招标投标法实施条例》第8条规定，当项目是国有资金占控股或主导地位的依法必须进行招标的项目，应当公开招标，但有下列情形之一的，可以邀请招标：

（1）技术复杂、有特殊要求或者受自然环境限制，只有少量潜在投标人可供选择；

（2）采用公开招标方式的费用占项目合同金额的比例过大。

本题虽然技术复杂，自然环境恶劣，但是有多家大型总承包公司可以参与，不满足邀请招标条件。

2.（1）事件2中，投标人甲提出的异议合理。

理由：根据《中华人民共和国招标投标法实施条例》第21条规定：招标人可以对已发出的资格预审申请文件或者招标文件进行必要的澄清或者修改。澄清或者修改的内容可能影响资格预审申请文件或者投标文件编制的，招标人应当在提交资格预审申请文件截止时间至少3日前或者投标截止时间至少15日前，以书面形式通知所有获取资格预审申请文件或者招标文件的潜在投标人；不足3日或者15日的，招标人应当顺延提交资格预审申请文件或者投标文件的截止时间。

（2）招标人答复：招标人应当自收到异议之日起3日内作出答复；作出答复前，应当暂停招标投标活动。

（3）招标人处理异议：投标截止时间不足3日或者15日的，招标人应当顺延提交投标文件的截止时间。

3.（1）事件3中，投标人乙做法妥当。理由：根据《工程建设项目施工招标投标办法》第29条规定：在原投标有效期结束前，出现特殊情况的，招标人可以书面形式要求所有投标人延长投标有效期……投标人拒绝延长的，其投标失效，但投标人有权收回其投标保证金。

（2）事件3中，投标人丙做法不妥当；理由：根据《工程建设项目施工招标投标办法》第29条规定：在原投标有效期结束前，出现特殊情况的，招标人可以书面形式要求所有投标人延长投标有效期。投标人同意延长的，不得要求或被允许修改其投标文件的实质性内容，但应当相应延长其投标保证金的有效期。

（3）事件3中，招标人应退还投标人乙、投标人丙的投标保证金；

（4）事件3中，投标人乙、投标人丙的投标文件无效。

4.（1）各工作的直接费率计算。

表19.3　各工作的直接费率计算表

工作代号	最短时间直接费–正常时间直接费 （万元）	正常持续时间–最短持续时间 （TT）	直接费率 （万元/d）
A	4.5–4=0.5	4–3=1	0.5
B	6.2–4.8=1.4	6–5=1	1.4
C	12.2–8.6=3.6	10–7=3	1.2
D	46.5–38.1=8.4	20–16=4	2.1
E	33.6–26.6=7	24–22=2	3.5
F	20.6–18.2=2.4	25–24=1	2.4

（2）关键工作：A→C→E→F。

（3）分项工程总费用=4+4.8+8.6+38.1+26.6+18.2+26.7=127.00（万元）。

（4）第一次压缩：A工作压缩1天；第二次压缩C工作压缩2天。

（5）压缩后分项工程总费用=127+0.5+1.2×2−0.3×3=129.00（万元）。

5.继续压缩C工作1天对施工方有利。

理由：压缩一天C工作增加直接费1.2万元<工期奖励1万元+间接费率0.3万元。

2022年真题

背景：

某国有企业投资兴建一大厦，通过公开招标方式进行施工招标，选定了某承包商。土建工程的合同价格为20300万元（不含税），其中利润为800万元。该土建工程由地基基础工程（A）、主体结构工程（B）、装饰工程（C）、屋面工程（D）、节能工程（E）五个分项工程组成。中标后，该承包商经过认真测算、分析，各分部分项的功能得分和成本所占比例见表19.3。

真题详解

表19.3　各分部分项功能得分和成本比例表

部分工程项目	A	B	C	D	E
各分部工程功能评分	26	35	22	9	16
各分部工程成本所占比例	0.24	0.33	0.20	0.08	0.15

建设单位要求设计单位提供楼宇智能化方案选择，设计单位提供了两个能够满足建设单位要求的方案，本项目的造价咨询单位对两个方案的相关费用和收入进行了测算，有关数据见表19.4。

表19.5　两个方案的基础数据

项目 方案	购置、安装 （万元）	大修理周期 （年）	每次大修理费 （万元）	使用年限 （年）	年运行收入 （万元）	年运行维护费 （万元）
方案一	1500	15	160	45	250	80
方案二	1800	10	100	40	280	75

建设期为1年，不考虑期末残值，购置、安装费及所有收支费用均发生在年末，年复利率为8%，现值系数见表19.5。

表19.6　现值系数表

	1	10	15	20	30	40	41	45	46
$(P/A，8\%，n)$	0.926	6.710	8.539	9.818	11.258	11.925	11.967	12.109	12.137
$(P/F，8\%，n)$	0.926	0.463	0.315	0.215	0.099	0.046	0.043	0.031	0.029

问题：

1.承包商以分部分项工程为对象进行价值工程分析，计算各分部分项工程的功能指数及目前成本。

2.承包商制定了强化成本管理方案，计划将目标成本额控制在18500万元，计算各分部工程的目标成本及其可能降低的额度，并据此确定各分部工程成本管控的优先顺序。

3.若承包商的成本管理方案能够得到可靠实施，但施工过程中占工程成本50%的材料费仍有可能上涨，经预测上涨10%的概率为0.6，上涨5%的概率为0.3，则该承包商在该工程的期望成本利润率应为多少？

4.对楼宇智能化方案采用净年值法计算分析，建设单位应选择哪个方案？（计算过程和结果均保留3位小数）

参考答案

1.（1）计算各分部分项工程的功能指数：

各功能评分之和：26+35+22+9+16＝108.000。

①A分项功能指数：26/108＝0.241。

②B分项功能指数：35/108＝0.324。

③C分项功能指数：22/108＝0.204。

④D分项功能指数：9/108＝0.083。

⑤E分项功能指数：16/108＝0.148。

（2）计算各分部分项工程的目前成本：

目前总成本：20300－800＝19500.000（万元）。

①A分项目前成本：0.24×19500＝4680.000（万元）。

②B分项目前成本：0.33×19500＝6435.000（万元）。

③C分项目前成本：0.20×19500＝3900.000（万元）。

④D分项目前成本：0.08×19500＝1560.000（万元）。

⑤E分项目前成本：0.15×19500＝2925.000（万元）。

2.（1）计算各分部工程的目标成本及其可能的降低额度：

①A分项目标成本0.241×18500＝4458.500（万元）；

　　成本降低额度：4680－4458.5＝221.500（万元）。

②B分项目标成本：0.324×18500＝5994.000（万元）；

　　成本降低额度：6435－5994＝441.000（万元）。

③C分项目标成本：0.204×18500＝3774.000（万元）；

　　成本降低额度：3900－3774＝126.000（万元）。

④D分项目标成本：0.083×18500＝1535.500（万元）；

　　成本降低额度：1560－1535.5＝24.500（万元）。

⑤E分项目标成本：$0.148 \times 18500 = 2738.000$（万元）；

成本降低额度：$2925 - 2738 = 187.000$（万元）。

成本管控的先后顺序为：B、A、E、C、D。

3.（1）工程的期望成本：$18500 \times 50\% \times [（1+10\%）\times 0.6+（1+5\%）\times 0.3+1 \times 0.1]+18500 \times 50\% = 19193.750$（万元）。

（2）工程的期望成本利润率：$（20300-19193.75）/19193.75 = 5.764\%$。

4.（1）方案一的净年值：$[-1500-160 \times（0.315+0.099）+（250-80）\times 12.109] \times 0.926/12.137 = 37.560$（万元）。

（2）方案二的净年值：$[-1800-100 \times（0.463+0.215+0.099）+（280-75）\times 11.925] \times 0.926/11.967 = 43.868$（万元）。

因方案二的净年值大，选择方案二。

第20天
方案比选（2021～2020真题）

第
20
天

2021年真题

背景：

某利用原有仓储库房改建养老院项目，有三个可选设计方案。

真题详解

方案一：不改变原有建筑结构和外立面装饰，内部格局和装修做部分调整；

方案二：部分改变原有建筑结构，外立面装修全部拆除重做，内部格局和装修做较大调整；

方案三：整体拆除新建。

三个方案的基础数据见表20.1，假设初始投资发生在期初，维护费用和残值发生在期末。

表20.1 各设计方案的基础数据

项目	方案一	方案二	方案三
初始投资（万元）	1200	1800	2100
维护费用（万元/年）	150	130	120
使用年限（一年）	30	40	50
残值（万元）	20	40	70

经建设单位组织的专家评审，决定从施工工期（Z_1）、初始投资（Z_2）、维护费用（Z_3）、空间利用（Z_4）、使用年限（Z_5）、建筑能耗（Z_6）六个指标对设计方案进行评价。专家组采用0～1评分法对各指标的重要程度进行评分，评分结果见表20.2。专家组对各设计方案的评价指标打分的算术平均值见表20.3。

表20.2 指标重要程度评分表

指标	Z_1	Z_2	Z_3	Z_4	Z_5	Z_6
Z_1	×	0	0	1	1	1
Z_2	1	×	1	1	1	1
Z_3	1	0	×	1	1	1
Z_4	0	0	0	×	0	1
Z_5	0	0	1	×	1
Z_6	0	0	0	0	0	×

表20.3　各设计方案评价指标打分算术平均值

项目	方案一	方案二	方案三
Z_1	10	8	7
Z_2	10	7	6
Z_3	8	9	10
Z_4	6	9	10
Z_5	6	8	10
Z_6	7	9	10

问题：

1.利用答题卡表20.4，计算各评价指标的权重。

表20.4　各评价指标权重计算

指标	Z_1	Z_2	Z_3	Z_4	Z_5	Z_6	得分	修正得分	权重
Z_1	×	0	0	1	1	1			
Z_2	1	×	1	1	1	1			
Z_3	1	0	×	1	1	1			
Z_4	0	0	0	×	0	1			
Z_5	0	0	0	1	×	1			
Z_6	0	0	0	0	0	×			
合计									

2.按Z_1到Z_6组成的评价指标体系，采用综合评审法对三个方案进行评价，并推荐最优方案。

3.为了进一步对三个方案进行比较，专家组采用结构耐久性、空间利用、建筑能耗、建筑外观四个指标作为功能项目，经综合评定确定的三个方案的功能指数分别为：方案一：0.241，方案二：0.351，方案三：0.408。在考虑初始投资、维护费用和残值的前提下，已知方案一和方案二的寿命期年费用分别为256.415万元和280.789万元，试计算方案三的寿命周期年费用，并用价值工程方法选择最优方案。年复利率为8%，现值系数见表20.5。

表20.5　现值系数表

n	10	20	30	40	50
$(P/A, 8\%, n)$	6.710	9.818	11.258	11.925	12.233
$(P/F, 8\%, n)$	0.463	0.215	0.090	0.046	0.021

4.在选定方案二的前提下，设计单位提出，通过增设护理检测系统降低维护费用，该系统有A、B两个设计方案。方案A初始投资60万元，每年降低维护费用8万元，每10年大修一次，每次大修费用20万元；方案B初始投资100万元，每年降低维护费用11万元，每20年大修一次，每次大修费用50万元，试分别计算A、B两个方案的净现值，并选择最优方案。

（计算过程和结果均保留3位小数）

参考答案

1.各评价指标权重计算，见表20.6。

表20.6　各评价指标权重计算

指标	Z_1	Z_2	Z_3	Z_4	Z_5	Z_6	得分	修正得分	权重
Z_1	×	0	0	1	1	1	3	4	0.190
Z_2	1	×	1	1	1	1	5	6	0.286
Z_3	1	0	×	1	1	1	4	5	0.238
Z_4	0	0	0	×	0	1	1	2	0.095
Z_5	0	0	0	1	×	1	2	3	0.143
Z_6	0	0	0	0	0	×	0	1	0.048
合计							15	21	1.000

2.（1）方案一综合得分：

$10 \times 0.190 + 10 \times 0.286 + 8 \times 0.238 + 6 \times 0.095 + 6 \times 0.143 + 7 \times 0.048 = 8.428$。

（2）方案二综合得分：

$8 \times 0.190 + 7 \times 0.286 + 9 \times 0.238 + 9 \times 0.095 + 8 \times 0.143 + 9 \times 0.048 = 8.095$。

（3）方案三综合得分：

$7 \times 0.190 + 6 \times 0.286 + 10 \times 0.238 + 10 \times 0.095 + 10 \times 0.143 + 10 \times 0.048 = 8.286$。

由以上计算可知，方案一的综合得分最高，方案一为最优方案。

3.（1）方案三的寿命周期年费用计算：

$(2100 - 70 \times 0.021) \times 1/12.233 + 120 = 291.547$（万元）。

（2）各方案的成本指数计算：

方案一：$256.415/(256.415 + 280.789 + 291.547) = 0.309$。

方案二：$280.789/(256.415 + 280.789 + 291.547) = 0.339$。

方案三：$291.547/(256.415 + 280.789 + 291.547) = 0.352$。

（3）各方案价值指数计算：

方案一：$0.241/0.309 = 0.780$。

方案二：$0.351/0.339 = 1.035$。

方案三：$0.408/0.352 = 1.159$。

因方案三的价值指数最大，应选择方案三为最优方案。

4.A方案净现值：

$-1800 - 60 + 40 \times (P/F, 8\%, 40) - (130 - 8) \times (P/A, 8\%, 40) - 20 \times [(P/F, 8\%, 10) + (P/F, 8\%, 20) + (P/F, 8\%, 30)]$

$= -1800 - 60 + 40 \times 0.046 - 122 \times 11.925 - 20 \times (0.463 + 0.215 + 0.099) = -3328.55$（万元）；

B方案净现值：

$-1800-100+40\times(P/F,8\%,40)-(130-11)\times(P/A,8\%,40)-50\times(P/F,8\%,20)$

$=-1800-100+40\times0.046-119\times11.925-50\times0.215=-3327.985$（万元）。

因B方案净现值最大，故选择B方案为最优方案。

2020年真题

背景：

某国有资金投资的施工项目，采用工程量清单公开招标，并按规定编制了最高投标限价。同时，该项目采用单价合同，工期为180天。

真题详解

招标人在编制招标文件时，使用了九部委联合发布的《标准施工招标文件》，并对招标人认为某些不适于本项目的通用条款进行了删减。招标文件中对竣工结算的规定是：工程量按实结算，但竣工结算价款总额不得超过最高投标限价。

共有A、B、C、D、E、F、G、H八家投标人参加了投标。

投标人A针对2万平方米的模板项目提出了两种可行方案进行比选。方案一的人工费为12.5元/m²，材料费及其他费用为90万元。方案二的人工费为19.5元/m²，材料费及其他费用为70万元。

投标人D对某项用量大的主材进行了市场询价，并按其含税供应价格加运费作为材料单价用于相应清单项目的组价计算。

投标人F在进行报价分析时，降低了部分单价措施项目的综合单价和总价措施项目中的二次搬运费率，提高了夜间施工费率，统一下调了招标清单中材料暂估单价8%计入工程量清单综合单价报价中，工期为六个月。

中标候选人公示期间，招标人接到投标人H提出的异议。第一中标候选人的项目经理业绩为在建工程，不符合招标文件要求的"已竣工验收"的工程业绩的要求。

问题：

1.编制招标文件时，招标人的做法是否符合相关规定？招标文件中对竣工结算的规定是否妥当？并分别说明理由。

2.若从总费用的角度考虑，投标人A应选用哪种模板方案？若投标人A经过技术指标分析后得出的方案一、方案二的功能指数分别为0.54和0.46，以单方模板费用作为成本比较对象，试用价值指数法选择比较经济的模板方案。（计算过程和计算结果均保留2位小数）

3.投标人D、投标人F的做法是否有不妥之处？并分别说明理由。

4.针对投标人H提出的异议，招标人应在何时答复？应如何处理？若第一中标人不再符合中标条件，招标人应如何确定中标人？

参考答案

1.（1）编制招标文件时，招标人"删减某些不适合于本项目的通用条款"做法不符合相关规定。理由：根据《标准施工招标文件》及《房屋建筑和市政工程标准施工招标文件》的相关规定，招标人应根据招标项目具体特点和实际需要，将标准施工招标文件具体化，确实没有需要填写的，在空格中用"/"标示；如果是"通用合同条款"，应不加修改地直接引用。

（2）"竣工结算价款总额不得超过最高投标限价"不妥当，理由：根据《建设工程工程量清单计价规范》（GB 50500—2013）的相关规定，竣工结算价款总额，是承包人按合同约定完成了全部承包工作后，发包人应付给承包人的合同总金额，即按照承包人实际完成的工程总造价支付。

2.（1）方案一的总费用为12.5×2+90＝115.00（万元），方案二的总费用为19.5×2+70＝109.00（万元）。若从总费用的角度考虑，投标人应选择方案二。

（2）方案一单方模板费为115.00/2＝57.50元/m²，方案二单方模板费为109.00/2＝54.50（元/m²）。

方案一的成本指数为57.50/（57.50+54.50）＝0.51，方案二的成本指数为54.50/（57.50+54.50）＝0.49。

方案一的价值指数为0.54/0.51＝1.06，方案二的价值指数为0.46/0.49＝0.94。因方案一价值指数较大，选择方案一。

3.（1）投标人D的做法有不妥之处，即"按其含税供应价格加运费作为材料单价用于相应清单项目的组价计算"不妥。

理由：材料单价应采用材料从其来源地运到施工工地仓库，直至出库形成的综合平均单价，包括材料原价（或供应价格）、材料运杂费、运输损耗、采购及保管费等。若材料供货价格为含税价格，则材料原价应以购进货物适用的税率（13%或9%）或征收率（3%）扣除增值税进项税额。

（2）投标人F的做法有不妥之处，即"下调了招标清单中材料暂估单价8%计入工程量清单综合单价报价中"不妥，"工期为六个月"不妥。

理由：①根据《建设工程工程量清单计价规范》的相关规定，材料暂估价应按招标工程量清单中列出的单价计入综合单价。

②根据《房屋建筑和市政工程标准施工招标文件》的评标办法，工期属于响应性评审的评审因素。招标文件规定的工期为180天，投标文件的工期为六个月（总天数已经超过180天），不满足招标文件的要求。

4.（1）招标人应当自收到异议之日起3日内做出答复。做出答复前，应当暂停招标投标活动。

（2）经核查发现在招标过程中确有投标人H反映的情况，违反相关法律法规或招标文件要求的，第一中标候选人的投标文件无效，招标人应当重新组织评标或招标；若不存在投标人H反映的情况，招标人书面答复无异议后，可按原评标结果确定中标人。

（3）招标人可以按照评标委员会提出的中标候选人名单排序依次确定其他中标候选人为中标人。依次确定其他中标候选人与招标人预期差距较大，或者对招标人明显不利的，招标人可以重新招标。

第20天

第21天
工程索赔（2024～2022真题）

背景：

某国有企业投资的建设项目，采用工程量清单方式招标，发承包双方签订了工程施工合同。合同约定工期320天，签约合同价8000万元（含税），管理费为人材机费之和的8%，利润为人材机费和管理费之和的3%。规费为人工费的20%，增值税率为9%，因市场价格波动、人工费和钢材变化部分据实调整。施工机械闲置费用按机械台班单价的60%计算（不计取管理费和利润）。合同签订后，经监理工程师批准的施工进度计划如图21.1所示。承包人安排E工作与I工作使用同一台施工机械（按每天1台班计），机械台班单价为1000元/台班。各项工作均按最早时间安排。

真题详解

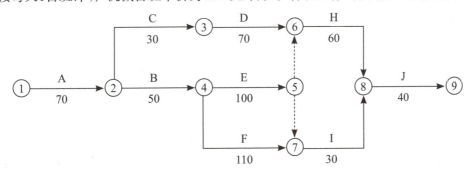

图21.1　施工进度计划图

工程实施过程中发生如下事件：

事件1：该工程F工作招标工程量清单中空调机组共计12套，设备暂估价20万元/套，F工作开始前发包人经询价选择了某设备供应商，并按18万元/套认定价格由承包人采购，合同价款按发包人认定价格调整。

事件2：因工程变更增加G工作，G工作是E工作的紧后工作，是I工作的紧前工作，工作时间为40天，经确认，该工作人材机费用分别为20万元、40万元、10万元。

事件3：由于功能调整需要，对施工图进行了修改，因修改后的施工图延迟移交承包人，导致H工作开始时间延误40天。经双方协商，对因延迟交付施工图导致的工期延误，发包人同意按签约合同价和合同工期分摊的每天管理费标准补偿承包人。

事件4：上述事件发生后，J工作施工期间发生市场价格波动，经发包人确认，钢材下跌200元/吨（合同钢材单价3600元/吨），J工作的钢材用量为30吨，人工费上调6%。合同价中J工作的人工费为30万元。

以上事件发生后，承包人均及时向发包人提出工期及费用索赔。除注明外，各事件中的费用项目价格均不含增值税。

问题：

1.针对事件一，请指出发包人处理该事件的做法不妥之处，并给出正确的做法。

2.针对事件二，请指出变更后的关键线路。承包人可以索赔工期是多少天？G工作的工程造价是多少万元？除G工作的工程造价外，由该事件导致的费用索赔工程款是多少万元？

3.针对事件三，承包人可以获得的工期索赔是多少天？假设签约合同价中的规费为300万元，按签约合同价和合同工期分摊的每天管理费是多少万元？承包人可以获得补偿的管理费是多少万元？

4.针对事件四，钢材单价下跌和人工费上涨是否需要调整价款？请说明原因。

（费用计算部分以万元为单位，计算结果保留三位小数。）

第21天

参考答案

1.不妥之处：由发包人经询价选择设备供应商不妥。

正确做法：该暂估价设备金额为 $12 \times 20 = 240$（万），属于依法必须招标的项目。应由发承包双方以招标的方式选择供应商。依法确定中标价格后，以此为依据取代暂估价，调整合同价款。

2.（1）变更后的关键线路：A→B→E→G→I→J。

（2）承包人可索赔10天。

（3）G工作的工程造价：$[（20+40+10）\times 1.08 \times 1.03 + 20 \times 20\%] \times 1.09 = 89.236$（万元）。

（4）费用索赔工程款：$1000 \times 60\% \times 30 \times 1.09 \div 10000 = 1.962$（万元）。

3.（1）事件3可索赔工期：30天。

（2）签约合同价中管理费 $=（8000 \div 1.09 - 300）\div 1.08 \div 1.03 \times 8\% = 506.253$（万元）。

按签约合同价和合同工期分摊的每天管理费 $= 506.253 \div 320 = 1.582$（万元/天）。

（3）补偿的管理费 $= 1.582 \times 30 = 47.460$（万元）。

4.（1）钢材单价下跌不需调整价款。

理由：事件2和事件3均为发包人责任事件，受此影响J工作开始时间推迟了40天，由于发包人原因导致的工期延误，按不利于发包人的原则，此时钢材单价下跌造成合同价款减少不予调整。

（2）人工费上涨需要调整价款。

理由：由于合同约定人工费变化部分据实调整且由于发包人原因导致的工期延误，按不利于发包人的原则，此时人工费上涨造成合同价款增加应予调整。

人工费价款调整 $=（30×6\%×1.08×1.03+30×6\%×20\%）×1.09=2.575（万元）$

2023年真题

背景：

某建设工程业主通过工程量清单招标确定了施工总承包单位A中标，并与A签订了施工总承包合同。合同约定：施工工期210天，管理费为人材机费之和的12%，利润为人材机费和管理费之和的5%，规费为人工费的18%。前述各项费用均不含增值税，增值税税率为9%。

工程实施过程中发生如下事件：

事件1：施工总承包合同签订后，总承包单位A将该工程招标工程量清单中给定暂估价的两项专业工程，经招标分别发包给了具有相应专业工程承包资质的分包单位B和C。分包合同约定：有关合同索赔事项均需在索赔事件发生后28天内提出；由B完成B₁和B₂工作，由C完成C₁和C₂工作。分包工程招标后，总承包单位A要求业主支付组织专业工程发包过程发生的招标相关费用8万元。经总承包单位A与分包单位B、C协商确认的双代号网络进度计划，如图21.2所示。

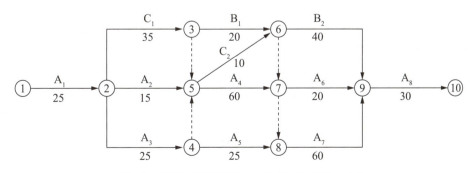

图21.2 双代号网络进度计划（时间单位：天）

事件2：工程开工前，业主改变了地下空间工程的使用功能，进行了相应的设计变更。该设计变更对工作A_1的影响有：①增加施工降水深度，增加降水措施费15万元（其中人工费占比35%）；②结构工程增加混凝土材料费16万元，减少人工费7万元，减少打桩设备机械台班25个（台班单价1200元），减少钢材材料费13万元；③增加土方开挖分项工程费22万元（其中人工费9万元）；④增加工作时间30天。

事件3：分包单位C施工中出现质量问题，整改和返工造成工作C_2实际作业时间为25天。为此，分包单位B依据施工总承包合同向C提出索赔工期15天，同时，索赔B_1、B_2施工所共用的一台自有施工机械（台班单价2000元）的台班费：15台班×2000元/台班＝3万元。

事件4：在完工结算时，得知总承包单位A就设计变更影响到工作A_1向业主索赔工期和费用后，分包单位C也以此设计变更导致其无法按原计划时间开始施工为由，向业主提出窝工费用和工期索赔。

事件5：考虑到上述事件对总工期的影响，业主要求实际总工期不得超过原合同工期，并承诺每提前1天工期奖励2万元。总承包单位A采取施工措施，将工作A_4、A_7、A_8的顺序施工方式，改变为分段流水作业，确定的流水节拍见表21.1。

表21.1　流水节拍表　单位：天

施工过程	流水段		
	①	②	③
A_4	20	20	20
A_7	20	20	20
A_8	10	10	10

问题：

1.针对事件1，若暂估价专业工程属于依法必须招标的项目，依据《建设工程工程量清单计价规范》（GB 50500—2013），总承包单位A单独作为招标人组织招标需要满足什么条件？哪些环节需要报批？产生的招标费用应由谁承担？

2.根据事件2，分别列式计算工作A_1的分部分项工程费、规费和工程造价增加多少万元。

3.针对事件3，说明分包单位B的正确做法。

4.指出事件4中分包单位C做法的不妥之处，并说明正确做法。

5.事件5中，仅按表21.1给定数据组织工作A_4、A_7、A_8流水施工的工期为多少天？在网络计划中受工作逻辑关系约束，组织工作A_4、A_7、A_8流水施工的工期为多少天？说明理由。该工程实际总工期为多少天？总承包单位A可以获得多少万元的总工期提前奖励？

（注：计算过程和结果以万元为单位并保留三位小数。）

参考答案

1.总承包单位A单独作为招标人组织招标应满足条件"除合同另有约定外，承包人不参加该专业工程的投标"；拟定的招标文件、评标方法、评标结果需要报批；产生的招标费用由总承包单位A承担。

2.A_1的分部分项工程费：（$16-7-25\times1200/10000-13$）$\times1.12\times1.05+22=13.768$（万元）。

规费 =（$15\times35\%-7+9$）$\times18\%=1.305$（万元）。

工程造价增加：（$13.768+1.305+15$）$\times1.09=32.780$（万元）。

3.分包单位B应索赔工期为5天，索赔费用为5个自有台班的折旧费。

4.不妥之处：分包单位C超过了索赔时限，故索赔不成立；分包单位C向业主提出索赔不妥。正确做法：分包单位C应在知道或应当知道索赔事件发生后28天内，向总承包单位A递交索赔意向通知书，并说明发生索赔事件的事由。

5.按表21.1给定数据组织工作A_4、A_7、A_8流水施工的工期=$20+40+30=90$（天）。

受网络计划约束后流水施工的工期为：$90+5+15=110$（天）。

理由：原流水施工A_7为第110天末开始，B_2结束时间是第115天末，受紧前工作C_2的影响，故开始时间需要往后推迟$115-110=5$（天）。

原流水施工A_8为第150天末开始，受流水施工A_7推迟5天的影响，开始时间调整为第155天末，又因为A_6结束时间是第170天末，受紧前工作A_6的影响，故开始时间需要往后推迟$170-155=15$（天），经调整后流水施工A_8实际开始时间为第170天末，该工程实际总工期为$170+30=200$（天）。

总承包单位A可获得工期奖励为（$210-200$）$\times2=20$（万元）。

2022年真题

背景：

某国有资金投资新建教学楼工程，建设单位委托某招标代理机构对预算为3800万元的建筑安装工程组织施工招标。A、B、C、D、E共五家申请人通过了资格审查，其中B为联合体。

真题详解

建设单位要求招标代理机构做好以下工作：

1.被列为失信被执行人的投标人，直接否决其投标，不进入评标环节。

2.为保证招标工作的顺利进行，指导投标人做好投标文件。

3.最高投标限价为3800万元，为保证工程质量，规定投标人的投标报价不得低于最高投标限价的75%，即不低于3800×75%＝2850（万元）。

4.为保证投标人不少于3家，对开标前已提交投标文件而又要求撤回的投标人，其投标保证金不予退还。

该项目招标过程中发生了如下事件：

事件1：投标人A递交投标文件时，提交了某银行出具的投标保证金汇款支出证明，在开标时，招标人实时查询该笔汇款还未到达招标文件指定的收款账户。

事件2：投标文件评审时发现，投标人B为增加竞争力，将资格预审时联合体成员中某二级资质的甲单位换成另一特级资质的乙单位。

事件3：评标过程中，评标委员会7位专家中有3位专家提出，招标文件要求详细核对投标文件中的相关数据，应延长评标时间，招标人认为其他4位专家并未提出评标时长不够，应该少数服从多数，不同意延长评标时间。

事件4：评标委员会按综合得分由高到低顺序向招标人推荐了三名中标候选人。由于排名第一的中标候选人放弃中标，招标人和排名第二的中标候选人进行谈判，因其报价高于排名第一的中标候选人，招标人要求按排名第一的中标候选人的报价签订合同。

通过招标确定承包单位后，发承包双方签订了施工合同。合同中有关工程计价的部分条款约定：

管理费按人材机费之和的10%计取；利润按人材机费和管理费之和的6%计取。

措施费按分部分项工程费的30%计取。

规费和增值税按分部分项工程费和措施费之和的14%计取。

人工工日单价为150元/工日，人员窝工的补偿标准为工日单价的60%；施工机械台班单价为1500元/台班，施工机械闲置补偿标准为台班单价的70%；人员窝工和机械闲置均不计取管理费和利润。

合同工期为360天，工期提前或延误的奖罚金额为20000元/天。

合同签订后，承包单位编制并获批准的施工进度计划如图21.3所示。

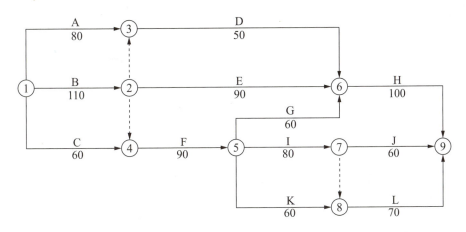

图21.3　施工进度计划（单位：天）

为改善使用功能，建设单位要求设计单位修改和优化设计方案，具体设计变更内容为：

1.取消了原有的G工作，取消G工作的设计变更通知送达承包单位时，承包单位已经为实施G工作刚采购进场一批工程材料，该批材料无法退货也无法换作他用，承包单位向建设单位索要该批材料的材料费，内容包括材料原价和试验费、二次搬运费。

2.增加了H工作的工程量，H工作持续时间增加20%，由此增加人工600工日、材料费36万元、施工机械25台班；造成人员窝工160工日，施工机械闲置12台班。

根据设计变更，建设单位与承包单位进行了合同变更，为加快施工进度，获得工期提前奖励，承包单位将L工作的持续时间压缩了30天。

问题：

1.指出建设单位向招标代理机构提出的各项要求是否妥当，并说明理由。

2.分别指出事件1和事件2中评标委员会对投标人A和投标人B的投标应如何处理，并说明理由。

3.分别指出事件3和事件4中招标人的做法是否妥当，并说明理由。

4.指出承包单位向建设单位索要G工作材料费内容的不妥之处，并写出材料费的内容组成。

5.计算H工作增加的工程价款和承包单位可得到的人员窝工、机械闲置费补偿，计算实际工期和承包单位可得到的工期提前奖励金额。

（费用计算结果保留2位小数）

第
21
天

参考答案

1.（1）规定应当否决失信被执行人的投标妥当；要求由招标代理机构"直接否决其投标，不进入评标环节"不妥当。

理由：限制失信被执行人的投标符合相关法规的规定；代理机构可将"失信被执行人"列入招标文件"限制投标的情形"之一；若仍有"失信被执行人"参与本项目投标，应在评标环节由评标委员会依据"招标文件中限制失信被执行人参与投标的条款"否决该投标人的投标。代理机构不参与评标活动，没有资格否决投标。

（2）代理机构"指导投标人做好投标文件"不妥当。

理由：根据《中华人民共和国招标投标法实施条例》的相关规定，招标代理机构不得为所代理的招标项目的投标人提供咨询。

（3）"规定投标人的投标报价不得低于最高投标限价的75%"不妥当。

理由：根据《中华人民共和国招标投标法实施条例》的相关规定，招标人不得规定最低投标限价。

（4）"对开标前已提交投标文件而又要求撤回的投标人，其投标保证金不予退还"不妥当。

理由：根据《中华人民共和国招标投标法实施条例》的相关规定，投标人在投标截止时间前书面通知招标人撤回投标文件的，招标人应当自收到投标人书面撤回通知之日起5日内退还其投标保证金。

2.（1）针对事件1，评标委员会应当否决投标人A的投标。

理由：根据招标投标相关法律法规的规定，用银行转账的方式提交的投标保证金，应当在投标截止前到达招标人指定的账户。

（2）针对事件2，评标委员会应当否决投标人B的投标。

理由：根据《中华人民共和国招标投标法实施条例》的相关规定，招标人接受联合体投标并进行资格预审的，联合体应当在提交资格预审申请文件前组成。资格预审后联合体增减、更换成员的，其投标无效。

3.（1）针对事件3，招标人的做法不妥当。

理由：根据《中华人民共和国招标投标法实施条例》的相关规定，招标人应当根据项目规模和技术复杂程度等因素合理确定评标时间。超过三分之一的评标委员会成员认为评标时间不够的，招标人应当适当延长。

（2）针对事件4：招标人的做法不妥当。

理由：因排名第一的中标候选人放弃中标，排名第二的中标候选人被确定为中标人。根据《中华人民共和国招标投标法实施条例》的相关规定，招标人和中标人签订书面合同，合同的标的、价款、质量、履行期限等主要条款应当与招标文件和中标人的投标文件

第21天

的内容一致，不得再行订立背离合同实质性内容的其他协议。

4.（1）承包单位向建设单位索要G工作材料费内容的不妥之处有：试验费、二次搬运费。

（2）材料费=材料消耗量×材料单价。其中：材料消耗量包含净用量和不可避免的损耗量，材料单价包含材料原价、运杂费、运输损耗费、采购及保管费。

5.（1）H工作增加的工程价款：（600×150+360000+25×1500）×（1+10%）×（1+6%）×（1+14%）×（1+30%）/10000=84.24（万元）。

（2）人员窝工、机械闲置费补偿：（160×150×60%+12×1500×70%）×（1+14%）/10000=3.08（万元）。

（3）当G取消、H持续时间变为100×（1+20%）=120天后，关键线路变为：B→F→I→L，新合同工期为110+90+80+70=350（天）；当L工作压缩30天之后，实际的关键线路变为：B→F→I→J，实际工期为110+90+80+60=340（天）。

（4）可获得奖励的工期为350-340=10（天），工期提前奖励金额：10×20000/10000=20（万元）。

2021年真题

背景：

某国有资金投资项目，业主依据《标准施工招标文件》通过招标方式确定了施工总承包单位，双方签订了施工总承包合同。合同约定，管理费按人材机费之和的10%计取，利润按人材机费、管理费之和的6%计取，规费和增值税按人材机费、管理费和利润之和的13%计取，人工费单价为150元/工日，施工机械台班单价为1500元/台班；新增分部分项工程的措施费按该分部分项工程费的30%计取。除特殊说明外，各费用计算均按不含增值税价格考虑。合同工期220天，工期提前（延误）的奖励（惩罚）为1万元/日。合同签订后，总承包单位编制并被批准的施工进度计划如图22.1所示。

真题详解

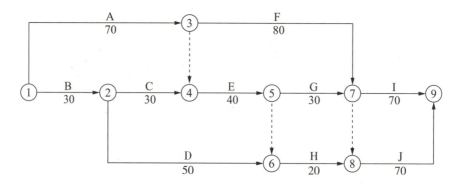

图22.1 施工进度计划（单位：天）

施工过程中发生了如下事件：

事件1： 为改善项目的使用功能，业主进行了设计变更，该变更增加了一项Z工作，根据施工工艺要求，Z工作为A工作的紧后工作，为G工作的紧前工作，已知Z工作持续的时间为50天，用人工600工日，施工机械50台班，材料费16万元。

事件2： E工作为隐蔽工程。E工作施工前，总承包单位认为工期紧张，监理工程师到现场验收会延误时间，即自行进行了隐蔽。监理工程师得知后，要求总承包单位对已经覆盖的隐蔽工程剥露重新验收。经检查验收，该隐蔽工程合格。总承包单位以该工程检查验收合格为由，提出剥露与修复隐蔽工程的人工费、材料费合计1.5万元和延长5天工期索赔。

事件3：为获取提前竣工奖励，总承包单位确定了五项可压缩工作持续时间的工作F、G、H、I、J，并测算了相应增加的费用，见表22.1。

表22.1　可压缩的工作持续时间和相应的费用增加表

工作	持续时间（天）	可压缩的时间（天）	压缩一天增加的费用（元/天）
F	80	20	2000
G	30	10	5000
H	20	10	1500
I	70	10	6000
J	70	20	8000

已知施工总承包合同中的某分包专业工程暂估价1000万元，具有技术复杂、专业性强的工程特点，由总包单位负责招标，招标过程中发生了如下事件：

事件1：鉴于采用随机抽取方式确定的评标专家难以保证胜任该分包专业工程的评标工作，总承包单位便直接确定评标专家。

事件2：对投标人进行资格审查时，评标委员会认为，招标文件中规定投标人必须提供合同复印件作为业绩认定的证明材料，不足以反映工程合同履行的实际情况，还应提供工程竣工验收单。所以对投标文件中，提供了合同复印件和工程竣工验收单的投标人通过资格审查，对业绩仅提供了合同复印件的投标人做出不予通过资格审查的处理决定。

事件3：评标结束后，总承包单位征得业主同意，拟向排第一序位的中标候选人发出中标通知书前，了解到该中标候选人的经营状况恶化，且被列为失信被执行人。

问题：

1.事件1中，依据图22.1绘制增加Z工作以后的施工进度计划；列式计算Z工作的工程价款（单位：元）。

2.事件2中，总承包单位的费用和工期索赔是否成立？说明理由。在索赔成立的情况下，总承包单位可索赔的费用金额为多少元？

3.事件3中，从经济角度考虑，总承包单位应压缩多少天的工期？应压缩哪几项工作？可获得的收益是多少元？

4.总承包单位直接确定评标专家的做法是否正确？说明理由。

5.评标委员会对投标人施工业绩的认定的做法是否正确，说明理由。

6.针对分包专业工程招标过程中的事件3，总承包单位应如何处理？

（费用计算结果保留2位小数）

参考答案

1.（1）绘制增加Z工作以后的施工进度计划，如图22.2所示。

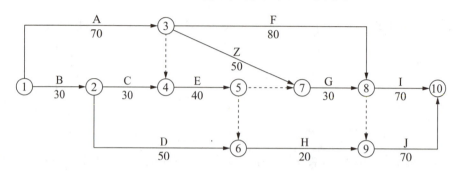

图22.2　增加 Z 工作后的进度计划（单位：天）

（2）Z工作的工程价款：（600×150+50×1500+160000）×（1+10%）×（1+6%）×（1+13%）×（1+30%）=556677.55（元）。

2.（1）总承包单位的费用和工期索赔不成立。

理由：根据《建设工程施工合同（示范文本）》（GF-2017-0201）的规定，承包人未通知监理人到场检查，私自将工程的隐蔽部位覆盖的，监理人有权指示承包人钻孔探测或揭开检查，无论工程隐蔽部位质量是否合格，由此增加的费用和延误的工期均由承包人承担。

（2）因索赔不成立，总承包单位可以索赔的费用为0元。

3.（1）新增加Z工作后，网络图的关键线路变为：A→F→I，A→F→J，A→Z→G→I，A→Z→G→J，关键工作为A、F、Z、G、I、J，可压缩的关键工作为F、G、I、J。

（2）总承包单位应压缩10天工期，关键工作F、G各压缩10天，可获得的收益为（10000-2000-5000）×10=30000（元）。

4.总承包单位直接确定评标专家的做法正确。

理由：根据《评标委员会和评标方法暂行规定》的相关规定，技术复杂、专业性强或者国家有特殊要求的招标项目，采取随机抽取方式确定的专家难以保证胜任的，可以由专业分包项目的招标人直接确定。

5.评标委员会对投标人施工业绩的认定的做法不正确。

理由：根据《中华人民共和国招标投标法实施条例》的相关规定，评标委员会成员应当按照招标文件规定的评标标准和方法，客观、公正地对投标文件提出评审意见；招标文件没有规定的评标标准和方法不得作为评标的依据。

6.（1）总承包人应根据招标文件中对"财务要求"和"信誉要求"的规定，查阅该投标人"资格审查资料"中所提供的"财务资料"和"信誉资料"，如果该投标人的"财务资料"和"信誉资料"不满足招标文件的相应规定，但该投标文件通过了"资格审查"，这属于评标委员会的工作失误，应报主管部门批准启动复评程序，通过复评取消该投标人的中标候选人资格。

如果该投标人的"财务资料"和"信誉资料"提供的是虚假资料（或虚假承诺），属于弄虚作假，骗取中标的违法行为，总承包人不能将该中标候选人确定为中标人，同时应将该情况向主管部门书面报告，由主管部门给予该投标人相应处罚。

（2）排第一序位的中标候选人被取消中标候选人资格后，总承包人可以按照评标委员会提出的中标候选人名单，依次确定其他中标候选人为中标人，也可以重新招标。

（3）总承包人应将以上处理结果报送发包人批准。

2020年真题

背景：

某环保工程项目，发承包双方签订了工程施工合同，合同约定：工期270天，管理费和利润按人材机费用之和的20%计取，规费和增值税税金按人材机费、管理费和利润之和的13%计取。人工单价按150元/工日计，人工窝工补偿按其单价的60%计；施工机械台班单价按1200元/台班计，施工机械闲置补偿按其台班单价的70%计。人工窝工和机械闲置补偿均不计取管理费和利润；各分部分项工程的措施费按其相应工程费的25%计取（无特别说明的，费用计算时均按不含税价格考虑）。

真题详解

承包人编制的施工进度计划获得了监理工程师的批准，如图22.3所示。

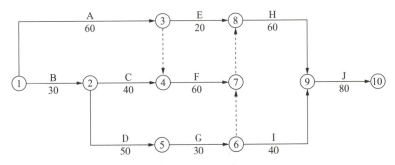

图22.3　承包人施工进度计划（单位：天）

该工程项目施工过程中发生了如下事件：

事件1：分项工程A施工至15天时，发现地下埋藏文物，由相关部门进行了处置，造成承包人停工10天，人员窝工110个工日，施工机械闲置20个台班。配合文物处理，承包人发生了人工费3000元、保护措施费1600元。承包人及时向发包人提出工期延期和费用索赔。

事件2： 文物处置工作完成后，①发包人提出了地基夯实的设计变更，致使分项工程A延长5天工作时间，承包人增加用工50个工日，增加施工机械5个台班，增加材料费35000元；②为了确保工程质量，承包人将地基夯实处理设计变更的范围扩大了20%，由此增加了5天工作时间，增加人工费2000元，材料费3500元，施工机械使用费2000元。承包人针对①、②两项内容及时提出工期延期和费用索赔。

事件3： 分项工程C、G、H用同一台专用施工机械顺序施工，承包人计划第30天末租赁该专用施工机械进场，第190天末退场。

事件4： 分项工程H施工中，使用的某种暂估材料的价格上涨了30%，该材料的暂估单价为392.4元/m²（含可抵扣进项税9%），监理工程师确认该材料使用数量为800m²。

问题：

1.事件1中，承包人提出的工期和费用索赔是否成立？说明理由。如果成立，承包人应获得的工期延期为多少天？费用索赔额为多少元？

2.事件2中，分别指出承包人针对①、②两项内容所提出的工期延误和费用索赔是否成立？说明理由。承包人应获得的工期延期为多少天？说明理由。费用索赔为多少元？

3.根据图22.4，在答题卡上，绘制继事件1、2发生后，承包人的时标网络进度计划。实际工期为多少天？事件3中专用施工机械最迟需第几天末进场？在此情况下，该机械在施工现场的闲置时间最短为多少天？

20	40	60	80	100	120	140	160	180	200	220	240	260	280	300
20	40	60	80	100	120	140	160	180	200	220	240	260	280	300

图22.4 时标图表（单位：天）

4.事件4中，分项工程H的工程价款增加金额为多少万元？

参考答案

1.（1）承包人提出的费用索赔成立，理由：施工中发现文物是发包人应承担的风险。

工期索赔不成立，理由：A工作有10天总时差，不影响总工期。

（2）承包人应获得的费用索赔额：［150×60%×110+1200×70%×20+3000×（1+20%）+1600］×（1+13%）=36047.00（元）。

2.（1）承包人针对①项的工期延误和费用索赔，均成立。

理由：设计变更是发包人应承担的责任，且经过事件1之后，A工作变成了关键工作。

承包人针对②项的工期延误和费用索赔，均不成立。

理由：确保工程质量，是承包人应承担的责任，产生的相关费用、延长工期，均由承包人自己承担。

（2）承包人应获得的工期索赔为5天。

理由：经过事件1之后，A工作变成了关键工作，此时新的关键线路变为A→F→H→J，新合同工期为（60+10+5）+60+60+80=275（天），可索赔工期为275-270=5（天）。

（3）费用索赔为：（150×50+1200×5+35000）×（1+20%）×（1+13%）×（1+25%）=82207.50（元）。

3.（1）绘制时标网络进度计划如图22.5所示。

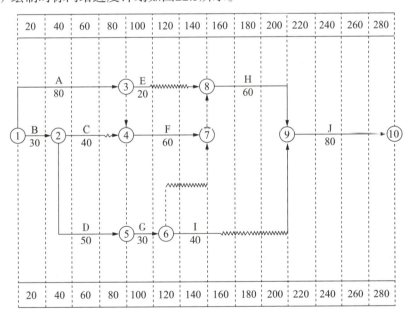

图22.5　时标网络进度计划图（单位：天）

（2）实际工期：80+60+60+80=280（天）。

（3）专用施工机械最迟需在第40天末进场，完成C、G、H工作后，于第200天末退场。专用施工机械实际在场时间为200-40=160（天），实际工作时间40+30+60=130（天），闲置时间160-130=30（天）。

4.分项工程H的工程价款增加金额：［392.4/（1+9%）］×30%×800×（1+20%）×（1+13%）/10000=11.72（万元）。

第23天
合同价款（2024～2022真题）

背景：

某工程项目发承包双方签订了施工合同，工期6个月。合同中有关工程内容及价款约定如下：

真题详解

（1）分项工程（含单价措施，下同）项目4项，总费用162.16万元，各分项工程项目造价数据和计划施工时间见表23.1。

表23.1　各分项工程项目造价数据和计划施工时间表

分项工程项目	A	B	C	D
工程量	800m³	960m³	1200m³	1100m³
综合单价	320元/m³	410元/m³	480元/m³	360元/m³
费用（万元）	25.60	39.36	57.60	39.60
计划施工时间	1~2	2~4	3~5	4~6

（2）总价措施项目费用21万元（其中安全文明施工费为分项工程项目费用的6.8%，该费在竣工结算时根据计取基数变化一次性调整），其余总价措施项目费用不予调整。暂列金额为12万元。

（3）管理费和利润为人、材、机费用之和的17%，规费费率和增值税税率合计为16%（以不含规费、税金的人工、材料、机械费、管理费和利润为基数）。

有关工程价款结算与支付约定如下：

（1）开工10日前，发包人按签约合同价（扣除安全文明施工费和暂列金额）的20%支付给承包人作为工程预付款（在施工期间第2~5月的每个月工程款中等额扣回），并同时将安全文明施工费工程款的70%支付给承包人。

（2）分项工程项目工程款按施工期间实际完成工程量逐月支付。

（3）除开工前支付的安全文明施工费工程款外，其余总价措施项目工程款按签约合同价，在施工期间第1~5分5次等额支付。

（4）其他项目工程款在发生当月支付。

（5）在开工前和施工期间，发包人按每次承包人应得工程款的90%支付。

（6）发包人在竣工验收通过，并收到承包人提交的工程质量保函（额度为工程结算总造价的3%）后20日内，一次性结清竣工结算款。

该工程如期开工，施工期间发生了经发承包双方确认的下列事项：

（1）因发包人提供场地问题，B按计划施工当月工效降低，2、3、4、5月每月实际完成的工程量分别为200m³、320m³、320m³、120m³。分项工程B开工当月每立方米人工费和机械费增加40元。

（2）因施工设计图绿建预评价健康舒适指标评分较低，发包人为达到预期星级标准，将分项工程C的主材C1（消耗量1210m²，不含税单价为150元/m²）更换为带有绿建标识的新品牌同规格材料（消耗量不变，需要通过询价或聘请专家评审确定价格）。

（3）施工期间第5月，发生现场签证费用2.6万元。其他工程内容的施工时间和费用均与原合同约定相符。

问题：

1.该工程项目安全文明施工费为多少万元？签约合同价为多少万元？开工前发包人支付给承包人的工程预付款和安全文明施工费工程款分别为多少万元？

2.分项工程B的分部分项工程费增加多少万元？施工期间第2月，承包人完成分项工程项目工程费为多少万元？发包人应支付给承包人的工程进度款为多少万元？投资偏差和进度偏差为多少万元（不考虑总价措施项目变化的影响）？

3.经过询价，甲、乙、丙、丁四家供应商对C1材料的不含税报价分别为165元/m²、196元/m²、205元/m²、210元/m²，评审专家意见为：甲供应商报价缺项，应采用其余3家报价加权（权重分别为0.5、0.3、0.2）平均数作为材料单价计算C1材料单价。C分项工程费增加多少万元？

4.该工程项目安全文明施工费增减额为多少万元？合同价增减额为多少万元？如果开工前和施工期间发包人均按约定支付了各项工程款，则竣工结算时，发包人应向承包人一次性结清工程结算款为多少万元？

（计算过程和结果以万元为单位的保留三位小数；以元为单位的保留两位小数）

【解题思路】

主要数据分析：

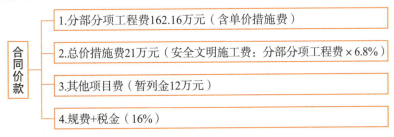

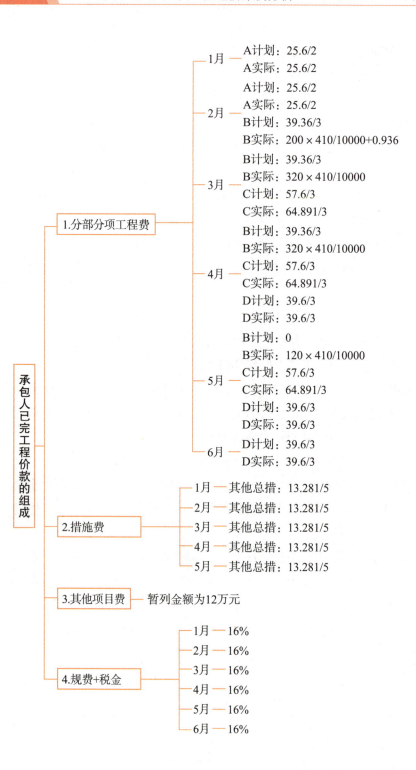

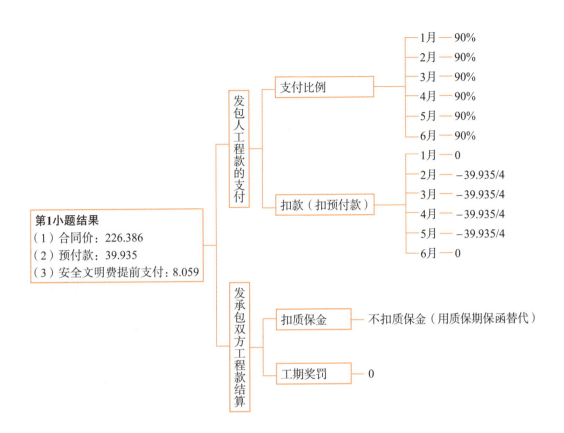

第1小题结果
（1）合同价：226.386
（2）预付款：39.935
（3）安全文明费提前支付：8.059

参考答案

1.（1）安全文明施工费用＝162.16×6.8%＝11.027（万元）。

（2）签约合同价＝（162.16+21+12）×（1+16%）＝226.386（万元）。

（3）开工前支付的材料预付款：

（226.386－（11.027+12）×1.16）]×20%＝39.935（万元）。

（4）开工前支付的安全文明施工费工程款：

11.027×1.16×70%×90%＝8.059（万元）。

2.分项工程B增加费用＝200×40×1.17÷10000＝0.936（万元）。

2月已完分项工程费＝25.6÷2+200×410÷10000+0.936＝21.936（万元）。

2月应付工程款＝[21.936+（21－11.027×70%）÷5]×1.16×0.9－39.935÷4＝15.691（万元）。

投资偏差＝－0.936×1.16＝－1.086万元，投资增加1.086万元。

进度偏差＝410×（200－960÷3）×1.16÷10000＝－5.707万元，进度拖延5.707万元。

3.C1材料单价＝196×0.5+205×0.3+210×0.2＝201.50（元/m²）。

分项工程C增加费用＝1210×（201.5－150）×1.17÷10000＝7.291（万元）。

4.安全文明施工费用增加＝（0.936+7.291）×6.8%＝0.559（万元）。

合同增减额＝（0.559+0.936+7.291+2.6−12）×1.16＝−0.712（万元）。

实际总造价＝226.386−0.712＝225.674（万元）。

竣工结算款＝225.674−（225.674−0.559×1.16）×90%＝23.151（万元）。

2023年真题

背景：

某施工项目发承包双方签订了工程施工合同，工期6个月。合同约定的施工内容及其价款包括：分部分项工程（含单价措施，下同）项目4项，工程量和费用数据及施工进度计划如表23.2所示；安全文明施工费为分部分项工程项目费用的7.5%（该费用在竣工结算时根据计取基数变化一次性调整），除安全文明施工费之外的其他总价措施项目费用为9万元（该费用不予调整）；暂列金额为10万元，需分包的专业工程暂估价20万元（另计总承包服务费5%）；管理费和利润为人材机费用之和的16%；规费为人材机费用和管理费、利润之和的7%；增值税税率为9%。

表23.2　分部分项工程项目工程量和费用数据及施工进度计划表

分部分项工程项目				施工进度计划（时间单位：月）					
名称	工程量	综合单价	费用（万元）	1	2	3	4	5	6
A	900m³	280元/m³	25.2						
B	1000m³	450元/m³	45.0						
C	1300m²	360元/m²	46.8						
D	1100m²	320元/m²	35.2						
合计			152.2	注：各分部分项工程项目计划进度均为匀速进度					

合同约定的工程款支付条款如下：

（1）开工日期10日前，发包人按签约合同价（扣除安全文明施工费和暂列金额）的20%支付给承包人作为工程预付款（在施工期间第2～5月的每月工程进度款中平均扣回）；同时将安全文明施工费的60%按工程款支付方式支付给承包人。

（2）分部分项工程项目工程进度款按施工期间实际完成工程量逐月支付。

（3）除开工前支付的安全文明施工费之外，其余总价措施项目费用在施工期间第1～5月平均支付。

（4）其他项目工程款在发生当月支付。

（5）发包人按承包人每次应得工程款的85%支付。

（6）发包人在竣工结算报告审查完成并收到承包人提交的工程质量保函（竣工结算价的3%）后10日内，一次性结清支付全部工程价款。

该施工项目如期开工，施工期间发生了经发承包双方确认的下列事项：

（1）分部分项工程项目B在施工期间第2、3、4、5个月分别完成工程量180m^3、300m^3、300m^3、220m^3。

（2）因招标工程量清单的项目特征描述与设计图纸不符，需重新确认分部分项工程项目C的综合单价。经核定：该项目原综合单价中不含税的人工费（95.00元/m^2）、机械费（45.30元/m^2）和辅材费（23.47元/m^2）不变；主材C$_1$的消耗量为0.71m^2、单价为176.80元/m^2（含税，税率为13%），主材C$_2$的消耗量为0.34m^2、单价为158.60元/m^2（不含税）。

（3）因设计变更导致分部分项工程项目D费用增加5.6万元，施工时间不变。

（4）施工期间第4个月，完成的分包专业工程实际费用21万元。

其余施工内容的工程价款和施工时间均与合同约定相符。

问题：

1.该施工项目签约合同价中的安全文明施工费为多少万元？签约合同价为多少万元？开工前发包人应支付给承包人的工程预付款和安全文明施工费工程款分别为多少万元？

2.施工至第2个月月末，承包人完成分部分项工程项目工程进度款为多少万元？分部分项工程项目的投资偏差、进度偏差分别为多少万元（不考虑安全文明施工费的影响）？

3.重新确认的分部分项工程项目C的综合单价和费用分别为多少万元？

4.施工期间第4个月，承包人完成分部分项工程项目费用为多少万元？发包人应支付给承包人的工程进度款为多少万元？

5.该施工项目分部分项工程项目费用增减额为多少万元？安全文明施工费增减额为多少万元？除安全文明施工费以外的合同价增减额为多少万元？如果开工前和施工期间发包人均按约定支付了各项工程款，则竣工结算时，发包人应向承包人一次性结清支付工程款为多少万元？

（注：计算结果以元为单位的保留两位小数，以万元为单位的保留三位小数。）

【解题思路】

主要数据分析：

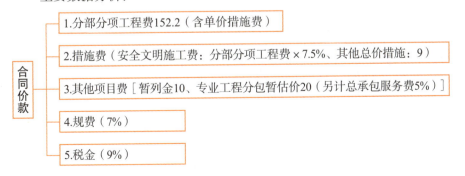

- 1.分部分项工程费152.2（含单价措施费）
- 2.措施费（安全文明施工费：分部分项工程费×7.5%、其他总价措施：9）
- 合同价款
- 3.其他项目费［暂列金10、专业工程分包暂估价20（另计总承包服务费5%）］
- 4.规费（7%）
- 5.税金（9%）

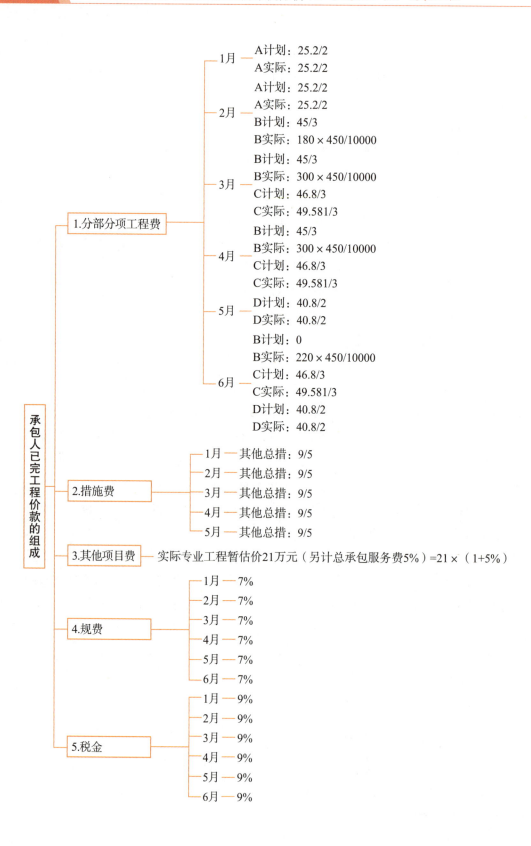

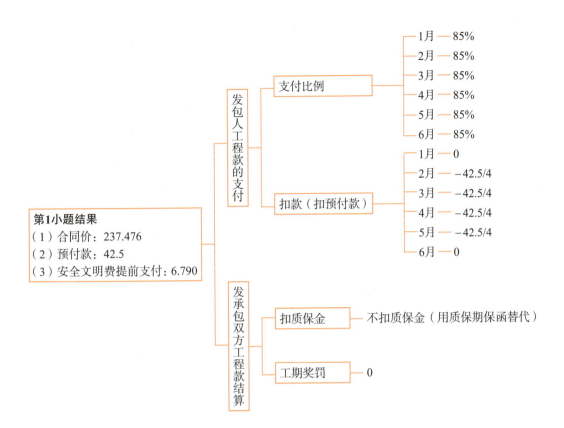

```
                                          ┌── 1月 — 85%
                                          ├── 2月 — 85%
                           ┌── 支付比例 ──┼── 3月 — 85%
                           │              ├── 4月 — 85%
              发           │              ├── 5月 — 85%
              包           │              └── 6月 — 85%
              人           │
              工 ──────────┤              ┌── 1月 — 0
              程           │              ├── 2月 — −42.5/4
              款           │              ├── 3月 — −42.5/4
              的           └── 扣款（扣预付款）──┼── 4月 — −42.5/4
              支                          ├── 5月 — −42.5/4
              付                          └── 6月 — 0
```

┌──────────────────────────┐
│ **第1小题结果**   │
│（1）合同价：237.476   │
│（2）预付款：42.5   │
│（3）安全文明费提前支付：6.790 │
└──────────────────────────┘

```
              发
              承
              包         ┌── 扣质保金 ── 不扣质保金（用质保期保函替代）
              双 ────────┤
              方         └── 工期奖罚 ── 0
              工
              程
              款
              结
              算
```

第23天

参考答案

1.安全文明施工费用=152.2×7.5%=11.415（万元）。

签约合同价=［152.2+11.415+9+10+20×（1+5%）］×1.07×1.09=237.476（万元）。

开工前支付的材料预付款=［237.476−（11.415+10）×1.07×1.09］×20%=42.500（万元）。

开工前应支付安全文明施工费工程款=11.415×60%×1.07×1.09×85%=6.790（万元）。

2.截至第2月末

承包人完成分部分项工程进度款=（25.2+180×450/10000）×1.07×1.09=38.838（万元）。

分部分项工程项目投资偏差=25.2+180×450/10000−（180×450/10000+25.2）=0（万元）。

按进度计划投资，投资无偏差；

分部分项工程项目进度偏差=（180×450/10000−45/3）×1.07×1.09=−8.047（万元）。

进度拖后8.047万元；

3.C_1不含税单价$=176.8/(1+13\%)=156.46$（元/m²）。

新综合单价$=(95+45.3+23.47+0.71\times156.46+0.34\times158.60)\times1.16=381.39$（元/m²）。

C分项费用$=381.39\times1300/10000=49.581$（万元）。

4.第4月

承包人完成分部分项工程项目费用$=300\times450/10000+49.581/3=30.027$（万元）。

承包人已完成工程款$=[30.027+21\times(1+5\%)+(9+11.415\times40\%)/5]\times1.07\times1.09=63.902$（万元）。

发包人应支付给承包人工程进度款$=63.902\times85\%-42.5/4=43.692$（万元）。

5.分部分项工程项目费用增减额$=(381.39-360)\times1300/10000+5.6=8.381$（万元）。

安全文明施工费增减额$=8.381\times7.5\%=0.629$（万元）。

除安全文明施工费之外的合同价增减额$=[8.381+(21-20)\times(1+5\%)-10]\times1.07\times1.09=-0.664$（万元）。

实际总造价$=237.476-0.664+0.629\times1.07\times1.09=237.546$（万元）。

竣工结算工程款$=237.546-(237.546-0.629\times1.07\times1.09)\times85\%=36.256$（万元）。

2022年真题

背景：

某工程项目发承包双方签订了施工合同，工期6个月。合同中有关工程内容及其价款约定如下：

（1）分项工程（含单价措施，下同）项目4项，总费用132.8万元，各分项工程项目造价数据和计划施工时间见表23.3。

表23.3 各分项工程项目造价数据和计划施工时间表

分项工程项目	A	B	C	D
工程量	800m²	900m²	1200m²	1000m²
综合单价	280元/m²	320元/m²	430元/m²	300元/m²
费用（万元）	22.4	28.8	51.6	30.0
计划施工时间（月）	1~2	1~3	3~5	4~6

（2）安全文明施工费为分项工程项目费用的6.5%（该费用在施工期间不予调整，竣工结算时根据计取基数一次性调整），其余总价措施项目费用25.2万元（该费用不予调整）。

（3）其他项目暂列金额20万元，管理费和利润为人材机费用之和的16%，规费为人材机费用和管理费、利润之和的7%。

（4）上述工程费用均不含税，增值税税率为9%。

有关工程价款结算与支付约定如下：

（1）开工前1周内，发包人按签约合同价（扣除安全文明施工费和暂列金额）的20%支付给承包人作为工程预付款（在施工期间第2～5月的每个月工程款中等额扣回），并同时将安全文明施工费的70%支付给承包人。

（2）分项工程项目工程款按施工期间实际完成工程量逐月支付。

（3）除开工前支付的安全文明施工费外，其余总价措施项目工程款按签约合同价，在施工期间第1～5个月份5次等额支付。

（4）其他项目工程款在发生当月支付。

（5）在开工前和施工期间，发包人按承包人每次应得工程款的80%支付。

（6）发包人在竣工验收通过，并收到承包人提交的工程质量保函（额度为工程结算总造价的3%）后，一次性结清竣工结算款。

该工程如期开工，施工期间发生了经发承包双方确认的下列事项：

（1）经发包人同意，设计单位核准，承包人在该工程中应用了一项新型绿色建筑技术，导致C分项工程项目工程量减少300m²，D分项工程项目工程量增加200m²，发包人考虑该技术带来的工程品质与运营效益的提高，同意将C分项工程项目的综合单价提高50%，D分项工程项目的综合单价不变。

（2）B分项工程实际施工时间为第2～5个月；其他分项工程项目实际施工时间均与计划施工时间相符；各分项工程项目在计划和实际施工时间内各月工程量均等。

（3）施工期间第5个月，发生现场签证和施工索赔工程费用6.6万元。

问题：

1.该工程的安全文明施工费为多少万元？签约合同价为多少万元？开工前发包人应支付给承包人的工程预付款和安全文明施工费工程款分别为多少万元？

2.施工期间第2个月，承包人完成分项工程项目工程进度款为多少万元？发包人应支付给承包人的工程进度款为多少万元？

3.应用新型绿色建筑技术后，C、D分项工程项目费用应分别调整为多少万元？

4.从开头施工至第3个月的月末，分项工程项目拟完工程计划投资、已完工程计划投资、已完工程实际投资为多少万元（不考虑安全文明施工费的影响）？投资偏差、进度偏差分别为多少万元？

5.该工程项目安全文明施工费增减额为多少万元？合同价增减额为多少万元？如果开

工前和施工期间发包人均按约定支付了各项工程款，则竣工结算时，发包人应向承包人一次性结清工程结算款为多少万元？

（计算过程和结果均保留3位小数）

【解题思路】

主要数据分析：

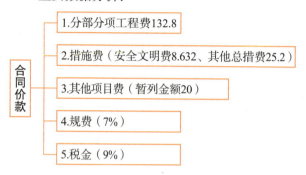

合同价款
- 1. 分部分项工程费132.8
- 2. 措施费（安全文明费8.632、其他总措费25.2）
- 3. 其他项目费（暂列金额20）
- 4. 规费（7%）
- 5. 税金（9%）

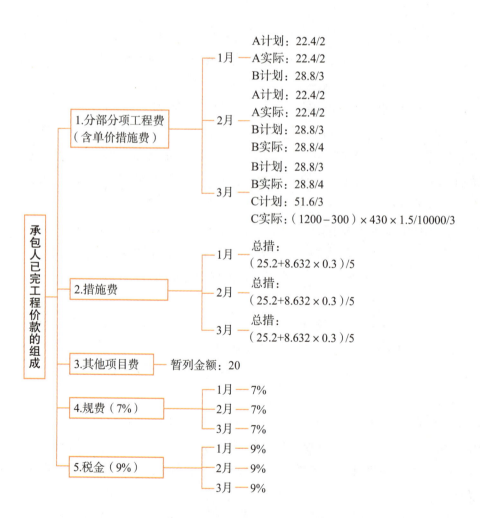

承包人已完工程价款的组成

1. 分部分项工程费（含单价措施费）
- 1月
  - A计划：22.4/2
  - A实际：22.4/2
  - B计划：28.8/3
- 2月
  - A计划：22.4/2
  - A实际：22.4/2
  - B计划：28.8/3
  - B实际：28.8/4
- 3月
  - B计划：28.8/3
  - B实际：28.8/4
  - C计划：51.6/3
  - C实际：（1200−300）×430×1.5/10000/3

2. 措施费
- 1月 总措：（25.2+8.632×0.3）/5
- 2月 总措：（25.2+8.632×0.3）/5
- 3月 总措：（25.2+8.632×0.3）/5

3. 其他项目费 暂列金额：20

4. 规费（7%）
- 1月—7%
- 2月—7%
- 3月—7%

5. 税金（9%）
- 1月—9%
- 2月—9%
- 3月—9%

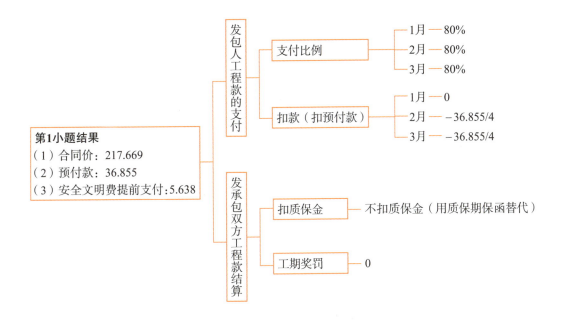

第1小题结果
（1）合同价：217.669
（2）预付款：36.855
（3）安全文明费提前支付：5.638

发包人工程款的支付
　　支付比例
　　　　1月——80%
　　　　2月——80%
　　　　3月——80%
　　扣款（扣预付款）
　　　　1月——0
　　　　2月—— −36.855/4
　　　　3月—— −36.855/4

发承包双方工程款结算
　　扣质保金——不扣质保金（用质保期保函替代）
　　工期奖罚——0

参考答案

1.（1）安全文明施工费：132.8×6.5%=8.632（万元）。

（2）签约合同价：[132.8+（8.632+25.2）+20]×（1+7%）×（1+9%）=217.669（万元）。

（3）开工前发包人应支付给承包人的工程预付款：[217.669−（8.632+20）×（1+7%）×（1+9%）]×20%=36.855（万元）。

开工前发包人应支付给承包人的安全文明施工费：[8.632×（1+7%）×（1+9%）]×70%×80%=5.638（万元）。

2.（1）施工期间第2个月，承包人完成分项工程项目工程进度款：（22.4/2+28.8/4）×（1+7%）×（1+9%）=21.460（万元）。

（2）施工期间第2个月，发包人应支付给承包人的工程进度款：[21.46+（25.2+8.632×30%）/5×（1+7%）×（1+9%）]×80%−36.855/4=13.140（万元）。

3.（1）C分项工程项目费：（1200−300）×430×（1+50%）/10000=58.050（万元）。

（2）D分项工程项目费：（1000+200）×300/10000=36.000（万元）。

4.（1）拟完成工程计划投资：（22.4+28.8+51.6/3）×（1+7%）×（1+9%）=79.775（万元）。

（2）已完工程计划投资：[22.4+28.8×1/2+（1200−300）×430/10000/3]×（1+7%）×

（1+9%）=57.965（万元）。

（3）已完工程实际投资：[22.4+28.8×1/2+（1200−300）×430×（1+50%）/ 10000/3]×（1+7%）×（1+9%）=65.488万元。

（4）投资偏差：57.965−65.488=−7.532（万元），即投资增加了7.532万元。

（5）进度偏差：57.965−79.775=−21.810（万元），即进度拖后了21.810万元。

5.（1）分项工程费增减额：（58.05+36）−（51.6+30）=12.450（万元）。

（2）安全文明施工费增减额：12.45×6.5%=0.809（万元）。

（3）合同价增减额：（12.45+0.809+6.6−20）×（1+7%）×（1+9%）=−0.164（万元）。

（4）竣工结算时，发包人应向承包人一次性结清工程结算款：[217.669−0.164−0.809×（1+7%）×（1+9%）]×20%+0.809×（1+7%）×（1+9%）=44.256（万元）。

第24天
合同价款（2021~2020真题）

2021年真题

背景：

某施工项目发承包双方签订了工程合同，工期6个月。有关工程内容及其价款约定如下：

1. 分项工程（含单价措施，下同）项目4项，有关数据如表24.1所示。

2. 综合措施费为分项工程项目费用的15%，其中安全文明施工费为6%。

3. 其他项目费用包括暂列金额18万元、分包专业工程暂估价20万元，另计总承包服务费5%，管理费和利润为不含税人材机费用之和的12%，规费为工程费用的7%，增值税税率为9%。

真题详解

表24.1　分项工程项目相关数据与进度计划表

分项工程名称				每月计划完成工程量（m³或m²）					
名称	工程量	综合单价	费用（万元）	1	2	3	4	5	6
A	900m³	300元/m³	27.00	400	500				
B	1200m³	480元/m³	57.60		400	400	400		
C	1400m²	320元/m²	44.80		350	350	350	350	
D	1200m²	280元/m²	33.60			200	400	400	200
合计（万元）			163.00	12.00	45.40	36.00	41.60	22.40	5.60

有关工程价款调整与支付条款如下：

1. 开工日10日前，发包人按分项工程项目签约合同价的20%支付给承包人作为工程预付款，在施工期间第2~5个月的每月工程款中等额扣费。

2. 安全文明施工费工程款分2次支付，在开工前支付签约合同价的70%，其余部分在施工期间第3个月支付。

3. 除安全文明施工费之外的总价措施项目工程款，按签约合同价在施工期间第1~5个月份分5次平均支付。

4. 竣工结算时，根据分项工程项目费用变化值一次性调整总价措施项目费用。

5.分项工程项目工程款按施工期间实际完成工程量逐月支付，当分项工程项目累计完成工程量增加（或减少）超过计划总量的15%时，管理费和利润降低（或提高）50%。

6.其他项目工程款在发生当月支付。

7.开工前和施工期间，发包人按承包人每次应得工程款的90%支付。

8.发包人在承包人提交竣工结算报告20天内完成审查工作，并在承包人提供所在开户行出具的工程质量保函（额度为工程竣工结算总造价的3%）后，一次性结清竣工结算尾款。

该工程如期开工，施工期间发生了经发承包双方确认的下列事项：

1.因设计变更，分项工程的工程量增加300m³，第2、3、4个月每月实际完成工程量均比计划完成工程量增加100m³。

2.因招标工程量清单项目特征描述与工程设计文件不符，分项工程C的综合单价调整为330元/m²。

3.分包专业工程在第3、4个月平均完成，工程费用不变。

其他工程内容的施工时间和费用均与原合同约定相同。

问题：

1.该施工项目签约合同价中总价措施项目费用、安全文明施工费分别为多少万元？签约合同价为多少万元？开工前发包人应支付给承包人的工程合同预付款和安全文明施工费工程款分别为多少万元？

2.截至第2个月的月末，分项工程项目拟完工程计划投资、已完工程计划投资、已完工程实际投资分别为多少万元（不考虑总价措施项目费用的影响）？投资偏差和进度偏差分别为多少万元？

3.第3个月，承包人完成分项工程项目费用为多少万元？该月发包人应支付给承包人的工程款为多少万元？

4.分项工程按调整后的综合单价计算费用的工程量为多少m³？调整后的综合单价为多少元/m³？分项工程项目费用、总价措施项目费用分别增加多少万元？竣工结算时，发包人应支付给承包人的竣工结算款为多少万元？

（计算过程和结果以万元为单位的保留3位小数，以元为单位的保留2位小数）

【解题思路】

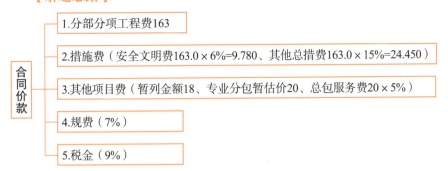

合同价款
- 1.分部分项工程费163
- 2.措施费（安全文明费163.0×6%=9.780、其他总措费163.0×15%=24.450）
- 3.其他项目费（暂列金额18、专业分包暂估价20、总包服务费20×5%）
- 4.规费（7%）
- 5.税金（9%）

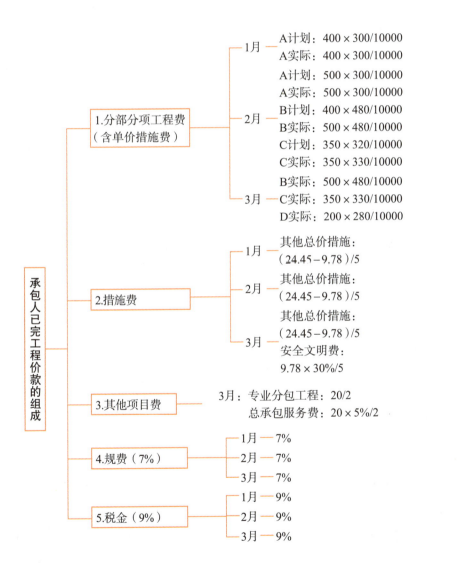

承包人已完工程价款的组成

- 1.分部分项工程费（含单价措施费）
  - 1月
    - A计划：400×300/10000
    - A实际：400×300/10000
  - 2月
    - A计划：500×300/10000
    - A实际：500×300/10000
    - B计划：400×480/10000
    - B实际：500×480/10000
    - C计划：350×320/10000
    - C实际：350×330/10000
  - 3月
    - B实际：500×480/10000
    - C实际：350×330/10000
    - D实际：200×280/10000

- 2.措施费
  - 1月——其他总价措施：（24.45−9.78）/5
  - 2月——其他总价措施：（24.45−9.78）/5
  - 3月——其他总价措施：（24.45−9.78）/5　安全文明费：9.78×30%/5

- 3.其他项目费
  - 3月：专业分包工程：20/2　总承包服务费：20×5%/2

- 4.规费（7%）
  - 1月——7%
  - 2月——7%
  - 3月——7%

- 5.税金（9%）
  - 1月——9%
  - 2月——9%
  - 3月——9%

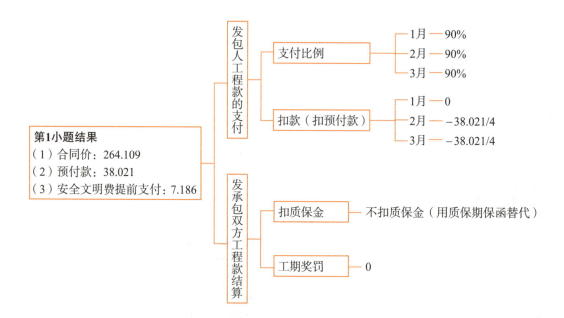

参考答案

1.（1）签约合同价中总价措施项目费用：$163.0 \times 15\% = 24.450$（万元）。

（2）安全文明施工费：$163.0 \times 6\% = 9.780$（万元）。

（3）签约合同价：$(163.0 + 163.0 \times 15\% + 18 + 20 + 20 \times 5\%) \times (1 + 7\%) \times (1 + 9\%) = 264.109$（万元）。

（4）开工前应支付的工程合同预付款：$163.0 \times (1 + 7\%) \times (1 + 9\%) \times 20\% = 38.021$（万元）。

开工前应支付的安全文明施工费工程款：$163.0 \times 6\% \times (1 + 7\%) \times (1 + 9\%) \times 70\% \times 90\% = 7.186$（万元）。

2.（1）截至第2个月的月末，分项工程项目拟完成工程计划投资：$[400 \times 300 + (500 \times 300 + 400 \times 480 + 350 \times 320)] \times (1 + 7\%) \times (1 + 9\%)/10000 = 66.946$（万元）。

截至第2个月的月末，分项工程项目已完工程计划投资：$[400 \times 300 + (500 \times 300 + 500 \times 480 + 350 \times 320)] \times (1 + 7\%) \times (1 + 9\%)/10000 = 72.544$（万元）。

截至第2个月的月末，分项工程项目已完工程实际投资：$[400 \times 300 + (500 \times 300 + 500 \times 480 + 350 \times 330)] \times (1 + 7\%) \times (1 + 9\%)/10000 = 72.952$（万元）。

（2）截至第2个月的月末，分项工程的投资偏差：$72.544 - 72.952 = -0.408$（万元），投资超支0.408万元。

截至第2个月的月末，分项工程的进度偏差：$72.544 - 66.946 = 5.598$（万元），进度提前5.598万元。

3.（1）第3个月，承包人完成分项工程项目费用：（500×480+350×330+200×280）/10000=41.150（万元）。

（2）第3个月，总价措施费9.78×30%+（24.45－9.78）/5=5.868（万元）；专业分包工程及总承包服务费：20×（1+5%）/2=10.500（万元）。

第3个月，发包人应支付给承包人的工程款：（41.15+5.868+10.5）×（1+7%）×（1+9%）×90%－38.021/4=50.870（万元）。

4.（1）分项工程按调整后的综合单价计算费用的工程量为：（1200+300）－1200×（1+15%）=120（m³）。

（2）分项工程调整后的综合单价为：[480/（1+12%）]×（1+12%×50%）=454.29（元/m³）。

（3）分项工程项目费用增加：[（300－120）×480+120×454.29+1400×（330－320）]/10000=15.491（万元）。

总价措施项目费用增加：15.491×15%=2.324（万元）。

（4）竣工结算时，发包人应支付给承包人的竣工结算款：[264.109+（15.491－18）×（1+7%）×（1+9%）]×（1－90%）+2.324×（1+7%）×（1+9%）=28.829（万元）。

2020年真题

背景：

某施工项目，发承包双方签订了工程合同，工期为5个月。合同约定的工程内容及其价款包括：分项工程（含单价措施）项目4项，费用数据与施工进度计划如表24.2所示；安全文明施工费为分项工程费用的6%，其余总价措施项目费用为8万元；暂列金额为12万元；管理费和利润为不含税人材机费用之和的12%；规费为人材机费用和管理费、利润之和的7%；增值税税率为9%。

真题详解

表24.2 分部分项工程项目费用数据与施工进度计划表

分项工程项目				施工进度计划表（单位：月）				
名称	工程量（m³）	综合单价（元/m³）	合价（万元）	1	2	3	4	5
A	600	300	18.0	▬▬▬				
	900	450	40.5		▬▬▬			
C	1200	320	38.4		▬▬▬▬▬▬			
D	1000	240	24.0			▬▬▬		
合计			120.9	每项分项工程计划进度均为匀速进度				

有关工程价款支付约定如下：

1.开工前，发包人按签约合同价（扣除安全文明施工费和暂列金额）的20%支付给承包人作为工程预付款（在施工期间第2～4个月工程款中平均扣回），同时将安全文明施工费按工程款方式提前支付给承包人。

2.分部分项工程进度款在施工期间逐月结算支付。

3.总价措施项目工程款（不包括安全文明施工费工程款）按签约合同价在第1～4个月平均支付。

4.其他项目工程款在发生当月按实结算支付。

5.发包人按每次承包人应得工程款的85%支付。

6.发包人在承包人提交竣工结算报告后45日内完成审查工作，并在承包人提供所在开户行出具的工程质量保函（保函额为竣工结算价的3%）后，支付竣工结算款。

该工程如期开工，施工期间发生了经发承包双方确认的下列事项：

1.分项工程在第2、3、4个月分别完成总工程量的20%、30%、50%。

2.第3个月新增分项工程E，工程量为300m²。每1m²不含税人材机的费用分别为60元、150元、40元，可抵扣进项增值税综合税率分别为0、9%、5%。相应的除安全文明施工费之外的其余综合措施项目费用为4500元。

3.第4个月发生现场签证、索赔等工程款3.5万元。

其余工程内容的施工时间和价款均与原合同约定相符。

问题：

1.该工程签约合同价中的安全文明施工费为多少万元？签约合同价为多少万元？开工前发包人应支付给承包人的工程预付款和安全文明施工费工程款分别为多少万元？

2.施工至第2个月的月末，承包人累计完成分项工程的费用为多少万元？发包人累计应付的工程进度款为多少万元？分项工程进度偏差为多少万元（不考虑总价措施项目费用的影响）？

3.分项工程E的综合单价为多少元/m²？可抵扣增值税进项税为多少元？工程款为多少万元？

4.该工程的合同价增减额为多少万元？如果开工前和施工期间发包人均按约定支付了各项工程价款，则竣工结算时，发包人应支付给承包人的结算款为多少万元？

（计算过程和结果有小数时，以万元为单元的保留3位小数，其他单位的保留2位小数）

【解题思路】

合同价款
- 1.分部分项工程费120.9
- 2.措施费（安全文明费120.9×6%、其他总措费8）
- 3.其他项目费（暂列金额12）
- 4.规费（7%）
- 5.税金（9%）

承包人已完工程价款的组成
- 1.分部分项工程费（含单措）
  - 1月 —— A：18/2
  - 2月
    - A：18/2
    - B：（计划）40.5/2
    - B：（实际）40.5×20%
    - C：38.4/3
  - 3月
    - B：（计划）40.5/2
    - B：（实际）40.5×30%
    - C：38.4/3
  - 4月
    - B：（实际）40.5×50%
    - C：38.4/3
    - D：24.0/2
  - 5月 —— D：24.0/2
- 2.措施费
  - 1月 —— 8/4
  - 2月 —— 8/4
  - 3月 —— 8/4
  - 4月 —— 8/4
  - 5月 —— 0
- 3.其他项目费
  - 3月：新增E分项工程
  - 4月：签证索赔
- 4.规费
  - 1月 —— 7%
  - 2月 —— 7%
  - 3月 —— 7%
  - 4月 —— 7%
  - 5月 —— 7%
- 5.税金
  - 1月 —— 9%
  - 2月 —— 9%
  - 3月 —— 9%
  - 4月 —— 9%
  - 5月 —— 9%

第 24 天

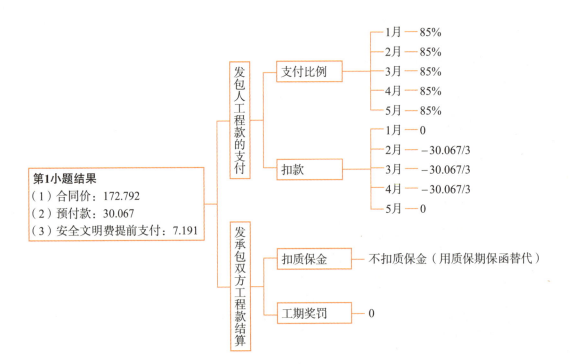

第1小题结果
（1）合同价：172.792
（2）预付款：30.067
（3）安全文明费提前支付：7.191

发包人工程款的支付
- 支付比例
  - 1月——85%
  - 2月——85%
  - 3月——85%
  - 4月——85%
  - 5月——85%
- 扣款
  - 1月——0
  - 2月——−30.067/3
  - 3月——−30.067/3
  - 4月——−30.067/3
  - 5月——0

发承包双方工程款结算
- 扣质保金——不扣质保金（用质保期保函替代）
- 工期奖罚——0

参考答案

1.（1）签约合同价中的安全文明施工费：120.9×6%=7.254（万元）。

（2）签约合同价：[120.9+（120.9×6%+8）+12]×（1+7%）×（1+9%）=172.792（万元）。

（3）开工前发包人应支付给承包人的工程预付款：[172.792−（7.254+12）×（1+7%）×（1+9%）]×20%=30.067（元）。

开工前发包人应支付给承包人的安全文明施工费工程款：7.254×（1+7%）×（1+9%）×85%=7.191（万元）。

2.（1）第2个月的月末，承包人累计完成分项工程的费用：18+40.5×20%+38.4/3=38.900（万元）。

（2）第2个月的月末，发包人累计应付的工程进度款：（38.9+8/4×2）×（1+7%）×（1+9%）×85%−30.067/3=32.507（万元）。

（3）第2个月的月末，已完工程计划费用（18+40.5×20%+38.4/3）×（1+7%）×（1+9%）=45.369（万元），拟完工程计划费用（18+40.5/2+38.4/3）×（1+7%）×（1+9%）=59.540（万元），进度偏差为45.369−59.540=−14.171（万元），进度拖后14.171万元。

3.（1）计算分项工程E的综合单价：（60+150+40）×（1+12%）=280.00（元/m²）。

（2）可抵扣的进项税：300×（150×9%+40×5%）=4650.00（元）。

（3）分项工程E的工程款：（300×280+300×280×6%+4500）×（1+7%）×（1+9%）/10000=10.910（万元）。

4.（1）合同价增减额：（10.910+3.5）−12×（1+7%）×（1+9%）=0.414（万元）。

（2）竣工结算时，发包人应支付给承包人的结算款：（172.792+0.414）×（1−85%）=25.981（万元）。

第25天
工程计量与计价（2023真题）

 土木建筑工程专业

2023年真题

背景：

某城市双向5.60km长距离穿越黄河地下隧道工程采用15.20m直径盾构机掘进。其中以地下连续墙为主体结构的工作井施工图和相关参数如图25.1和图25.2所示。

真题详解

工程造价咨询公司编制的该地下连续墙工程施工图招标控制价相关分部分项工程项目清单编码及综合单价见表25.1。

表25.1　地下连续墙分部分项工程项目清单编码及综合单价表

序号	项目编码	项目名称	项目特征	计量单位	综合单价（元）
1	010202001001	C35钢筋混凝土地下连续墙	预制导墙，C35预拌抗渗混凝土，墙厚1200mm，每幅宽6000mm，成槽深40.80m	m³	1582.00
2	010201012001	φ800水泥止水旋喷桩	直径φ800，42.5号水泥浆，每接缝处3根。桩中心间距600mm，桩深33.00m	m	655.00
3	010518008001	C40钢筋混凝土连续墙顶压梁	C40预拌补偿收缩混凝土。连续墙顶通长设置，梁截面2000×1200mm	m³	711.00
4	010549006001	地下连续墙钢筋笼制作安装	主筋钢筋HRB400，拉筋构造筋HPB335	t	8247.00
5	010526004001	连续墙顶压梁钢筋制作绑扎	主筋钢筋HRB400，拉筋构造筋HPB335	t	7594.00

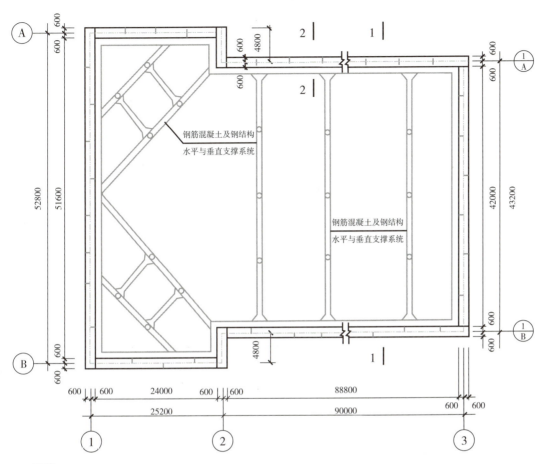

说明：

1.工作井围护结构采用1200mm厚地下连续墙加内支撑体系，墙幅宽6000mm，共计56幅，成槽深40.80m。

2.地下连续墙接缝处止水采用3根φ800水泥旋喷桩，桩长33.00m。

3.地下连续墙顶通长设钢筋混凝土1200×2000mm压梁。

4.地下连续墙采用C35预拌抗渗混凝土，墙顶压梁采用C40预拌补偿收缩混凝土，旋喷桩采用42.5号水泥浆。

5.钢筋混凝土主筋采用HRB400，拉筋及构造筋采用HPB335。

图25.1　地下连续墙平面布置图

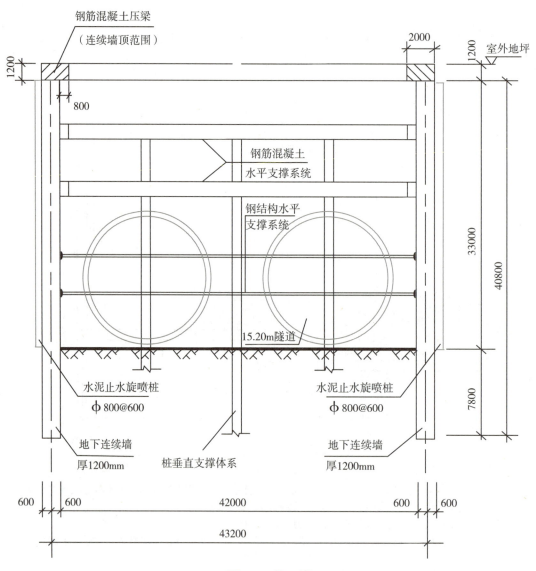

图25.1　施工图

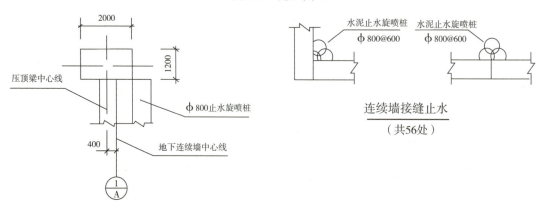

图25.2　剖面图

问题：

1.根据施工图25.1和图25.2中所示内容和相关数据、下面已知信息，按《房屋建筑与装饰工程工程量计算规范》（GB 50854—2013）的计算规则，在答题卡表25.2中列式计算该盾构施工工作井的钢筋混凝土地下连续墙、φ800水泥止水旋喷桩、钢筋混凝土连续墙顶压梁、钢筋混凝土连续墙及墙顶压梁的钢筋等实体工程分部分项工程量，已知地下连续墙和墙顶压梁的钢筋单位含量测定分别为79.76kg/m³和106.54kg/m³。

表25.2　工程量计算表

序号	项目名称	单位	计算过程	计算结果
1	C35钢筋混凝土地下连续墙	m³		
2	φ800水泥止水旋喷桩	m		
3	C40钢筋混凝土连续墙顶压梁	m³		
4	地下连续墙钢筋笼制作安装	t		
5	连续墙顶压梁钢筋制作绑扎	t		

2.根据问题1的计算结果、表25.2中已有的数据、答题卡表中和下面已知信息，按《房屋建筑与装饰工程工程量计算规范》（GB 50854—2013）及《建设工程工程量清单计价规范》（GB 50500—2013）的计算规则，在答题卡表25.3中编制该盾构施工工作井地下连续墙土建实体分部分项工程和单价措施项目清单招标控制价。已知相关墙顶压梁模板及支撑、满堂脚手架搭设、大型机械进出场、垂直运输等单价措施项目费为1470000.00元。

表25.3　工程量计算

序号	项目编码	项目名称	项目特征	计量单位	工程量	综合单价	合价
一			分部分项工程				
1	010202001001	C35钢筋混凝土连续墙	C35预拌抗渗混凝土	m³			
2	010201012001	φ800水泥止水旋喷桩	42.5号水泥浆	m			
3	010518008001	C40钢筋混凝土连续墙顶压梁	C40补偿收缩混凝土	m³			
4	010549006001	地下连续墙钢筋笼制作安装	HRB400 HPB335	t			
5	010526004001	连续墙顶压梁钢筋制作绑扎	HRB400 HPB335	t			
		分部分项工程小计		元			
二			单价措施项目				
1	019408060091	模板脚手架等四项单价措施		项			
		单价措施项目小计		元			
		分部分项工程和单价措施项目合计		元			

3.根据问题2的计算结果、答题卡表中和下面已知信息，按《建设工程工程量清单计价规范》（GB 50500—2013）的计算规则，在答题卡中列式计算安全文明施工费。措施项目费、人工费。在答题卡表25.4中编制该盾构施工工作井地下连续墙护坡土方降水单位工程施工图招标控制价汇总表。已知安全文明施工费占分部分项工程费的3.6%；其他项目中基坑监测设施暂列金额为250000.00元，基坑土方挖运专业工程暂估价为8120000.00元，基坑降水专业工程暂估价为1300000.00元，总包服务费按专业工程暂估价的4.0%计算；人工费占分部分项工程费及措施项目费的8%，规费按人工费的21%计取，税金按9%计取。

表25.4 工作井地下连续墙护坡及土方降水单位工程施工图招标控制价汇总表

序号	汇总内容	金额（元）	其中：暂估价（元）
1	分部分项工程		
2	措施项目		
2.1	其中：安全文明施工费		
3	其他项目		
3.1	基坑监测设施暂列金额		
3.2	基坑土方挖运专业工程暂估价		
3.3	基坑降水专业工程暂估价		
3.4	总包服务费		
4	规费		
5	税金		
6	单位工程招标控制价合计		

4.根据问题3的计算结果、答题卡表中和下面已知信息，按《建设工程工程量清单计价规范》（GB 50500—2013）的计算规则，在答题卡表25.5中编制该盾构施工工作井单项工程施工图招标控制价汇总表。已知工作井内钢筋混凝土水平及垂直支撑系统单位工程施工图招标控制价为5280000.00元（含税），其中安全文明施工费为166000.00元，规费69000.00元。工作井内钢结构水平及垂直支撑系统单位工程施工图招标控制价为4500000.00元（含税），其中安全文明施工费为135000.00元，规费56000.00元。

（注：无特殊说明，费用计算均为不含税价格；各问题计算结果均保留两位小数。）

表25.5 盾构施工工作井单项工程施工图招标控制价汇总表

序号	单项工程名称	金额（元）	其中：（元）		
			暂估价	安全文明施工费	规费
1	工作井护坡土方降水单位工程				
2	钢筋混凝土支撑系统单位工程				
3	钢结构支撑系统单位工程				
4	单项工程招标控制价合计				

参考答案

1.

表25.6　工程量计算表

序号	项目名称	单位	计算过程	计算结果
1	C35钢筋混凝土地下连续墙	m³	40.8×1.2×6×56=16450.56	16450.56
2	φ800水泥止水旋喷桩	m	33×3×56=5544.00	5544.00
3	C40钢筋混凝土连续墙顶压梁	m³	1.2×2×（52.8−0.8+115.2−0.8）×2=798.72	798.72
4	地下连续墙钢筋笼制作安装	t	79.76×16450.56/1000=1312.10	1312.10
5	连续墙顶压梁钢筋制作绑扎	t	106.54×798.72/1000=85.10	85.10

2.

表25.7　工程量计算表

序号	项目编码	项目名称	项目特征	计量单位	工程量	金额（元） 综合单价	金额（元） 合价
一			分部分项工程				
1	010202001001	C35钢筋混凝土连续墙	C35预拌抗渗混凝土	m³	16450.56	1582	26024785.92
2	010201012001	φ800水泥止水旋喷桩	42.5号水泥浆	m	5544.00	655.00	3631320.00
3	010518008001	C40钢筋混凝土连续墙顶压梁	C40补偿收缩混凝土	m³	798.72	711.00	567889.92
4	010549006001	地下连续墙钢筋笼制作安装	HRB400 HPB335	t	1312.10	8247.00	10820888.70
5	010526004001	连续墙顶压梁钢筋制作绑扎	HRB400 HPB335	t	85.10	7594.00	646249.40
	分部分项工程小计			元			41691133.94
二			单价措施项目				
1	019408060091	模板脚手架等四项单价措施		项			1470000.00
	单价措施项目小计			元			1470000.00
	分部分项工程和单价措施项目合计			元			43161133.94

3.（1）安全文明施工费：41691133.94×3.6%=1500880.82（元）。

（2）措施项目费：1470000.00+1500880.82=2970880.82（元）。

（3）人工费：（41691133.94+2970880.82）×8%=3572961.18（元）。

第25天

表25.8　工作井地下连续墙护坡及土方降水单位工程施工图招标控制价汇总表

序号	汇总内容	金额（元）	其中：暂估价（元）
1	分部分项工程	41691133.94	
2	措施项目	2970880.82	
2.1	其中：安全文明施工费	1500880.82	
3	其他项目	10046800.00	
3.1	基坑监测设施暂列金额	250000.00	
3.2	基坑土方挖运专业工程暂估价	8120000.00	
3.3	基坑降水专业工程暂估价	1300000.00	
3.4	总包服务费	376800.00	
4	规费	750321.85	
5	税金	4991322.30	
6	单位工程招标控制价合计	60450458.91	

4.

表25.9　盾构施工工作井单项工程施工图招标控制价汇总表

序号	单项工程名称	金额（元）	其中：（元）		
			暂估价	安全文明施工费	规费
1	工作井护坡土方降水单位工程	60450458.91	9420000.00	1500880.82	750321.85
2	钢筋混凝土支撑系统单位工程	5280000.00		166000.00	69000.00
3	钢结构支撑系统单位工程	4500000.00		135000.00	56000.00
4	单项工程招标控制价合计	70230458.91	9420000.00	1801880.82	875321.85

安装工程专业

2023年真题

1.某综合楼内给排水工程施工图如图25.3、图25.4所示。

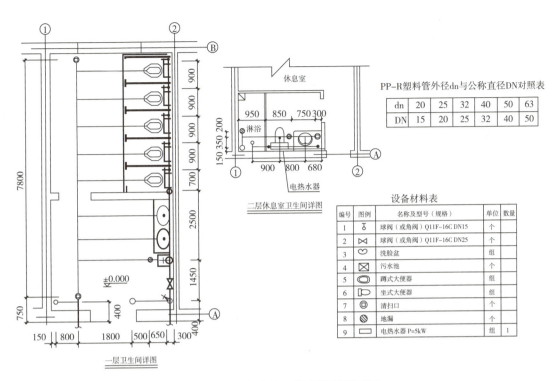

图25.3　综合楼给、排水管道平面图

PP-R塑料管外径dn与公称直径DN对照表

dn	20	25	32	40	50	63
DN	15	20	25	32	40	50

设备材料表

编号	图例	名称及型号（规格）	单位	数量
1		球阀（或角阀）Q11F-16C DN15	个	
2		球阀（或角阀）Q11F-16C DN25	个	
3		洗脸盆	组	
4		污水池	个	
5		蹲式大便器	组	
6		坐式大便器	组	
7		清扫口	个	
8		地漏	个	
9		电热水器 P=5kW	组	1

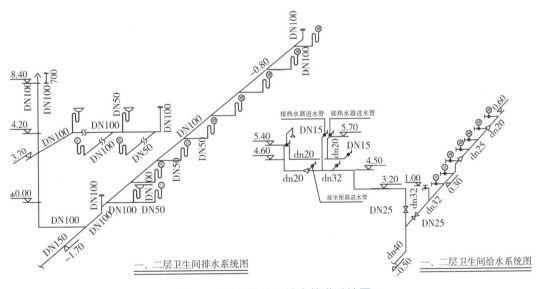

图25.4　综合楼给、排水管道系统图

（1）图中尺寸标高以m计，其他尺寸均以mm计。

（2）给水管道采用PP-R塑料管，热熔连接，水压试验、消毒冲洗，坐便角阀位于坐便中心线左侧300mm，二层冷热水管沿淋浴器、坐便器及洗脸盆中心线两侧布置，间距150mm，其余未尽之处距墙、板、柱等100mm敷设。

（3）排水管道采用PVC-U塑料管溶剂黏接，排水管道安装就位后，灌水试漏；器具排水管出地面300mm。

（4）采用陶瓷成品卫生器具，附件均随卫生器具成套供应；洗脸盆配单柄水龙头，污水池为成品落地式安装配铜质水嘴，卫生器具等通过金属软管与管道上的阀门或角阀连接，蹲、坐式大便器出口与墙距离为400mm。

（5）施工验收遵循相关技术标准及规范。

2.给水、排水工程相关分部分项工程量清单项目的统一编码，见表25.10。

表25.10　工程量清单项目统一编码表

项目编码	项目名称	项目编码	项目名称
031001005	铸铁管道	031004003	洗脸盆
031001006	塑料管	031004006	小便器
031001007	复合管	031004007	小便器
031002001	管道支架	031004008	其他成品卫生器具
031002002	设备支架	031004010	淋浴器
031003001	螺纹阀门	031004014	给、排水附（配）件
031003001	焊接法兰阀门	031006012	热水器、开火炉

3.假设相关分部分项工程综合单价，见表25.11。

表25.11　分部分项工程综合单价表

序号	项目编码	项目名称	计量单位	综合单价（元）
1		塑料排水PVC-U管道安装DN150	m	145
2		塑料排水PVC-U管道安装DN100	m	115
3		塑料排水PVC-U管通安装DN50	m	85
4		塑料给水PP-R管道安装dn40	m	50
5		塑料给水PP-R管道安装dn32	m	40
6		塑料给水PP-R管道安装dn25	m	35
7		塑料给水PP-R管道安装dn20	m	25
8		管道支架	kg	15
9		螺纹阀门DN25	个	96
10		洗脸盆（综合）	组	980
11		蹲式大便器	组	875
12		坐式大便器	组	1650
13		洗涤池	组	430
14		地漏安装（DN100、DN50综合）	个	85
15		清扫孔安装	个	110
16		淋浴器	套	1225
17		热水器	台	3480

4.假设该安装工程计算出的各分部分项工程人材机费用合计为200万元，其中人工费占15%。单价措施项目中仅有脚手架子目，脚手架搭拆的人材机费用1万元，其中人工费占20%；总价措施项目费中的安全文明施工费用（包括安全施工费、文明施工费、环境保护费、临时设施费）根据当地工程造价管理机构发布的规定按分部分项工程人工费的22%计取，夜间施工费、二次搬运费、冬雨季施工增加费、已完工程及设备保护费等其他总价措施项目费用合计按分部分项工程人工费的10%计取，其中总价措施费中人工费占30%。企业管理费、利润分别按人工费的50%、30%计。暂列金额2万元，专业工程暂估价1万元（总承包服务费按3%计取），不考虑计日工费用。规费按分部分项工程和措施项目费中全部人工费的25%计取；上述费用均不包含增值税可抵扣进项税额。增值税税率按9%计取。

问题：

1.按照图25.3和图25.4所示内容，列式计算给、排水管道安装项目分部分项清单工程量，并把计算式、计算结果填写到答题卡表中。计算要求：给、排水管道工程量计算至外墙面外1.5m处，卫生器具给水管道计算至分支三通或末端弯头（角阀）止。

2.假设塑料PVC–U排水管道DN150、DN100、DN50长度分别为2.8m、45m、13m，塑料PP–R给水管道 dn40、dn32、dn25、dn20 长度分别为3m、11m、3.5m、8m；根据背景资料 1、2编制给排水管道、阀门（不含角阀、水龙头）安装项目的分部分项工程量清单，并填写到答题卡表25.12"分部分项工程和单价措施项目清单与计价表"中（打横杠栏不需填写）。

3.根据条件4编制表25.13单位工程招标控制价汇总表，并列出计算过程。

参考答案

1.给水部分：

dn40：1.5+0.4+0.5+0.3＝2.7（m）。

dn32：1.45+2.5+（0.6－0.3）+0.7+（3.2－0.3）+0.3+0.65+0.5－0.1+（4.5－3.2）+0.68+0.8－0.1＝11.88（m）。

dn25：0.9+0.9+0.9＝2.7（m）。

dn20：0.9+0.9+（5.4－4.5）+0.15+（5.4－4.6）+0.9+0.8+（5.7－4.5）+（5.7－4.6）＝7.65（m）。

排水部分：

DN150：1.5+0.4＝1.9（m）。

DN100：（0.75−0.4）+7.8+（1.7−0.8）+1.8+0.5+（1.8+0.5+0.65）×2+（1.8+0.5+0.65+0.3−0.4）× 5+0.8+1.7+8.4+0.7+（0.75+0.85+0.95−0.15）+0.35+0.2=46.05（m）。

DN50：0.65（m）。

2.

表25.12　分部分项工程和单价措施项目清单与计价表

序号	项目编码	项目名称	项目特征	计量单位	工程量	综合单价（元）	合价（元）
1		塑料排水PVC−U管道安装DN150	PVC−U塑料管溶剂黏接；灌水试漏；器具排水管出地面300mm	m	2.8	145	406
2		塑料排水PVC−U管道安装DN100	PVC−U塑料管溶剂黏接；灌水试漏；器具排水管出地面300mm	m	45	115	5175
3		塑料排水PVC−U管道安装DN50	PVC−U塑料管溶剂黏接；灌水试漏；器具排水管出地面300mm	m	13	85	1105
4		塑料给水PP−R管道安装dn40	PP−R塑料管，热熔连接，水压试验、消毒冲洗	m	3	50	150
5		塑料给水PP−R管道安装dn32	PP−R塑料管，热熔连接，水压试验、消毒冲洗	m	11	40	440
6		塑料给水PP−R管道安装dn25	PP−R塑料管，热熔连接，水压试验、消毒冲洗	m	3.5	35	122.5
7		塑料给水PP−R管道安装dn20	PP−R塑料管，热熔连接，水压试验、消毒冲洗	m	8	25	200
8		管道支架	—	kg	0	15	0
9		螺纹阀门DN25	螺纹阀门DN25	个	2	96	192
10		洗脸盆（综合）	洗脸盆配单柄水龙头	组	3	980	2940
11		蹲式大便器	成品卫生器具，附件均随卫生器具成套供应	组	5	875	4375
12		坐式大便器	成品卫生器具，附件均随卫生器具成套供应	组	1	1650	1650
13		洗涤池	污水池为成品落地式安装配铜质水嘴	组	1	430	430
14		地漏安装（DN100、DN50综合）	随管道同时安装	个	3	85	255
15		清扫孔安装	随管道同时安装	个	3	110	330
16		淋浴器	冷热水管沿淋浴器、坐便器及洗脸盆中心线两侧布置，间距150mmn	套	1	1225	1225
17		热水器	电热水器P=5kW	台	1	3480	3480
		合计					22475.5

3.（1）分部分项工程费：

分部分项工程费=200.00+200.00×15%×（50%+30%）=224.00（万元）。

其中人工费合计为：$200.00 \times 15\% = 30.00$（万元）。

（2）单价措施项目脚手架搭拆费 $= 1.00 + 1.00 \times 20\% \times （50\% + 30\%）= 1.16$（万元）。

总价措施项目费：

安全文明施工费 $= 30.00 \times 22\% = 6.60$（万元）。

其他措施项目费 $= 30.00 \times 10\% = 3.00$（万元）。

措施费合计 $= 1.16 + 6.60 + 3.00 = 10.76$（万元）。

其中人工费合计为：$1.00 \times 20\% + （6.60 + 3.00）\times 30\% = 3.08$（万元）。

（3）其他项目清单计价合计 = 暂列金额 + 专业工程暂估价 + 总承包服务费

$= 2.00 + 1.00 + 1.00 \times 3\% = 3.03$（万元）。

（4）规费 $= （30.00 + 3.08）\times 25\% = 8.27$（万元）。

（5）税金 $= （224.00 + 10.76 + 3.03 + 8.27）\times 9\% = 22.15$（万元）。

（6）招标控制价合计 $= 224.00 + 10.76 + 3.03 + 8.27 + 22.15 = 268.21$（万元）。

将上述数据填入表格，编制下表：

表25.13　单位工程招标控制价汇总表

序号	汇总内容	金额（万元）	其中暂估价（万元）
1	分部分项工程	224.00	
1.1	其中：人工费	30.00	
2	措施项目	10.76	
	其中：人工费	3.08	
3	其他项目	3.03	1.00
3.1	其中：暂列金额	2.00	
3.2	其中：专业工程暂估价	1.00	
3.3	其中：计日工		
3.4	其中：总承包服务费	0.03	
4	规费	8.27	
5	增值税	22.15	
	招标控制价	268.21	1.00

第26天
工程计量与计价（2022真题）

 土木建筑工程专业

2022年真题

背景：

某旅游客运索道工程的上站设备基础施工图和相关参数如图26.1和图26.2所示。根据招标方以招标图确定的工程量清单，承包方中标的"上站设备基础土建分部分项工程和单价措施项目清单与计价表"如表26.1所示，现场搅拌混凝土配合比如表26.2所示，该工程施工合同双方约定，施工图设计完成后，对该工程实体工程工程量按施工图重新计量调整，工程主要材料二次搬运费按现场实际情况及合理运输方案计算，土石方工程费用和单价措施费不做调整。

表26.1 上站设备基础土建分部分项工程和单价措施项目清单与计价表

序号	项目编码	项目名称	项目特征	计量单位	工程量	金额（元）	
						综合单价	合价
一				分部分项工程			
1	010101002001	开挖土方	挖运1km以内	m³	36.00	16.86	606.96
2	010102001001	开挖石方	挖运1km以内	m³	210.00	21.22	4456.20
3	010103002001	回填土石方	夯填	m³	170.00	28.50	4845.00
4	010501001001	混凝土垫层	C15混凝土	m³	3.00	612.39	1837.17
5	010501003001	混凝土独立基础	C30混凝土	m³	9.00	719.98	6479.82
6	010501006001	混凝土设备基础	C30混凝土	m³	55.00	715.30	39341.50
7	010515001001	钢筋	制作绑扎	t	4.00	7876.41	31505.64
8	010516001001	地脚螺栓	制作安装	t	0.30	9608.33	2882.50
	分部分项工程费小计			元			91954.79
二				单价措施项目			
	019408060001	模板、脚手架等四项单价措施		项			38000.00
	单价措施项目费小计			元			38000.00
	分部分项工程费和单价措施项目费合计			元			129954.79

表26.2　现场搅拌混凝土配合比

序号	混凝土标号	主要材料用量（kg）				备注 （损耗率）
		32.5级水泥	42.5级水泥	中粗砂	碎石	
1	C15	290.00		730.00	1230.00	1.5%
2	C30		350.00	670.00	1200.00	1.5%

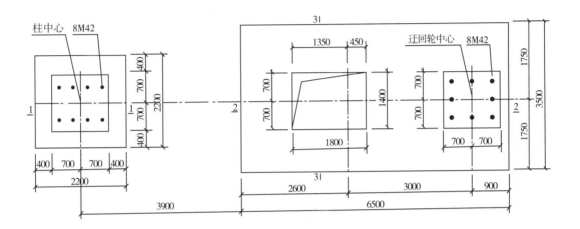

图26.1　基础平面布置图

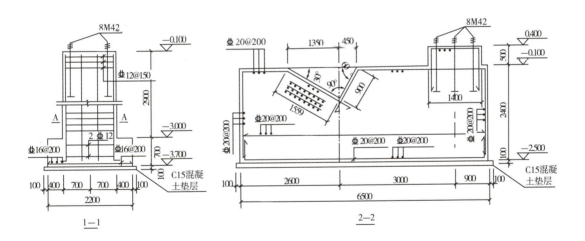

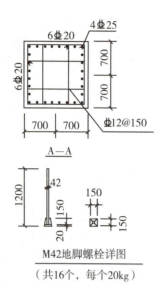

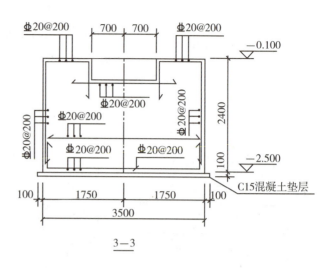

图26.2　上站设备基础施工图

说明：

1.基础底部宜坐落在强风化花岗岩上。

2.基础考虑采用C30混凝土。钢筋采用HRB400（Φ）。地脚螺栓采用Q345B钢。

3.基础下设通用100mm厚C15混凝土垫层、各边宽出基础100mm。

4.基础应一次浇筑完毕，不留施工缝，施工完毕后应及时对肥槽回填至整平地面标高。

问题：

1.依据图26.1和《房屋建筑与装饰工程工程量计算规范》（GB 50854—2013），完成表26.3的工程量计算（独立基础钢筋含量为56.4kg/m³，设备基础钢筋含量为63.66kg/m³，地脚螺栓20kg/个）。

表26.3　工程量计算表

序号	项目名称	单位	计算过程	计算结果
1	C15混凝土垫层	m³		
2	C30钢筋混凝土站前柱独立基础	m³		
3	C30钢筋混凝土迂回轮设备基础	m³		
4	钢筋	t		
5	YKT地脚螺栓	t		

2.根据问题1的计算结果，编制表26.4"上站设备基础土建分部分项工程和单价措施项目清单与计价表"。

表26.4　上站设备基础土建分部分项工程和单价措施项目清单与计价表

序号	项目编码	项目名称	项目特征	计量单位	工程量	金额（元）	
						综合单价	合价
一				分部分项工程			
1	010101002001	开挖土方	挖运1km以内	m³			
2	010102001001	开挖石方	挖运1km以内	m³			
3	010103002001	回填土石方	夯填	m³			
4	01050100100	混凝土垫层	C15混凝土	m³			
5	010501003001	混凝土独立基础	C30混凝土	m³			
6	010501006001	混凝土设备基础	C30混凝土	m³			
7	010515001001	钢筋	制作绑扎	t			
8	010516001001	地脚螺栓	制作安装	t			
	分部分项工程费小计			元			
二				单价措施项目			
1	019408060001	模板、脚手架等四项单价措施	—	项	—	—	—
	单价措施项目费小计			元			
	分部分项工程费和单价措施项目费合计			元			

3.由于施工条件特殊，材料由当地村民人工搬运。材料二次搬运单价如下：水泥210.00元/t，中粗砂160.00元/t，碎石160.00元/t，钢材800.00元/t。材料损耗率：混凝土损耗率1.5%，钢材损耗率3%。编制表26.5"二次搬运汇总表"。

表26.5　二次搬运汇总表

序号	材料名称	单位	材料用量计算过程	计算结果	二次搬运费单价（元/t）	二次搬运费合价（元）
	合计					

4.不考虑其他项目费，总价措施项目包含二次搬运费，安全文明施工费是分部分项工程费的6%，人工费占分部分项和措施项目费的23%，规费按分部分项和措施项目人工费的19%，增值税税率为9%，编制表26.6"索道上站设备基础土建工程施工图调整价汇总表"。

表26.6　索道上站设备基础土建工程施工图调整价汇总表

序号	汇总内容	金额（元）	其中：暂估价（元）
1	分部分项工程费		
2	措施项目费		
2.1	其中：安全文明施工费		
3	其他项目费		
4	规费		
5	税金		
	施工调整造价合计		

（计算结果以元为单位，保留2位小数）

参考解答

1.工程量计算，见表26.7。

表26.7　工程量计算表

序号	项目名称	单位	计算过程	计算结果
1	C15混凝土垫层	m³	（1）独立柱基础垫层：$2.4^2 \times 0.1 = 0.576$ （2）迂回轮设备基础垫层：$6.7 \times 3.7 \times 0.1 = 2.479$ （3）合计：$0.576 + 2.479 = 3.06$	3.06
2	C30钢筋混凝土站前柱独立基础	m³	$2.2^2 \times 0.7 + 1.4^2 \times 2.9 = 9.07$	9.07
3	C30钢筋混凝土迂回轮设备基础	m³	$6.5 \times 3.5 \times 2.4 - 1.559 \times 0.9 \times 1/2 \times 1.4 + 1.4^2 \times 0.5 = 54.60$	54.60
4	钢筋	t	（$9.07 \times 56.4 + 54.60 \times 63.66$）/1000=3.99	3.99
5	YKT地脚螺栓	t	$20 \times 16 / 1000 = 0.32$	0.32

2.上站设备基础土建分部分项工程和单价措施项目清单与计价表，见表26.8。

表26.8　上站设备基础土建分部分项工程和单价措施项目清单与计价表

序号	项目编码	项目名称	项目特征	计量单位	工程量	金额（元）	
						综合单价	合价
一	分部分项工程						
1	010101002001	开挖土方	挖运1km以内	m³	36.00	16.86	606.96
2	010102001001	开挖石方	挖运1km以内	m³	210.00	21.22	4456.20
3	010103002001	回填土石方	夯填	m³	170.00	28.50	4845.00
4	010501001001	混凝土垫层	C15混凝土	m³	3.06	612.39	1873.91
5	010501003001	混凝土独立基础	C30混凝土	m³	9.07	719.98	6530.22
6	010501006001	混凝土设备基础	C30混凝土	m³	54.60	715.30	39055.38
7	010515001001	钢筋	制作绑扎	t	3.99	7876.41	31426.88
8	010516001001	地脚螺栓	制作安装	t	0.32	9608.33	3074.67
	分部分项工程费小计			元			91869.22
二	单价措施项目						
1	019408060001	模板、脚手架等四项单价措施		项			38000.00
	单价措施项目费小计			元			38000.00
	分部分项工程费和单价措施项目费合计			元			129869.22

3.编制二次搬运汇总表，见表26.9。

表26.9　二次搬运汇总表

序号	材料名称	单位	材料用量计算过程	计算结果	二次搬运费单价（元/t）	二次搬运费合价（元）
1	水泥	t	$[3.06 \times 290+(9.07+54.6) \times 350] \times (1+1.5\%)/1000$	23.52	210.00	4939.20
2	中粗砂	t	$[3.06 \times 730+(9.07+54.6) \times 670] \times (1+1.5\%)/1000$	45.57	160.00	7291.20
3	碎石	t	$[3.06 \times 1230+(9.07+54.6) \times 1200] \times (1+1.5\%)/1000$	81.37	160.00	13019.20
4	钢材	t	$(3.99+0.32) \times (1+3\%)$	4.44	800.00	3552.00
	合计					28801.60

4.（1）分部分项工程费：91869.22元。

（2）措施项目费：38000+28801.6+91869.22×6%＝72313.75（元）。

（3）其他项目费：0.00元。

（4）规费：（91869.22+72313.75）×23%×19%＝7174.80（元）。

（5）税金：（91869.22+72313.75+7174.80）×9%＝15422.20（元）。

（6）施工调整造价合计：91869.22+72313.75+0+7174.8+15422.2＝186779.97（元）。

编制索道上站设备基础土建工程施工图调整价格汇总表，见表26.10。

表26.10　索道上站设备基础土建工程施工图调整价汇总表

序号	汇总内容	金额（元）	其中：暂估价（元）
1	分部分项工程费	91869.22	
2	措施项目费	72313.75	
2.1	其中：安全文明施工费	5512.15	
3	其他项目费	0.00	
4	规费	7174.80	
5	税金	15422.20	
	施工调整造价合计	186779.97	

 安装工程专业

（2022年真题暂缺）。

第27天
工程计量与计价（2021真题）

 土木建筑工程专业

2021年真题

背景：

某企业已建成1500m³生活用高位水池，开始办理工程竣工结算事宜。承建该工程的施工企业根据施工招标工程量清单中的"高位水池土建分部分项工程和单价措施项目清单与计价表"（表27.1），该工程的竣工图及相关参数（如图27.1和图27.2所示）编制工程结算。

真题详解

表27.1　高位水池土建分部分项工程和单价措施项目清单与计价表

序号	项目编码	项目名称	项目特征	计量单位	工程量	金额（元）	
						综合单价	合价
一	分部分项工程						
1	010101001001	开挖土方	挖运1km内	m³	1172.00	14.94	17509.68
2	010101002001	开挖石方	风化岩挖运1km内	m³	4688.00	17.72	83071.36
3	010103001001	回填土石方	夯填	m³	1050.00	30.26	31773.00
4	010501001001	混凝土垫层	C15混凝土	m³	36.00	588.84	21198.24
5	070101001001	混凝土池底板	C30抗渗混凝土	m³	210.00	761.76	159969.60
6	070101002001	混凝土池壁板	C30抗渗混凝土	m³	180.00	798.77	143778.60
7	070101003001	混凝土池顶板	C30混凝土	m³	40.00	719.69	28787.60
8	070101004001	混凝土池内柱	C30混凝土	m³	5.00	718.07	3590.35
9	010515001001	钢筋	制作绑扎	t	36.00	8688.86	312798.96
10	010606008001	钢爬梯	制作安装	—	0.20	9402.10	1880.42
	分部分项工程费小计			元	—	—	804357.81
二	单价措施项目						
1	—	模板、脚手架、垂直运输、大型机械	—	项			131800.00
	单价措施项目费小计			元	—	—	131800.00
	分部分项工程费和单价措施项目费合计			元	—	—	936157.81

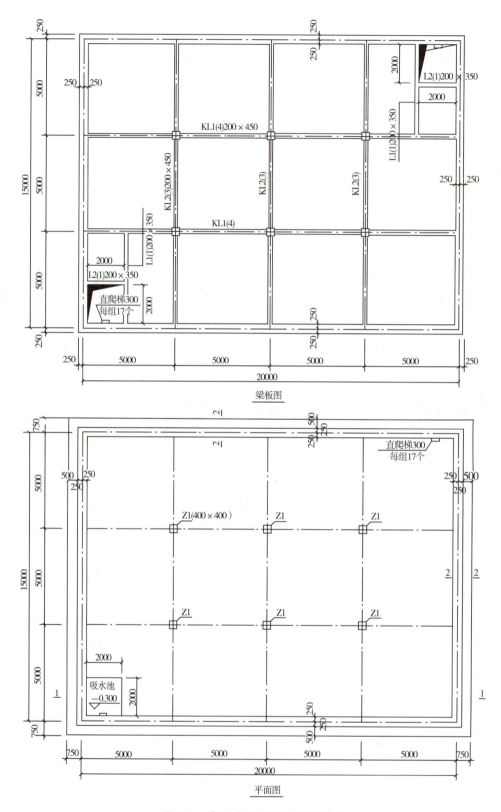

图27.1　高位水池平面图及梁板图

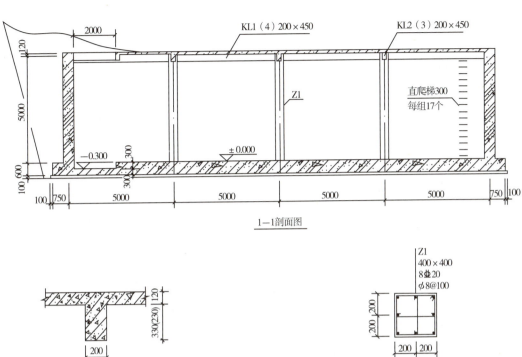

1—1剖面图

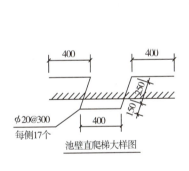

梁截面

Z1
400×400
8⊕20
φ8@100

Z1

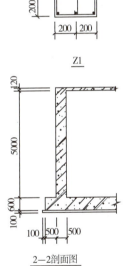

φ20@300
每侧17个

池壁直爬梯大样图

2—2剖面图

图27.2　高位水池剖面图

说明：

1.设计为1500m³生活用高位水池。

2.池底板、池壁板、池内柱混凝土强度C30，池顶板混凝土强度C35，抗渗标号P6，钢筋分别为HPB300、HPB400。

3.池底设C15混凝土垫层，厚100mm，每边伸出100mm。

4.池壁钢爬梯材料用φ20钢筋，重量：2.47kg/m。

问题：

1.根据竣工图27.1和图27.2中所示的内容和相关数据，按照《构筑物工程工程量计算规范》（GB 50860—2013）的计算规则，在答题卡表27.2中，列式计算该高位水池的混凝土垫层、钢筋混凝土池底板、钢筋混凝土池壁板、钢筋混凝土池顶板、钢筋混凝土内柱、钢筋、钢爬梯等实体工程分部分项结算工程量。（注：池壁计算高度为池壁底板上表面至顶板下表面；池顶板为肋形板，主、次梁计入池顶板的体积内；池内柱的计算高度为池底板上表面至池顶板下表面。钢筋工程量按：池底板66.50kg/m³，池壁板89.65kg/m³，池顶板及主、次梁123.80kg/m³，池内柱148.20kg/m³，钢爬梯的钢筋按2.47kg/m计算）

表27.2　分部分项工程量表

序号	项目名称	单位	计算过程	工程量
1	混凝土垫层	m³		
2	混凝土池底板	m³		
3	混凝土池壁板	m³		
4	混凝土池顶板	m³		
5	混凝土池内柱	m³		
6	钢筋	t		
7	钢爬梯	t		

2.原招标工程量清单中钢筋混凝土池顶板的混凝土强度等级为C30，施工过程中经各方确认设计变更为C35。若该清单项目混凝土消耗量为1.015；同期C30及C35商品混凝土运到工地价分别为488.00元/m³、530.00元/m³；原投标价中企业管理费按人工、材料、机械费之和的10%计取，利润按人工、材料、机械、企业管理费之和的7%计取。请在答题卡中列式计算该钢筋混凝土池顶板混凝土强度等级由C30变更为C35的综合单价差和综合单价。

3.该工程的施工合同双方约定，工程竣工结算时，土石方工程量和单价措施费不做调整。请根据问题1和问题2的计算结果、表27.1中已有的数据、答题卡表中的相关信息，按《构筑物工程工程量计算规范》（GB 50860—2013）及《建设工程工程量清单计价规范》（GB 50500—2013）的计算规则，在答题卡表27.3中，编制该高位水池土建分项工程和单价措施项目清单与计价表。

表27.3　高位水池土建分部分项工程和单价措施项目清单与计价表

序号	项目编码	项目名称	项目特征	计量单位	工程量	金额（元）	
						综合单价	合价
一			分部分项工程				
1	010101001001	开挖土方	挖运1km内	m³			
2	010101002001	开挖石方	风化岩挖运1km内	m³			
3	010103001001	回填土石方	夯填	m³			
4	010501001001	混凝土垫层	C15混凝土	m³			
5	070101001001	混凝土池底板	C30抗渗混凝土	m³			
6	070101002001	混凝土池壁板	C30抗渗混凝土	m³			
7	070101003001	混凝土顶板	C35混凝土	m³			
8	070101004001	混凝土内柱	C30混凝土	m³			
9	010515001001	钢筋	制作绑扎	t			
10	010606008001	钢爬梯	制作安装	t			
		分部分项工程费小计		元			
二			单价措施项目				
1	—	模板、脚手架、垂直运输、大型机械	—	项			
		单价措施项目费小计		元			
		分部分项工程费和单价措施项目费合计		元			

4.若总价措施项目中仅有安全文明施工费，其中费率按分部分项工程费的6%计取；其他项目费的防水工程专业分包结算价为85000.00元，总包服务费按5%计取；人工费占分部分项工程费及措施费的25%，规费按人工费的21%计取，税金按9%计取。根据问题3的计算结果，按《建设工程工程量清单计价规范》（GB 50500—2013）的计算规则，在答题卡中列式计算安全文明施工费、措施项目费、人工费在答题卡表27.4中，编制该高位水池土建施工单位工程竣工结算汇总表。

表27.4　高位水池土建施工单位工程竣工结算汇总表

序号	汇总内容	金额（元）
1	分部分项工程费	
2	措施项目费	
2.1	其中：安全文明施工费	
3	其他项目费	
3.1	其中：专业分包工程费	
3.2	其中：总承包服务费	
4	规费	
5	税金	
	竣工结算总价=1+2+3+4+5	

（无特殊说明的，费用计算时均为不含税价格；计算结果均保留2位小数）

参考解答

1.分部分项工程量计算，见表27.5。

表27.5　分部分项工程量表

序号	项目名称	单位	计算过程	工程量
1	混凝土垫层	m³	（20+0.75×2+0.1×2）×（15+0.75×2+0.1×2）×0.1=36.24	36.24
2	混凝土池底板	m³	（20+0.75×2）×（15+0.75×2）×0.6−2×2×0.3=211.65	211.65
3	混凝土池壁板	m³	（20+15）×2×5×0.5=175.00	175.00
4	混凝土池顶板	m³	（1）板：[（20+0.5）×（15+0.5）−2×2×2]×0.12=37.17 （2）KL1板下部分：0.2×0.33×（20−0.5−0.4×3）×2=2.42 （3）KL2板下部分0.2×0.33×（15−0.5−0.4×2）×3=2.71 （4）L1板下部分：0.2×0.23×（5−0.1−0.25）×2=0.43 （5）L2板下部分：0.2×0.23×2×2=0.18 小计：37.17+2.42+2.71+0.43+0.18=42.91	42.91
5	混凝土池内柱	m³	0.4×0.4×5×6=4.80	4.80
6	钢筋	t	（1）池底板：66.50×211.65/1000=14.07 （2）池壁板：89.65×175.00/1000=15.69 （3）池顶板：123.80×42.91/1000=5.31 （4）池内柱：148.20×4.8/1000=0.71 合计：14.07+15.69+5.31+0.71=35.78	35.78
7	钢爬梯	t	2.47×（0.4×5）×17×2/1000=0.17	0.17

2.（1）混凝土由C30变更为C35的综合单价差：（530−488）×1.015×（1+10%）×（1+7%）=50.18（元/m³）。

（2）C35综合单价：719.69+50.18=769.87（元/m³）。

3.编制高位水池土建分部分项工程和单价措施项目清单与计价表，见表27.6。

表27.6　高位水池土建分部分项工程和单价措施项目清单与计价表

序号	项目编码	项目名称	项目特征	计量单位	工程量	金额（元）	
						综合单价	合价
一			分部分项工程				
1	010101001001	开挖土方	挖运1km内	m³	1172.00	14.94	17509.68
2	010101002001	开挖石方	风化岩挖运1km内	m³	4688.00	17.72	83071.36
3	010103001001	回填土石方	夯填	m³	1050.00	30.26	31773.00
4	010501001001	混凝土垫层	C15混凝土	m³	36.24	588.84	21339.56
5	070101001001	混凝土池底板	C30抗渗混凝土	m³	211.65	761.76	161226.50
6	070101002001	混凝土池壁板	C30抗渗混凝土	m³	175.00	798.77	139784.75

续表

序号	项目编码	项目名称	项目特征	计量单位	工程量	金额（元）	
						综合单价	合价
7	070101003001	混凝土顶板	C35混凝土	m³	42.91	769.87	33035.12
8	070101004001	混凝土内柱	C30混凝土	m³	4.80	718.07	3446.74
9	010515001001	钢筋	制作绑扎	t	35.78	8688.86	310887.41
10	010606008001	钢爬梯	制作安装	t	0.17	9402.10	1598.36
	分部分项工程费小计			元	—	—	803672.48
二	单价措施项目						
1	—	模板、脚手架、垂直运输、大型机械	—	项	—	—	131800.00
	单价措施项目费小计			元	—	—	131800.00
	分部分项工程费和单价措施项目费合计			元	—	—	935472.48

4.（1）分部分项工程费：803672.48元。

（2）安全文明施工费（总价措施项目费）：803672.48×6%=48220.35（元）。

措施项目费：131800.00+48220.35=180020.35（元）。

（3）专业分包工程：85000.00元。

总承包服务费：85000.00×5%=4250.00（元）。

其他项目费：85000.00+4250.00=89250.00（元）。

（4）人工费：（803672.48+180020.35）×25%=245923 21（元）。

规费：245923.21×21%=51643.87（元）。

（5）税金：（803672.48+180020.35+89250.00+51643.87）×9%=101212.80（元）。

（6）竣工结算价：803672.48+180020.35+89250.00+51643.87+101212.80=1225799.50（元）。

编制高位水池土建施工单位工程竣工结算汇总表，见表27.7。

表27.7 高位水池土建施工单位工程竣工结算汇总表

序号	汇总内容	金额（元）
1	分部分项工程费	803672.48
2	措施项目费	180020.35
2.1	其中：安全文明施工费	48220.35
3	其他项目费	89250.00
3.1	其中：专业分包工程费	85000.00
3.2	其中：总承包服务费	4250.00
4	规费	51643.87
5	税金	101212.80
	竣工结算总价合计=1+2+3+4+5	1225799.50

安装工程专业

2021年真题

1.工程背景信息如下：

（1）图27.3为某大厦公共厕所电气平面图，图27.4为配电系统图及主要材料设备图例表。该建筑物为砖、混凝土结构，单层平屋面，层高为3.3m。图中括号内数字表示线路水平长度。配管配线规格为：BV2.5mm² 2～3根穿刚性阻燃管PC20，4～5根穿刚性阻燃管PC25；BV4mm² 3根穿刚性阻燃管PC25。

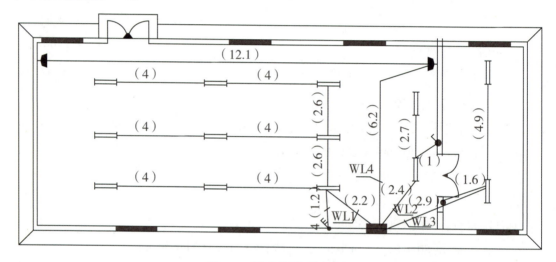

图27.3 某建筑照明插座图

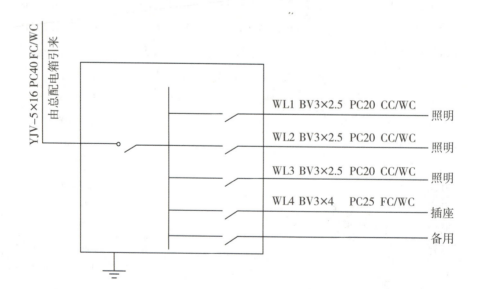

符号	设备名称	型号规格	安装方式
▬	配电箱 A L	P188R－496 300（宽）×450（高）×120（深）	嵌入式安装，底边距地1.8m
 ├─┤	双管荧光灯	T8 2×36W	吸顶安装
 ●／	单联单控翘板式开关	C31/1/2A	暗装，距地1.3m
 ●／	三联单控翘板式开关	C31/3/2A	暗装，距地1.3m
 ◡	单项二、三级暗插座	86Z26416－16A	暗装，距地0.3m

图27.4　配电系统图及主要材料设备图例表

（2）该工程的相关定额、主材单价及损耗率，见表27.8。

表27.8　相关定额、主材单价及损耗率表

定额编号	项目名称	定额单位	安装基价（元）			主材	
			人工费	材料费	机械费	单价	损耗率
4－2－76	成套配电箱安装 嵌入式 半周长≤1.0m	台	102.30	34.40	0	1500.00元/台	
4－4－15	无端子外部接线 导线截面≤2.5mm²	个	1.44	1.44	0		
4－4－14	无端子外部接线 导线截面≤6mm²	个	2.04	1.44	0		
4－12－134	砖、混凝土结构暗配 刚性阻燃管PC25	10m	67.20	5.80	0	2.30元/m	6%
4－13－6	管内穿照明线铜芯 导线截面≤2.5mm²	10m	9.72	1.50	0	1.60元/m	16%
4－13－7	管内穿照明线铜芯 导线截面≤4mm²	10m	6.48	1.45	0	2.56元/m	10%
4－14－373	跷板暗开关单联单控	个	6.84	0.80	0	8.00元/个	2%
4－14－378	跷板暗开关三联单控	个	6.84	0.80	0	10.00元/个	2%
4－14－303	单相二、三级暗插座≤15A	个	8.16	0.80	0	10.00元/个	2%
4－14－205	荧光灯具安装 吸顶式 双管	套	17.50	1.50	0	120元/套	1%
4－13－179	接线盒安装	个	4.30	0.90	0	10.00元/个	2%

该工程的管理费和利润分别按人工费的45%和15%计算。

（3）相关分部分项工程量清单项目编码及项目名称，见表27.9。

表27.9　相关分部分项工程量清单项目的统一编码

项目编码	项目名称	项目编码	项目名称
030404017	配电箱	030404034	照明开关
030411001	配管	030412005	荧光灯
030411004	配线	030404035	插座

（4）不考虑配管嵌入地面或顶板内深度。

（5）砖、混凝土结构暗配刚性阻燃管PC20相关定额，见表27.30。

表27.10　砖、混凝土结构暗配刚性阻燃管PC20消耗量定额（10m）

	单位	消耗量	单价
人工	工日	0.540	120元/工日
主材	m	10.60	20元/m
机械费	—	—	—
其他材料	元	5.10	

问题：

1.按照背景资料和图27.3及图27.4所示，根据《建设工程工程量清单计价规范》（GB 50500—2013）和《通用安装工程工程量计算规范》（GB 50856—2013）的规定，列式计算PC20、PC25、BV2.5mm²、BV4mm²，算式与结果填写在答题卡指定位置。

WL1：

WL2：

WL3：

WL4：

汇总：

2.假定PC20工程量为100m、PC25工程量为80m、BV2.5mm²工程量为310m、BV4mm²工程量为280m，其他工程量根据给定图纸计算，完成答题卡表27.11分部分项工程和单价措施项目清单与计价表。

表27.11　分部分项工程和单价措施项目清单与计价表

序号	项目编码	项目名称	项目特征描述	计量单位	工程量	金额/元		
						综合单价	合价	其中：暂估价
合计								

3.依据背景资料完成砖、混凝土结构暗配刚性阻燃管PC20定额基价表。

4.假定该工程PC20的清单工程量为40m，需要2个接线盒，依据相关数据，列式计算包括PC20主材和接线盒在内的配管综合单价，并编制完成答题卡表27.12 "综合单价分析表"。

表27.12　综合单价分析表

项目编码				项目名称			计量单位		工程量		
清单综合单价组成明细											
定额编号	定额名称	定额单位	数量	单价（元）				合价（元）			
				人工费	材料费	机械费	管理费和利润	人工费	材料费	机械费	管理费和利润
人工单价			小计								
			未计价材料费（元）								
			清单项目综合单价（元/m）								
材料费明细	主要材料名称、规格、型号				单位	数量		单价（元）	合价（元）	暂估单价（元）	暂估合价（元）
	其他材料费（元）										
	材料费小计（元）										

人工费：

辅助材料费：

主材费：

管理费和利润：

参考解答

问题1：

WL1回路：

PC20（3线）：（3.3−1.8−0.45）+2.2+4×6+2.6×2=32.45（m）。

PC25（4线）：1.2+（3.3−1.3）=3.20（m）。

BV2.5：（0.3+0.45+32.45）×3+3.20×4=112.40（m）。

WL2回路：

PC20（3线）：（3.3−1.8−0.45）+2.4+2.7+1+（3.3−1.3）=9.15（m）。

BV2.5：（0.3+0.45+9.15）×3=29.70（m）。

WL3回路：

PC20（3线）：（3.3−1.8−0.45）+2.9+4.9+1.6+（3.3−1.3）=12.45（m）。

BV2.5：（0.3+0.45+12.45）×3=39.60（m）。

WL4回路：

PC25（3线）：1.8+6.2+12.1+0.3×3=21.00（m）。

BV4：（0.3+0.45+21）×3=65.25（m）。

汇总：

PC20:32.45+9.15+12.45=54.05（m）。

PC25：3.20+21.00=24.20（m）。

BV2.5：112.40+29.70+39.60=181.70（m）。

BV4：65.25（m）。

问题2：

分部分项工程量计算，见表27.13。

表27.13　分部分项工程量清单计价表

序号	项目编码	项目名称	项目特征描述	计量单位	工程量	金额/元		
						综合单价	合价	其中：暂估价
1	030404017001	配电箱	配电箱P188R－496，下沿距地1.8m嵌入式安装，300×450×120（宽×高×厚）无端子外部接线2.5mm² 9个无端子外部接线4mm² 3个	台	1	1745.89	1745.89	
2	030411001001	配管	PC20刚性阻燃管，沿砖、混凝土结构暗配	m	100.00	32.08	3208	
3	030411001002	配管	PC25刚性阻燃管，沿砖、混凝土结构暗配	m	80.00	13.77	1101.6	
4	030411004001	配线	管内穿照明线BV 2.5mm²	m	310.00	3.56	1103.6	
5	030411004002	配线	管内穿照明线BV 4mm²	m	280.00	4.00	1120	
6	030404034001	照明开关	单联单控翘板开关C31/1/2A，暗装，距地1.3m	个	2	19.90	39.8	
7	030404034002	照明开关	三联单控翘板开关C31/3/2A，暗装，距地1.3m	个	1	21.94	21.94	
8	030412005001	荧光灯	双管荧光灯，T8 2×36W，吸顶安装	套	13	150.70	1959.1	
9	030404035001	插座	单相二、三极插座，86Z26416－16A暗装，距地0.3m	个	2	24.06	48.12	
合计							10348.05	

问题3：砖、混凝土结构暗配 刚性阻燃管 PC20（10m）相关定额、主材单价及损耗率表，见表27.14。

表27.14　砖、混凝土结构暗配 刚性阻燃管 PC20（10m）相关定额、主材单价及损耗率表

定额编号	项目名称	定额单位	安装基价（元）			主材	
			人工费	辅助材料费	机械费	单价（元）	损耗率（%）
4－12－133	砖、混凝土结构暗配 刚性阻燃管 PC20	10m	64.80	5.10	0.00	20.00	6

问题4：编制综合单价分析表，见表27.15。

表27.15　综合单价分析表

项目编码	030411001001	项目名称	PC20刚性阻燃管	计量单位	m	工程量	40

清单综合单价组成明细

定额编号	定额名称	定额单位	数量	单价（元）				合价（元）			
				人工费	材料费	机械费	管理费和利润	人工费	材料费	机械费	管理费和利润
4－12－133	砖、混凝土结构暗配刚性阻燃管PC20	10m	0.10	64.80	5.10	0.00	38.88	6.48	0.51	0.00	3.89
4－13－179	接线盒安装	个	0.05	4.3	0.90	0.00	2.58	0.22	0.05	0.00	0.13
人工单价			小计					6.70	0.56	0.00	4.02
120元/工日			未计价材料费（元）					21.71			
清单项目综合单价（元/m）								32.99			

材料费明细	主要材料名称、规格、型号	单位	数量	单价（元）	合价（元）	暂估单价（元）	暂估合价（元）
	刚性阻燃管PC20	m	1.06	20	21.20		
	接线盒	个	0.051	10	0.51		
	其他材料费（元）				0.56		
	材料费小计（元）				22.27		

人工费：$0.540 \times 120 \div 10 + 4.3 \times （2 \div 40）= 6.70$（元/m）。

辅助材料费 $5.10 \div 10 + 0.9 \times （2 \div 40）= 0.56$（元/m）。

主材费：$10.6 \times 20 \div 10 + 10 \times 1.02 \times （2 \div 40）= 21.71$（元/m）。

管理费和利润：$6.70 \times （45\% + 15\%）= 4.02$（元/m）。

综合单价：$6.70 + 0.56 + 4.02 + 21.71 = 32.99$（元/m）。

第28天
工程计量与计价（2020真题）

🎓 **土木建筑工程专业**

2020年真题

背景：

真题详解

某矿山尾矿库区内680.00m长排洪渠道土石方开挖边坡支护设计方案及相关参数如图28.1所示。设计单位根据该方案编制的"长锚杆边坡支护方案分部分项工程和单价措施项目清单与计价表"如表28.2所示。

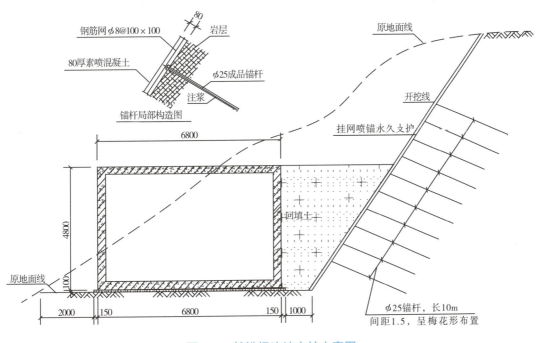

图28.1　长锚杆边坡支护方案图

说明：

1.本设计为尾矿库排洪渠道土方开挖边坡支护长锚杆（10m）方案。

2.本排洪渠道总长680.00米。

3.钢锚杆采用φ25螺纹钢，钢筋型号为HRB400（Φ）。

4.注浆用水泥标号42.5#，水灰比1：0.5。

5.本方案每米工程量见表28.1"每米综合工程量表"，其中土方和石方比例3：7。

表28.1　每米综合工程量表

序号	名称	单位	工程量	备注
1	土石方开挖	m³	60.00	土石方比例3∶7
2	回填土石方	m³	19.00	
3	直径25mm锚杆	根	7.00	每根长10m
4	挂网喷混凝土	m²	13.00	

表28.2　长锚杆边坡支护方案分部分项工程和单价措施项目清单与计价表

序号	项目编码	项目名称	项目特征	计量单位	工程量	金额（元）	
						综合单价	合价
一	分部分项工程						
1	010101002001	开挖土方	挖运1km	m³	12240.00	16.45	201348.00
2	010102002001	开挖石方	风化岩挖运1km内	m³	28560.00	24.37	696007.20
3	010103001001	回填土石方	夯填	m³	12920.00	27.73	358271.60
4	010202007001	长锚杆	直径25mm、长10m	m	47600.00	252.92	12038992.00
5	010202009001	挂网喷混凝土	80mm厚，含钢筋	m²	8840.00	145.27	1284186.80
	分部分项工程费小计			元			14578805.60
二	单价措施项目						
	019408060001	脚手架及大型机械设备进出场及安拆费	—	项	1	470000.00	470000.00
	单价措施项目费小计			元			470000.00
	分部分项工程费和单价措施项目费合计			元			15048805.60

　　鉴于相关费用较大，经造价工程师与建设单位、设计单位、监理单位充分讨论研究，为减少边坡土石方开挖及对植被的破坏，消除常见的排洪渠道纵向及横向滑移的安全隐患，提出了把排洪渠道兼作边坡稳定的预应力长锚索整体腰梁的边坡支护优化方案，相关设计和参数如图28.2所示。有关预应力长锚索同期定额基价如表28.4所示。

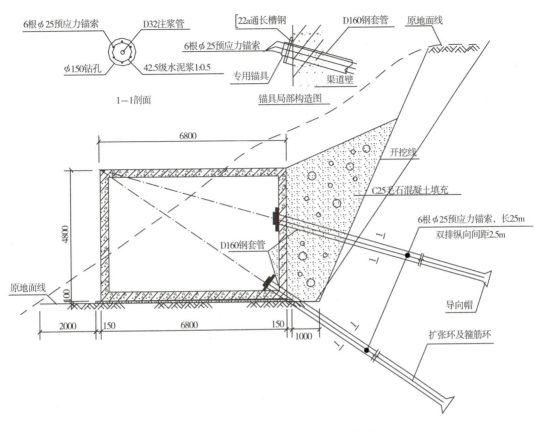

图28.2　预应力长锚索边坡支护方案图

说明：

1.本设计为尾矿库排洪渠道土方开挖边坡支护预应力长锚索（25m）方案。

2.本排洪渠道总长680.00米。

3.钢锚索采用6根φ25高强度低松弛无粘结预应力钢绞线。

4.注浆用水泥标号42.5#，水灰比1：0.5。

5.本方案每米工程量见表28.3"每米综合工程量表"，其中土方和石方比例5：5。

表28.3　每米综合工程量表

序号	名称	单位	工程量	备注
1	土石方开挖	m³	31.00	土石方比例5：5
2	预应力长锚索（6根直径25mm钢绞线）	根	0.80	每根长25m
3	[22a通长槽钢腰梁	m	2.00	[22a
4	回填C25毛石混凝土	m³	9.60	

表28.4　预应力长锚索基础定额表

定额编号			2-41	2-42
项目			D150钻机成孔 （m）	长锚索及注浆 （m）
定额基价			66.50	363.90
其中	人工费（元）		40.00	95.00
	材料费（元）		5.50	266.30
	机械费（元）		21.00	2.60
名称	单位	单价（元）		
综合工日	工日	100.00	0.40	0.95
钢绞线（6根直径25mm）	kg	7.60		19.44
水泥42.5级	kg	0.58		48.40
D32灌浆塑料管	m	13.00		1.06
其他材料费	元		5.50	76.70
机械费	元		21.00	2.60

问题：

1.根据表28.3中相关数据，按《房屋建筑与装饰工程工程量计算规范》（GB 50854—2013）的计算规则，在答题卡表28.5中，列式计算预应力长锚索边坡支护优化方案分部分项工程量（土石方工程量中土方、石方的比例按5∶5计算）。

表28.5　优化方案分部分项工程量表

序号	项目名称	单位	计算过程	工程量
1	土方挖运1km内	m³		
2	石方挖运1km内	m³		
3	预应力长锚索 （6根直径25mm钢绞线）	m		
4	通长槽钢腰梁［22a	m		
5	C25毛石混凝土填充	m³		

2.若企业管理费按人工、材料、机械费之和的10%计取，利润按人工、材料、机械、企业管理费之和的7%计取。根据表28.3中的数据，按《建设工程工程量清单计价规范》（GB 50500—2013）的计算规则，在答题卡表28.6中，编制该预应力长锚索综合单价分析表（预应力长锚索工程计量方法基础定额与清单规范相同，均按设计图示尺寸以长度"m"为单位）。

表28.6　预应力长锚索综合单价分析表

项目编码	010202007002		项目名称	预应力长锚索	计量单位	m	工程量	
清单综合单价组成明细								
定额编号	定额名称	定额单位	数量	单价（元）				合价（元）			
				人工费	材料费	机械费	管理费和利润	人工费	材料费	机械费	管理费和利润
人工单价			小计								
			未计价材料（元）								
清单子项目综合单价											
材料费明细	主要材料名称、规格、型号		单位	数量	单价（元）	合价（元）	暂估单价（元）		暂估合价（元）		
	其他材料费（元）										
	材料费小计（元）										

3.已知［22a通长槽钢腰梁综合单价为435.09元/m，毛石混凝土填充综合单价为335.60元/m³，脚手架和大型机械进出场及安拆费等单价措施项目费用测算结果为340000.00元。根据问题1和问题2的计算结果，以及表28.2中相应的综合单价、答题卡表中的相关信息，按《房屋建筑与装饰工程工程量计算规范》（GB 50854—2013）的计算规则，在答题卡表28.7中，编制该预应力长锚索边坡支护方案分部分项工程和单价措施项目清单与计价表。

表28.7　预应力长锚索边坡支护方案分部分项工程和单价措施项目清单与计价表

序号	项目编码	项目名称	项目特征	计量单位	工程量	金额（元）	
						综合单价	合价
一	分部分项工程						
1	010101002001	开挖土方	挖运1km内	m³			
2	010102002001	开挖石方	风化岩挖运1km内	m³			
3	010202007002	预应力长锚索	6根直径25mm、长25m	m			
4	010202007003	〔22a通长槽钢腰梁	〔22a	m			
5	010507007001	C25毛石混凝土填充	C25毛石混凝土	m³			
	分部分项工程费小计			元			
二	单价措施项目						
	019408060001	脚手架及大型机械设备进出场及安拆费	—	项			
	单价措施项目费小计			元			
	分部分项工程费和单价措施项目费合计			元			

4.若仅有的总价措施安全文明施工费按分部分项工程费的6%计取，其他项目费用为零，其中人工费占分部分项工程费及措施项目费的25%，规费按人工费的21%计取，税金按9%计取。利用表28.2和问题3相应的计算结果，按《建设工程工程量清单计价规范》（GB 50500—2013）的计算规则，在答题卡中列式计算两边坡支护方案的安全文明施工费、人工费、规费，在答题卡表28.8中，编制两边坡支护方案单位工程控制价比较汇总表（两方案差值为长锚杆方案与长锚索方案控制价的差值）。

（无特殊说明，费用计算时均为不含税价格）

表28.8　两边坡支护方案单位工程控制价比较汇总表

序号	汇总内容	金额（元）		
		长锚杆方案	长锚索方案	两方案差值
1	分部分项工程费			
2	措施项目费			
2.1	其中：安全文明施工费			
3	其他项目费			
4	规费			
5	税金			
	控制价总价合计			

参考解答

1.工程量计算，见表28.9。

表28.9　优化方案分部分项工程量表

序号	项目名称	单位	计算过程	工程量
1	土方挖运1km内	m^3	$31 \times 1/2 \times 680 = 10540.00$	10540.00
2	石方挖运1km内	m^3	$31 \times 1/2 \times 680 = 10540.00$	10540.00
3	预应力长锚索（6根直径25mm钢绞线）	m	$0.80 \times 25 \times 680 = 13600.00$	13600.00
4	通长槽钢腰梁[22a	m	$2 \times 680 = 1360.00$	1360.00
5	C25毛石混凝土填充	m^3	$9.60 \times 680 = 6528.00$	6528.00

2.编制预应力长锚索综合单价分析表，见表28.10。

表28.10 预应力长锚索综合单价分析表

项目编码	010202007002		项目名称	预应力长锚索	计量单位	m	工程量	13600.00
清单综合单价组成明细								
定额编号	定额名称	定额单位	数量	单价（元）				合价（元）			

定额编号	定额名称	定额单位	数量	人工费	材料费	机械费	管理费和利润	人工费	材料费	机械费	管理费和利润
2-41	D150钻机成孔	m	1	40.00	5.50	21.00	11.77	40.00	5.50	21.00	11.77
2-42	长锚索及注浆	m	1	95.00	266.30	2.60	64.41	95.00	266.30	2.60	64.41
人工单价	小计							135.00	271.80	23.60	76.18
100.00元/工日	未计价材料（元）							无			
	清单项目综合单价（元/m）							506.58			

材料费明细	主要材料名称、规格、型号	单位	数量	单价（元）	合价（元）	暂估单价（元）	暂估合价（元）
	钢绞线（6根直径25mm）	kg	19.44	7.60	147.74		
	水泥42.5级	kg	48.40	0.58	28.07		
	D32灌浆塑料管	m	1.06	13.00	13.78		
	其他材料费（元）				82.20		
	材料费小计（元）				271.79		

3.编制预应力长锚索边坡支护方案分部分项工程和单价措施项目清单与计价表，见表28.11。

表28.11 预应力长锚索边坡支护方案分部分项工程和单价措施项目清单与计价表

序号	项目编码	项目名称	项目特征	计量单位	工程量	金额（元）	
						综合单价	合价
一			分部分项工程				
1	010101002001	开挖土方	挖运1km内	m³	10540.00	16.45	173383.00
2	010102002001	开挖石方	风化岩挖运1km内	m³	10540.00	24.37	256859.80
3	010202007002	预应力长锚索	6根直径25mm、长25m	m	13600.00	506.58	6889488.00
4	010202007003	［22a通长槽钢腰梁	［22a	m	1360.00	435.09	591722.40
5	010507007001	C25毛石混凝土填充	C25毛石混凝土	m³	6528.00	335.60	2190796.80
	分部分项工程费小计			元			10102250.00
二			单价措施项目				
	019408060001	脚手架及大型机械设备进出场及安拆费		项	1.00	340000.00	340000.00
	单价措施项目费小计			元			340000.00
	分部分项工程费和单价措施项目费合计			元			10442250.00

4.（1）安全文明施工费、人工费、规费等基础数据计算

①长锚杆方案

分部分项工程费：14578805.60元。

单价措施项目费：470000.00元。

安全文明施工费：14578805.60×6%＝874728.34（元）。

措施项目费：470000.00+874728.34＝1344728.34（元）。

人工费：（14578805.60+1344728.34）×25%＝3980883.49（元）。

规费：3980883.49×21%＝835985.53（元）。

税金：（14578805.60+1344728.34+835985.53）×9%＝1508356.75（元）。

控制价合计：14578805.60+1344728.34+835985.53+1508356.75＝18267876.22（元）。

②长锚索方案

分部分项工程费：10102250.00元。

单价措施项目费：340000.00元。

安全文明施工费：10102250.00×6%＝606135.00（元）。

措施项目费：340000.00+606135.00＝946135.00（元）。

人工费：（10102250.00+946135.00）×25%＝2762096.25（元）。

2762096.25×21%＝580040.21（元）。

（10102250.00+946135.00+580040.21）×9%＝1046558.27（元）。

价合计：10102250.00+946135.00+580040.21+1046558.27＝12674983.48（元）。

编制两边坡支护方案单位工程控制价比较汇总表，见表28.12。

表28.12　两边坡支护方案单位工程控制价比较汇总表

序号	汇总内容	金额（元）		
		长锚杆方案	长锚索方案	两方案差值
1	分部分项工程费	14578805.60	10102250.00	
2	措施项目费	1344728.34	946135.00	
2.1	其中：安全文明施工费	874728.34	606135.00	
3	其他项目费	0.00	0.00	
4	规费	835985.53	580040.21	
5	税金	1508356.75	1046558.27	
	控制价总价合计	18267876.22	12674983.48	5592892.74

安装工程专业

（2020年真题暂缺）